Mathematik für die Lehrerausbildung

W. Walser
Wahrscheinlichkeitsrechnung

# Mathematik für die Lehrerausbildung

Herausgegeben von
Prof. Dr. G. Buchmann, Flensburg, Prof. Dr. H. Freund, Kiel
Prof. Dr. P. Sorger, Kiel, Dr. W. Walser, Baden/Schweiz

Die Reihe Mathematik für die Lehrerausbildung behandelt studiumsgerecht in Form einzelner aufeinander abgestimmter Bausteine grundlegende und weiterführende Themen aus dem gesamten Ausbildungsbereich der Mathematik für Lehrerstudenten. Die einzelnen Bände umfassen den Stoff, der in einer einsemestrigen Vorlesung dargeboten wird. Die Erfordernisse der Lehrerausbildung berücksichtigt in besonderer Weise der dreiteilige Aufbau der einzelnen Kapitel jedes Bandes: Der erste Teil hat motivierenden Charakter. Der Motivationsteil bereitet den zweiten, theoretisch-systematischen Teil vor. Der dritte, auf die Schulpraxis bezogene Teil zeigt die Anwendung der Theorie im Unterricht. Aufgrund dieser Konzeption eignet sich die Reihe besonders zum Gebrauch neben Vorlesungen, zur Prüfungsvorbereitung sowie zur Fortbildung von Lehrern an Grund-, Haupt- und Realschulen.

# Wahrscheinlichkeitsrechnung

Von Dr. phil. W. Walser, Baden/Schweiz

1975. Mit 125 Figuren, 64 Beispielen
und 144 Aufgaben

 B. G. Teubner Stuttgart

Dr. phil. Willi Walser

Geboren 1934 in Zürich. Von 1950 bis 1954 Studium am
Lehrerseminar Zürich mit anschließender Tätigkeit als Lehrer
für die Grundstufe und Oberstufe und später als Studienrat
für Mathematik. 1967 Promotion in Mathematik an der Philo-
sophischen Fakultät II der Universität Zürich. Von 1968 bis
1971 Mitarbeiter von Prof. Z. P. Dienes, Kanada. Von 1969
bis 1970 Professor am Centre des Recherches en Psycho-
mathématique der Universität Sherbrooke/Kanada. Seit 1971
verantwortlicher Leiter des Bereiches Erwachsenenbildung
eines internationalen Unternehmens.

ISBN 978-3-519-02701-0        ISBN 978-3-322-94753-6 (eBook)
DOI 10.1007/978-3-322-94753-6



Umschlaggestaltung: W. Koch, Sindelfingen

# Vorwort

Dieser Band führt in die Grundbegriffe der Wahrscheinlichkeitsrechnung ein und bildet
damit die Basis für die mathematische Behandlung von Zufallsprozessen und für das
Studium der mathematischen Statistik. Beide Gebiete haben so sehr an Bedeutung ge-
wonnen, daß entsprechende Vorlesungen auch an Pädagogischen Hochschulen gehalten
werden. Der Verfasser hat den Stoffumfang seiner Darstellung so bemessen, daß dieser
Band als Grundlage einer einsemestrigen Vorlesung dienen kann. Dabei werden die
grundlegenden Begriffe des ebenfalls in der Reihe Mathematik für die Lehrerausbildung
erschienenen Bandes „Aussagenlogik und Beweisverfahren" von H. Freund und P. Sorger
vorausgesetzt.

Um den Bedürfnissen von Lehrerstudenten und Lehrern Rechnung zu tragen, macht
sich diese Wahrscheinlichkeitsrechnung didaktische Grundsätze in besonderem Maße
zu eigen, die sich namentlich in der Dreiteilung der einzelnen Kapitel in A-, B- und C-
Teile niederschlagen. Damit beschreitet dieses Buch, wie alle Bände dieser Reihe, einen
neuen Weg, um dem künftigen Lehrer die ihm im Umgang mit mathematischen Texten
begegnenden, wohlbekannten Schwierigkeiten überwinden zu helfen.

Die erste Schwierigkeit entsteht dadurch, daß einerseits eine ausgereifte fachsystema-
tische Darstellung von Inhalten geboten ist und andererseits die Notwendigkeit besteht,
dem Leser Begriffe, Fragestellungen und Sachzusammenhänge möglichst genetisch und
durch eigene Exploration aufzuschließen. Aus diesem Grund erfolgte die Gliederung in
A- und B-Teile. Die B-Teile enthalten den eigentlichen systematischen Text. In den A-
Teilen werden Begriffe und Beweisführungen vorbereitet, wobei versucht wird, den
Leser möglichst stark zur eigenen Entdeckung zu motivieren. Die zweite Schwierigkeit
kennt insbesondere der Lehrer sehr genau. Sie besteht darin, die durch Vorlesungen
bzw. Literatur bekannten fachsystematischen Inhalte in die Schulwirklichkeit umzu-
setzen. Als Lösung hierfür werden die C-Teile angeboten, in denen die Theorie der B-
Teile mit der Schulpraxis in enge Beziehung gesetzt wird.

Im A-Teil des ersten Kapitels werden die Grundbegriffe der Wahrscheinlichkeitsrechnung wie z. B. Experiment, Resultat, Stichprobenraum, Ereignis, sicheres Ereignis,
nicht realisierbares Ereignis, Eintrittschance eines Ereignisses anhand vieler Beispiele
erklärt. Im zugehörigen B-Teil werden dann die bekannten Begriffsbildungen der Mengenalgebra übertragen in die Sprache einer Ereignisalgebra, wobei nur solche Experimente
behandelt werden, deren Stichprobenräume endliche Mengen sind.

Im zweiten Kapitel stehen die Bestimmung der Anzahl der Elemente eines Stichprobenraumes sowie die systematische Anordnung und Nomenklatur der Elemente im Vordergrund.

Dabei wird insbesondere auf kombinatorische Überlegungen zurückgegriffen, die im
A-Teil anhand übersichtlicher Baumdiagramme erörtert werden. Im B-Teil werden die
Formeln der elementaren Kombinatorik hergeleitet. In den Beispielen zu diesem Kapitel
wird der Aufbau von bekannten didaktischen Materialien der Grundschule, die kombinatorisch strukturiert sind, analysiert.

Das dritte Kapitel ist dem Hauptthema des Buches gewidmet, nämlich der Einführung
der Wahrscheinlichkeiten. Mit dem Begriff „Wahrscheinlichkeit" wird ein Maß für die

Eintrittschancen von Ereignissen entwickelt. Die zugehörigen Überlegungen in Teil A bauen auf den Forderungen auf, daß die Wahrscheinlichkeiten als Maße die gleichen Grundeigenschaften besitzen sollen wie physikalische Maße. Mit Hilfe der bedingten Wahrscheinlichkeit wird der Einfluß untersucht, den ein als sicher vorausgesetztes Ereignis auf die Eintrittschance anderer Ereignisse hat. Weiter werden im Teil B einige wichtige Sätze bewiesen wie z. B. der Additions- und Multiplikationssatz der Wahrscheinlichkeitsrechnung.

Im C-Teil wird gezeigt, wie man in der Grundschule Ereignisse durch Wahrscheinlichkeiten charakterisieren kann, auch wenn die Bruchrechnung zu diesem Zeitpunkt noch nicht behandelt wurde. Aber auch wenn diese bekannt ist, gibt es besondere didaktische Probleme bei der Einführung von Wahrscheinlichkeiten, auf die eingegangen wird.

Im vierten Kapitel wird die Unabhängigkeit von Ereignissen und Versuchen erläutert, d. h. das Problem, ob das Eintreten des einen Ereignisses die Eintrittschancen der anderen Ereignisse beeinflußt. Dabei sind die Begriffsbildungen und Sätze des dritten Kapitels die hierfür benötigten Grundlagen, die nun präzisiert und für Experimente mit unabhängiger Versuchsfolge erweitert werden. Im ganzen Kapitel steht die „Baumdarstellung" der Stichprobenräume mit eingetragenen Wahrscheinlichkeiten im Vordergrund, um eine möglichst gute Veranschaulichung zu erreichen.

Das fünfte Kapitel ist den Zufallsvariablen und den zugehörigen Begriffsbildungen gewidmet. So werden die Wahrscheinlichkeitsdichtefunktion und die Verteilung einer Zufallsvariablen eingeführt; zu den Verteilungen werden zudem der Erwartungswert und die Varianz berechnet. Der Erwartungswert charakterisiert quasi den „Schwerpunkt" einer bestimmten „Wahrscheinlichkeits-Verteilung", wogegen die Varianz Aufschluß gibt über die „Verstreutheit" der Wahrscheinlichkeiten im Wertbereich der zugehörigen Zufallsvariablen. Die Binomialverteilung nimmt im B-Teil einen besonderen Platz ein.

Am Schluß des fünften Kapitels sind alle Voraussetzungen geschaffen, um im sechsten Kapitel das erste Beispiel eines Grenzwertsatzes für Zufallsvariable zu beweisen. Das bekannte „schwache Gesetz der großen Zahlen" wird hergeleitet und die Bedeutung eingehend diskutiert. Damit erhält man eine praktische Möglichkeit, approximativ die Wahrscheinlichkeiten von Ereignissen experimentell zu bestimmen. Dieser Satz schlägt zudem die Brücke zur mathematischen Statistik.

Baden/Schweiz, im Herbst 1974                                    W. Walser

# Inhalt

# Einleitung

Das Wort „wahrscheinlich" gehört zum täglichen Sprachgebrauch. Im Satz: „Wahrscheinlich mache ich morgen blau" äußere ich mich über meine morgige Tätigkeit, ohne mich dadurch endgültig festzulegen. Mit dem Satz: „Es ist wahrscheinlicher, daß ich morgen ins Kino gehe als daß ich zu Eurer Party komme, vielleicht bleibe ich auch überhaupt zu Hause" vergleiche ich die Eintrittschancen von drei verschiedenen Ereignissen. Ich gebe damit — ziemlich unhöflich — eine augenblickliche Stimmung wieder, ohne bereits eine Entscheidung über mein morgiges Verhalten zu fällen. Solche Beispiele lassen sich in beliebiger Anzahl angeben. Offenbar entsprechen sie dem Bedürfnis, sich mit zukünftigen Vorgängen oder Ereignissen zu befassen, obwohl wir noch nicht wissen, ob sie eintreten.

Auch der Naturwissenschaftler befaßt sich vorwiegend mit Ereignissen, die erst eintreten werden. Er möchte eine möglichst exakte Voraussage über den Ablauf von Vorgängen unter bestimmten Voraussetzungen geben. Wir wissen heute, daß viele dieser in Naturgesetze gefaßte Aussagen erst dadurch zustande kommen, daß sich eine große Anzahl von Ereignissen überlagern, deren Ablauf selbst „zufälliger Natur", also unbestimmt ist. Trotzdem führen sie insgesamt zu quantitativ streng erfaßbaren Folgerungen. Die Wahrscheinlichkeitsrechnung als mathematische Disziplin stellt sich nun die Aufgabe, eine Theorie für die Eintrittschancen von Ereignissen aufzubauen. Wir werden uns dabei auf solche Ereignisse beschränken müssen, von denen vorausgesetzt werden kann, daß ihre Eintrittschancen gemessen werden können.

Wir bezeichnen die Wahrscheinlichkeitsrechnung als eine Maßtheorie der Eintrittschancen von Vorgängen.

In diesem Buch werden wir die verwendeten Maße von Eintrittschancen, die sog. Wahrscheinlichkeiten, auf Grund sinnvoller Überlegungen erraten oder theoretisch festsetzen und nicht etwa in der Natur messen; letzteres gehört zur mathematischen Statistik, die wir in einem Folgeband behandeln werden.

In der Wahrscheinlichkeitsrechnung bauen wir uns eine Theorie auf, die uns später — in der Statistik — beim praktischen Bestimmen von Eintrittschancen sehr von Nutzen sein wird. Die Statistik, die auf der Wahrscheinlichkeitsrechnung aufbaut, gehört schon heute zum unentbehrlichen Instrument zur Verarbeitung von Daten jeglicher Art.

Bevor wir mit der Behandlung der Begriffsbildungen der Wahrscheinlichkeitsrechnung beginnen, wollen wir noch einige wesentliche Überlegungen bezüglich der zu entwickelnden Theorie über unbestimmte Ereignisse anstellen.

Betrachten wir nochmals den oben erwähnten Satz A: „Es ist wahrscheinlicher, daß ich morgen ins Kino gehe als daß ich zu Eurer Party komme, vielleicht bleibe ich überhaupt zu Hause". Die darin vorkommenden Teilaussagen sind:

> B: „Ich gehe morgen ins Kino",
>
> C: „ich komme zu Eurer Party",
>
> D: „ich bleibe morgen zu Hause".

Ein unerfreuliches Moment, das sich aus der Form des Satzes A ergibt, besteht darin, daß man nicht weiß, wie „wahrscheinlich" B, C, D sind, d. h., wir haben k e i n e g e n a u e Vergleichsmöglichkeit der Eintrittschancen von B, C, D. Mit diesem Nachteil mag man sich im täglichen Leben noch abfinden, nicht aber in den exakten Wissenschaften.

Die Mathematiker sehen sich also vor das Problem gestellt, eine Theorie aufzustellen, in der man die Eintrittschancen von „unbestimmten Ereignissen" zahlenmäßig vergleichen kann.

Dabei wird die Tatsache benutzt, daß die E i n t r i t t s h ä u f i g k e i t von Ereignissen eine Basisgröße ist, die bei der Bewertung von Eintrittschancen von größter Bedeutung ist. Dazu geben wir zwei praktische Beispiele, die zeigen, wie wir uns z. B. bei der Entscheidungsbildung durch die Häufigkeit von uns umgebenden Ereignissen beeinflussen lassen.

Wenn z. B. ein Lehrer feststellt, daß immer mehr seiner Kollegen Weiterbildungskurse besuchen, so muß er sich bald fragen, ob nicht auch er an solchen Kursen teilnehmen sollte; selbst wenn er seine Freizeit lieber mit irgend einem Hobby verbringen möchte. Die wachsende Häufigkeit sich weiterbildender Fachkollegen bringt ihn sukzessive dazu, sich zu überwinden und an solchen Kursen teilzunehmen.

Würde er in einer Umgebung leben, wo praktisch kein Lehrer Weiterbildungskurse besucht, so käme er vielleicht nie auf den Gedanken, sich mit solchen Fortbildungskursen zu befassen.

Ähnliche Erscheinungen der Meinungsbildung und Meinungsänderung trifft man in der Modebranche an.

Taucht eine neue Modeströmung auf, so treten ihr viele Menschen mit Skepsis gegenüber, weil sie finden, daß diese Mode nicht „schön" ist. Wird nun aber die Umwelt trotzdem diese neue Mode „schön" finden und wird deshalb unser Skeptiker oft mit der neuen Mode in Berührung kommen, d. h., Leute treffen, die die Strömung bejahen und mitmachen, so dauert es nicht lange, bis auch er seine Meinung ändert.

> Sei Q: „Ich muß Fortbildungskurse besuchen"
>     für die erste Situation.

> Sei Q: „Diese neue Mode ist schön"
>     für die zweite Situation.

Dann kann man einige Meinungszustände der betrachteten Person im zeitlichen Ablauf herausgreifen und beschreiben:

| | |
|---|---|
| Ausgangszustand | Der Skeptiker ist der Meinung: „Q ist falsch". |
| Die Häufigkeit der Personen, die finden: „Q ist wahr", steigt. | Der Skeptiker ist nicht mehr sicher, daß „Q falsch" ist. |
| Der Großteil der Umwelt findet „Q ist wahr" und handelt danach. | Der Skeptiker ändert die ursprüngliche Meinung ganz und ist jetzt überzeugt, daß „Q wahr" ist. |

Überlegen wir uns, wie man im täglichen Leben versucht, den Wahrheitsgehalt irgendeiner Aussage festzustellen, so stellen wir eine ähnliche Sachlage fest. Man orientiert sich an Hand der Häufigkeit der erlebten Ereignisse, die „pro Aussage" bzw. „contra Aussage" sind, denn in der Praxis ist es sehr oft nicht möglich herauszufinden, ob eine „Aussage" mit Sicherheit stimmt. Wir brauchen also ein Modell, das sich auf Formulierungen von verschiedenem Wahrscheinlichkeitsgrad stützt, d. h., es ist günstig, Entscheidungsprobleme in einem „Zufallsmodell" zu formulieren und zu studieren.

Aus diesen Überlegungen heraus ist wichtig, daß das Kind schon früh mit solchen Modellen in Kontakt kommt. Die Modelle der Logik, die im einfachen Fall nur „wahr" oder „falsch" kennen, genügen in der Praxis nicht. Man muß dem Kind auch den relativen Wert eines Denkmodells vor Augen führen. Dies ist ein wichtiges Ziel in der schulischen Ausbildung, denn nur so wird der junge Mensch von heute in den Stand versetzt, seine zukünftige Umwelt verstehen zu können.

Zum Aufbau dieses Buches wollen wir bemerken, daß jedes Kapitel in die Teile, A, B, C gegliedert wird. Im Teil A werden einfache Beispiele und Aufgaben behandelt, die dem Leser eine Erlebnisgrundlage geben sollen, um die Problematik des jeweiligen Kapitels praktisch kennenzulernen.

Im Teil B wird dann die mathematische Theorie des Kapitels entwickelt; darin kommen auch etwas schwierigere Aufgaben vor.

Im Anschluß an die B-Teile befindet sich meistens eine Reihe von Aufgaben zum Gesamtkapitel, allerdings ohne Lösungen.

Im Teil C sind didaktische Hinweise zusammengestellt, die dem zukünftigen Lehrer zeigen, auf welche Art und in welchem Zusammenhang man die im Kapitel behandelten Probleme in der Schule einführen kann.

# 1. Grundbegriffe

## 1.1. Die Begriffe Experiment, Resultat, Stichprobenraum, Ereignis     A

**Beispiel 1.1** (W e r f e n  v o n  z w e i  W ü r f e l n). Ein Wurf wird mit zwei Würfeln, der eine weiß, der andere schwarz (Fig. 1.1), gleichzeitig ausgeführt.

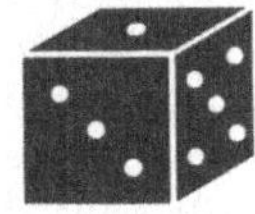

$$\left\{ \begin{array}{llllll} (1,1), & (2,1), & (3,1), & (4,1), & (5,1), & (6,1) \\ (1,2), & (2,2), & (3,2), & (4,2), & (5,2), & (6,2) \\ (1,3), & (2,3), & (3,3), & (4,3), & (5,3), & (6,3) \\ (1,4), & (2,4), & (3,4), & (4,4), & (5,4), & (6,4) \\ (1,5), & (2,5), & (3,5), & (4,5), & (5,5), & (6,5) \\ (1,6), & (2,6), & (3,6), & (4,6), & (5,6), & (6,6) \end{array} \right\}$$

Fig. 1.1

Fig. 1.2

**A** Welche Resultate oder Ausfälle sind bei diesem Experiment möglich? Dies erweist sich als Frage nach den möglichen Paaren von Augenzahlen, die beim Wurf auftreten. In Fig. 1.1 zeigt der weiße Würfel 4, der schwarze 1. In Fig. 1.2 geben wir die Menge aller Möglichkeiten an, wobei die erste Zahl die Augenzahl des weißen Würfels, die zweite die des schwarzen Würfels angibt.

Die Menge aller möglichen Resultate nennen wir den S t i c h p r o b e n r a u m  S (sample space). Führen wir unser Experiment durch, tritt  s i c h e r  eines dieser Resultate ein.

Zu diesem Experiment wollen wir nun einige einfache Fragen formulieren.

Frage 1: Welche Resultate (x, y) haben die Eigenschaft „x = y"?
Antwort: (1,1), (2,2), (3,3), (4,4), (5,5), (6,6).
Frage 2: Welche Resultate haben die Eigenschaft „x + y = 4"?
Antwort: (1,3), (2,2), (3,1).
Frage 3: Welche Resultate haben die Eigenschaft „y = 6"?
Antwort: (1,6), (2,6), (3,6), (4,6), (5,6), (6,6).

In der Sprache der Logik bedeuten diese Fragen, daß wir  A u s s a g e f o r m e n  über dem Stichprobenraum als Grundmenge formuliert und nach deren  E r f ü l l u n g s - m e n g e  gefragt haben.

Nehmen wir z. B. Frage 2. Die Aussageform lautet: $a (x, y): x + y = 4$.

Ihre Erfüllungsmenge ist gegeben durch:

$$\{ (x, y) \ / \ x + y = 4 \} = \{ (1,3), (2,2), (3,1) \} \ .$$

Wir wollen als  S p r e c h w e i s e  vereinbaren, daß wir derartige Erfüllungsmengen Ereignisse nennen, die durch Aussageformen über dem Stichprobenraum beschrieben werden.

Ein  E r e i g n i s  ist also vorläufig  e i n e  T e i l m e n g e  des Stichprobenraums.

**Aufgabe 1.1.** Geben Sie die Ereignisse von Beispiel 1.1 an, die durch die folgenden Aussageformen beschrieben werden.

a) $e_1 (x, y): x < y$,                      e) $e_5 (x, y): x + y < 8$,
b) $e_2 (x, y):$ x ist um 1 größer als y,    f) $e_6 (x, y): x - y > 2$,
c) $e_3 (x, y): (x = 4) \lor (y = 4)$,        g) $e_7 (x, y): (x + y)$ ist eine Primzahl,
d) $e_4 (x, y): (x + y)$ ist gerade,         h) $e_8 (x, y): 4 < x + y \leqslant 10$.

Ganz natürlich schließt sich die Frage an, welches Ereignis vermutlich öfter eintritt, z. B. „x = y" oder „x + y = 4". Intuitiv würden wir vielleicht so antworten: Bei „x = y" liegen 6 verschiedene Resultate in der Erfüllungsmenge, bei „x + y = 4" hingegen nur 3, also tritt vermutlich „x = y" häufiger ein als „x + y = 4". Dieser Schluß kann jedoch nur dann gerechtfertigt werden, wenn jedes der Resultate aus Fig. 1.2 auch wirklich die gleiche Eintrittschance besitzt, sonst nicht. Dieses Problem wird uns in Kapitel 3 noch ausgiebig beschäftigen.

**Aufgabe 1.2.** Setzen Sie voraus, daß alle Resultate in Fig. 1.2 die gleiche Eintrittschance haben. Welches Ereignis tritt vermutlich öfter ein?

a) „$e_1$ (x, y) ist wahr" oder „$e_2$ (x, y) ist wahr"?

b) „$e_2$ (x, y) ist wahr" oder „$e_3$ (x, y) ist wahr"?

c) „$e_1$ (x, y) ist wahr" oder „$e_3$ (x, y) ist wahr"?

d) „$e_4$ (x, y) ist wahr" oder „$e_5$ (x, y) ist wahr"?

e) „$e_6$ (x, y) ist wahr" oder „$e_8$ (x, y) ist wahr"?

**Beispiel 1.2** (M ü n z e n w u r f). Wir werfen ein Geldstück dreimal hintereinander.
Bei jedem Wurf zeigt das Geldstück entweder Zahl (Z) oder Wappen (W). Alle verschiedenen möglichen Resultate sind in Fig. 1.3 zusammengestellt. Bei diesem Experiment ist es also  s i c h e r , daß eines dieser Resultate auftritt. Den theoretisch möglichen Fall, daß das Geldstück auf der Kante stehen bleibt, schließen wir dadurch aus, daß wir in diesem Fall den Wurf wiederholen. Die Menge der Resultate in Fig. 1.3 ist wieder der Stichprobenraum S.

$$\{ (ZZZ), (ZZW), (ZWZ), (WZZ), (ZWW), (WZW), (WWZ), (WWW) \}$$

Fig. 1.3

**Aufgabe 1.3.** Geben Sie die Ereignisse an, die durch die folgenden Aussageformen beschrieben werden:

a) $e_1$ (x, y, z): „mindestens einmal tritt Zahl auf",

b) $e_2$ (x, y, z): „genau einmal tritt Zahl auf",

c) $e_3$ (x, y, z): „genau zwei der drei Würfe zeigen gleiches Bild".

**Aufgabe 1.4.** Setzen Sie voraus, daß alle Resultate aus Fig. 1.3 die gleiche Eintrittschance haben. Welches Ereignis tritt vermutlich häufiger ein?

a) „$e_1$ (x, y, z) ist wahr" oder „$e_2$ (x, y, z) ist wahr"?

b) „$e_2$ (x, y, z) ist wahr" oder „$e_3$ (x, y, z) ist wahr"?

**Beispiel 1.3.** Auf der Straße halten wir das erste vorbeifahrende Auto an, mit dem maximal fünf Personen befördert werden können. Jedes Auto wird Insassen haben, denn zumindest der linke Vordersitz (Fahrer) wird besetzt sein, da es sich ja um ein fahrendes Auto handelt. Fahrzeuge mit Rechtssteuerung werden nicht angehalten. Um alle verschiedenen Resultate in Fig. 1.4 auflisten zu können, verwenden wir das folgende Modell:

$$( \underbrace{\bigcirc\ \bigcirc}_{\substack{\text{linker u.}\\ \text{rechter}\\ \text{Vordersitz}}} , \quad \underbrace{\bigcirc\ \bigcirc\ \bigcirc}_{\substack{\text{3 Hinter-}\\ \text{sitze}}} )$$

Besetzte Plätze werden mit $\otimes$, leere Plätze mit $\bigcirc$ gekennzeichnet.

$$\left\{ \begin{array}{llll} (\otimes\bigcirc, \bigcirc\bigcirc\bigcirc), & (\otimes\bigcirc, \otimes\bigcirc\bigcirc), & (\otimes\bigcirc, \bigcirc\otimes\bigcirc), & (\otimes\bigcirc, \bigcirc\bigcirc\otimes) \\ (\otimes\bigcirc, \otimes\otimes\bigcirc), & (\otimes\bigcirc, \otimes\bigcirc\otimes), & (\otimes\bigcirc, \bigcirc\otimes\otimes), & (\otimes\bigcirc, \otimes\otimes\otimes) \\ (\otimes\otimes, \bigcirc\bigcirc\bigcirc), & (\otimes\otimes, \otimes\bigcirc\bigcirc), & (\otimes\otimes, \bigcirc\otimes\bigcirc), & (\otimes\otimes, \bigcirc\bigcirc\otimes) \\ (\otimes\otimes, \otimes\otimes\bigcirc), & (\otimes\otimes, \otimes\bigcirc\otimes), & (\otimes\otimes, \bigcirc\otimes\otimes), & (\otimes\otimes, \otimes\otimes\otimes) \end{array} \right\}$$

Fig. 1.4

A  Um alle Resultate zu erfassen, müssen die Fälle, in denen sich mehr als zwei Personen auf den Vordersitzen befinden oder in denen die Autos übersetzt sind, ausgeschlossen werden. Wir vereinbaren, daß in derartigen Fällen das Experiment wiederholt wird.

Die Menge der Resultate in Fig. 1.4 ist dann unser Stichprobenraum S.

**Aufgabe 1.5.** Geben Sie die Ereignisse an, die durch die folgenden Aussageformen beschrieben werden:

a) $e_1$ (x): Genau eine Person wird auf den Vordersitzen, und mindestens zwei Personen werden auf den Rücksitzen angetroffen.

b) $e_2$ (x): Im Auto sind genau 3 Personen.

**Beispiel 1.4.** Ziehen von zwei Kugeln einer Urne (mit Zurücklegen). In der Urne in Fig. 1.5 sind 5 weiße und 2 schwarze Kugeln.

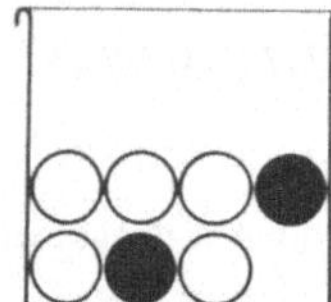

Fig. 1.5

$$\big\{(W, S), (S, W), (W, W), (S, S)\big\}$$

Fig. 1.6

Die Urne wird geschüttelt, und anschließend zieht man, ohne in die Urne zu schauen, eine erste Kugel, die weiß sei. Man merkt sich die Farbe, legt die Kugel in die Urne zurück, schüttelt erneut, und zieht mit geschlossenen Augen die zweite Kugel, die z. B. schwarz sei. Das beobachtete Resultat ist (W, S): erste Kugel „weiß", zweite Kugel „schwarz".

Der Stichprobenraum S ist in Fig. 1.6 gegeben.

**Aufgabe 1.6.** Geben Sie zum Experiment in Beispiel 1.4 die Ereignisse an, die durch folgende Aussageformen beschrieben werden.

a) $e_1$ (x, y): Mindestens eine der gezogenen Kugeln ist schwarz.
b) $e_2$ (x, y): Die gezogenen Kugeln haben gleiche Farbe.
c) $e_3$ (x, y): Die gezogenen Kugeln haben verschiedene Farben.
d) $e_4$ (x, y): Die gezogenen Kugeln sind weder weiß noch schwarz.

**Aufgabe 1.7.** Wir betrachten zum Experiment in Beispiel 1.4 die Ereignisse $\big\{(W, W)\big\}$ und $\big\{(S, S)\big\}$. Welches der beiden Ereignisse tritt vermutlich öfter ein? Begründung?

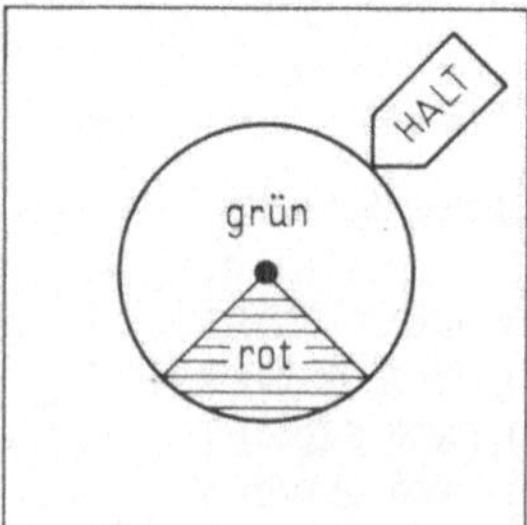


Fig. 1.7  Glücksrad

**Beispiel 1.5** (D r e h e n   e i n e s
G l ü c k s r a d e s). Wir drehen das
Glücksrad in Fig. 1.7 viermal hinterein-
ander und merken uns die jeweiligen
Halt-Stellungen.

In Fig. 1.8 geben wir die Darstellung
eines Resultates durch ein 4-Tupel, in
Fig. 1.9 den Stichprobenraum S zu
diesem Experiment und in Fig. 1.10
einen Baum, in dem die verschiedenen
Resultate, jeweils am Ende eines Astes,
systematisch geordnet, enthalten sind.
Solche Bäume eignen sich außerordent-
lich gut, um sämtliche Resultate aufzu-
führen.

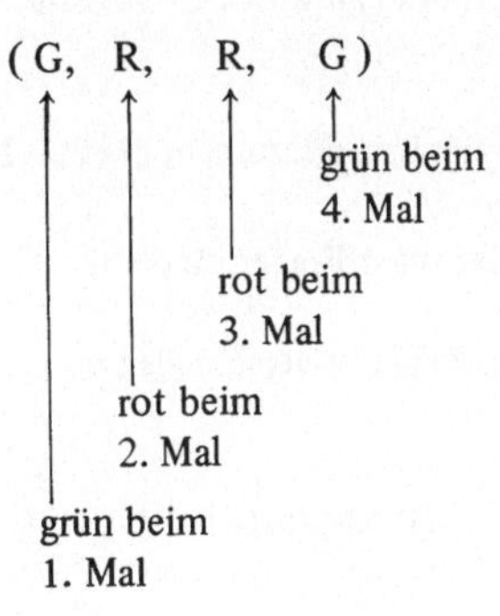

( G,   R,   R,   G )

grün beim
4. Mal

rot beim
3. Mal

rot beim
2. Mal

grün beim
1. Mal

Fig. 1.8

$$\begin{cases} (GGGR), (GGRR), (RGRG), (RRGR) \\ (GGRG), (GRRG), (RGGR), (RRRG) \\ (GRGG), (GRGR), (GRRR), (RRRR) \\ (RGGG), (RRGG), (RGRR), (GGGG) \end{cases}$$

Fig. 1.9

**Aufgabe 1.8.** Geben Sie zum Experiment
in Beispiel 1.5 die Ereignisse an, die
durch die folgenden Aussageformen
beschrieben werden.

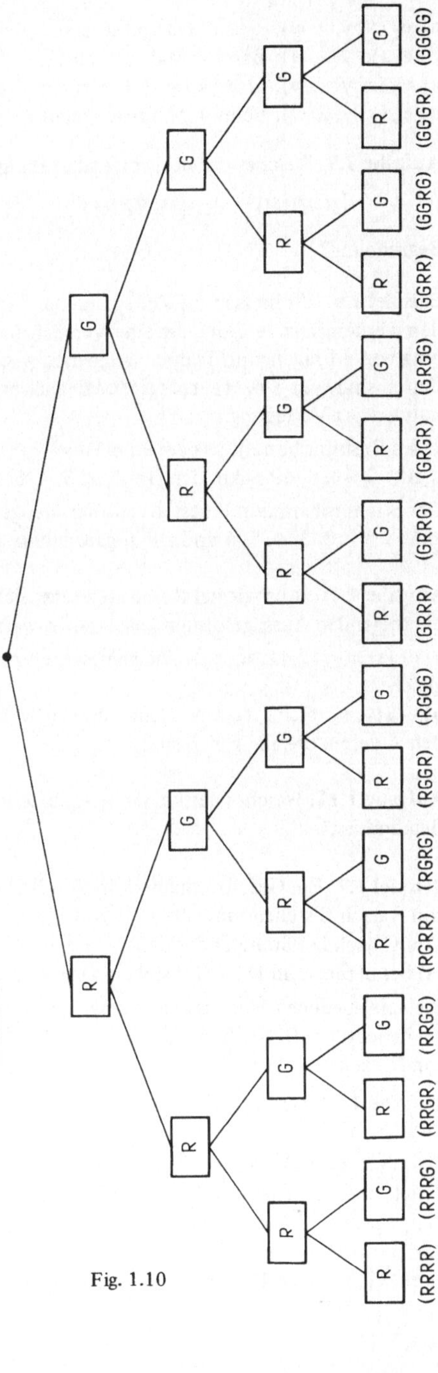

Fig. 1.10

**A**

a) $e_1$ (x, y, z. w): „grün" tritt mindestens zweimal auf.

b) $e_2$ (x, y, z, w): Beim 2. Mal erscheint „rot".

c) $e_3$ (x, y, z, w): „rot" kommt höchstens einmal vor.

d) $e_4$ (x, y, z, w): Beim 4. Mal tritt „nicht grün" auf.

**Aufgabe 1.9.** Welches der nachfolgenden Ereignisse tritt wohl häufiger auf:

$$\{(GGGG)\} \text{ oder } \{(RRRR)\}, \qquad \{(GGGR)\} \text{ oder } \{(RRRR)\},$$

Begründung?

**Beispiel 1.6.** Wir messen die Zeitspanne (auf volle Sekunden genau; angebrochene Sekunden werden ganz gezählt), die eine Versuchsperson braucht, um eine bestimmte Sammlung von 6 Fragen zum Thema „Allgemeinwissen" zu beantworten. Die gemessenen Zeiten sind $t_1, t_2, t_3, t_4, t_5, t_6$. Zur Beantwortung jeder Frage stehen maximal 60 Sekunden zur Verfügung.

Jedes Resultat besteht aus einem 6-Tupel von Zahlen $(t_1, t_2, \ldots t_6)$, wobei für jedes $t_i$ gilt: $0 < t_i \leqslant 60$ Sekunden (i = 1, 2, 3, 4, 5, 6).

Der Stichprobenraum S besteht aus der Menge aller $(t_1, t_2, \ldots, t_6)$ mit $0 < t_i \leqslant 60$ für jedes i = 1, 2, 3, 4, 5, 6 und alle $t_i$ ganzzahlig.

**Aufgabe 1.10.** Aus wieviel Resultaten setzt sich jedes der Ereignisse zusammen, die durch die folgenden Aussageformen beschrieben werden:

a) $e_1$ $(t_1, t_2, t_3, t_4, t_5, t_6)$: Die gemessenen Antwortzeiten für die 6 Fragen sind alle gleich.

b) $e_2$ $(t_1, t_2, t_3, t_4, t_5, t_6)$: Genau die Antwortzeit für die 1. Frage ist verschieden von den anderen, die alle gleich sind.

**Aufgabe 1.11.** Welches der beiden Ereignisse in Aufgabe 1.10 tritt vermutlich öfter ein? Begründung?

**Beispiel 1.7.** Ein Geschäftsmann reist von B über C und D nach E. Für die Teilstrecke von B nach C stehen ihm entweder Auto (A), Zug (Z) oder Flugzeug (F) zur Verfügung. Von C nach D könnte er zusätzlich zu diesen Transportmöglichkeiten noch das Schiff (S) benutzen. Von D nach E stehen dagegen nur Zug oder Flugzeug zur Wahl.

Die verschiedenen Möglichkeiten zeigt Fig. 1.11, den Stichprobenraum S Fig. 1.12. Dabei bedeutet z. B. (F, A, Z); F: Flugzeug von B nach C, A: Auto von C nach D, Z: Zug von D nach E.

**Aufgabe 1.12.** Bestimmen Sie die Ereignisse, die durch folgende Aussageformen gegeben werden:

a) $e_1$ $(x_1, x_2, x_3)$: Für mindestens zwei der drei Teilstrecken benutzt der Geschäftsmann das gleiche Verkehrsmittel.

b) $e_2$ $(x_1, x_2, x_3)$: Der Geschäftsmann benutzt für jedes Teilstück ein anderes Transportmittel.

c) $e_3$ $(x_1, x_2, x_3)$: Für genau ein Teilstück benutzt er das Flugzeug.

**Aufgabe 1.13.** Falls wir annehmen, daß jedes Resultat des Stichprobenraumes in Beispiel 1.7 mit gleicher Häufigkeit auftritt, sollen die Eintrittschancen der drei Ereignisse verglichen werden, die durch die Aussageformen in Aufgabe 1.12 bestimmt sind.    **A**

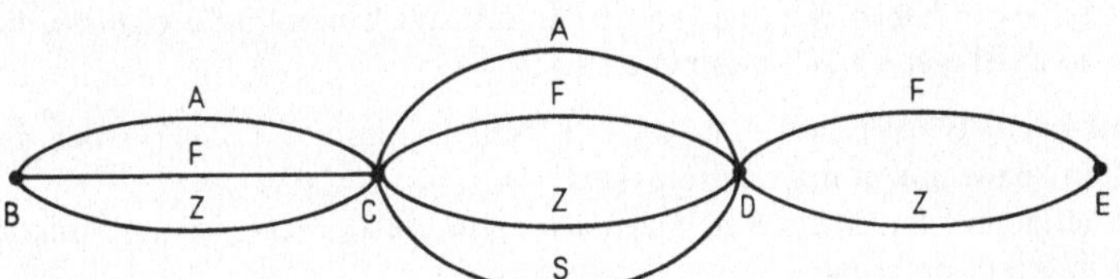


Fig. 1.11

$$
\begin{array}{ccc}
(A, A, F) & (F, A, F) & (Z, A, F) \\
(A, A, Z) & (F, A, Z) & (Z, A, Z) \\
(A, F, F) & (F, F, F) & (Z, F, F) \\
(A, F, Z) & (F, F, Z) & (Z, F, Z) \\
(A, Z, F) & (F, Z, F) & (Z, Z, F) \\
(A, Z, Z) & (F, Z, Z) & (Z, Z, Z) \\
(A, S, F) & (F, S, F) & (Z, S, F) \\
(A, S, Z) & (F, S, Z) & (Z, S, Z)
\end{array}
$$

Fig. 1.12

**Beispiel 1.8.** Man beobachtet das Geschlecht der ersten drei Kinder von Ehepaaren, die mindestens drei Kinder haben.

Es bezeichne: m = männlich, w = weiblich, ferner bezeichne z. B.

$$
\underset{\substack{\uparrow \\ \text{Geschlecht} \\ \text{des 1. Kindes}}}{(\,w,} \quad
\underset{\substack{\uparrow \\ \text{Geschlecht} \\ \text{des 2. Kindes}}}{w,} \quad
\underset{\substack{\uparrow \\ \text{Geschlecht} \\ \text{des 3. Kindes}}}{w\,)}
$$

Den Stichprobenraum S zeigt Fig. 1.13.

$$
\begin{array}{cc}
(m, m, m,) & (w, m, m) \\
(m, m, w) & (w, m, w) \\
(m, w, m) & (w, w, m) \\
(m, w, w) & (w, w, w)
\end{array}
$$

Fig. 1.13

**Aufgabe 1.14.** Bestimmen Sie die Ereignisse, die durch die folgenden Aussageformen bestimmt sind:

a) $e_1(x_1, x_2, x_3)$: Genau 2 Kinder haben gleiches Geschlecht.

A  b) $e_2 (x_1, x_2, x_3)$: Nur das erste und das dritte Kind haben gleiches Geschlecht.
c) $e_3 (x_1, x_2, x_3)$: Alle 3 Kinder haben gleiches Geschlecht.

**Aufgabe 1.15.** Es soll jedes Resultat des Stichprobenraumes von Beispiel 1.8 gleiche Eintrittschancen haben. Vergleichen Sie die Eintrittschancen der Ereignisse, die durch $e_1, e_2, e_3$ in Aufgabe 1.14 bestimmt sind.

**Beispiel 1.9.** a) Wir betrachten bei einem 8 Zylinderautomotor die Zylinder, die „in Funktion" bzw. „nicht in Funktion" sind.
b) Wir betrachten bei einem 6 Zylinderautomotor die Zylinder, die „in Funktion" bzw. „nicht in Funktion" sind.
c) Wir betrachten bei einem 4 Zylinderautomotor die Zylinder, die „in Funktion" bzw. „nicht in Funktion" sind.

Es bezeichne: F = in Funktion, N = nicht in Funktion, ferner sei

a)    (F,   N,   N,   F,   F,   F,   F,   F)
      ↑    ↑    ↑    ↑    ↑    ↑    ↑    ↑
      1.   2.   3.   4.   5.   6.   7.   8.    Zylinder

b)    (F,   F,   F,   F,   N,   F)
      ↑    ↑    ↑    ↑    ↑    ↑
      1.   2.   3.   4.   5.   6.    Zylinder

c)    (F,   F,   F,   N)
      ↑    ↑    ↑    ↑
      1.   2.   3.   4.    Zylinder

In Fig. 1.14 ist die Baumdarstellung für die Ermittlung sämtlicher Resultate des Beispiels 1.9c gegeben. Der Stichprobenraum S für Beispiel 1.9c ist in Fig. 1.15 zusammengestellt. Die Stichprobenräume für Beispiel 1.9a und 1.9b kann sich der Leser in gleicher Weise aufstellen.

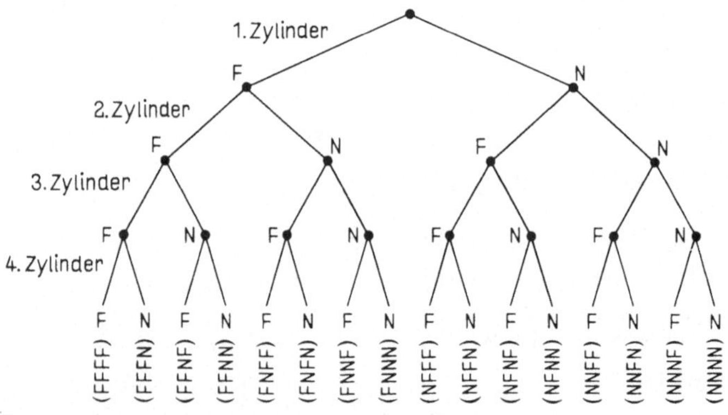

Fig. 1.14  Baumdarstellung der Resultate für Beispiel 1.9c

**Aufgabe 1.16.** Ein Auto funktioniert zur Not gerade noch, wenn von 8 Zylindern mindestens 6, von 6 Zylindern mindestens 4, von 4 Zylindern mindestens 2 in Funktion

$$\left\{ \begin{array}{llll} (F, F, F, F) & (N, F, F, F) & (N, F, N, F) & (N, F, N, N) \\ (F, F, F, N) & (F, F, N, N) & (N, F, F, N) & (N, N, F, N) \\ (F, F, N, F) & (F, N, N, F) & (F, N, F, N) & (N, N, F, F) \\ (F, N, F, F) & (N, N, F, F) & (F, N, N, F) & (N, N, N, N) \end{array} \right\}$$

A

Fig. 1.15

sind. Ist die Anzahl der funktionierenden Zylinder kleiner, funktionieren die entsprechenden Motoren nicht mehr. (Achtung: Wir sind keine Automechaniker!)

a) $e_1$ : Ein Auto mit 8 Zylindern funktioniert.
b) $e_2$ : Ein Auto mit 6 Zylindern funktioniert.
c) $e_3$ : Ein Auto mit 4 Zylindern funktioniert.

Bestimmen Sie die Ereignisse, die durch die obigen Aussageformen gegeben sind.

**Aufgabe 1.17.** Es sollen alle Resultate des Stichprobenraumes von Beispiel 1.9a gleiche Eintrittschance haben, ferner alle Resultate des Stichprobenraumes von Beispiel 1.9b und alle Resultate des Stichprobenraumes von Beispiel 1.9c. Bei welchem Auto ist dann die Eintrittschance für Pannen wegen eines Zylinderdefekts am größten?

**Beispiel 1.10.** Wir fassen zusammen:

S c h r i t t  1 . D a s  E x p e r i m e n t , das dem jeweiligen Beispiel zugrunde liegt, muß durch eine genaue Beschreibung gegeben sein, z. B.:

„Beim Skatspiel werden 32 Karten (in vier Farben die Karten 7, 8, 9, 10, Bube, Dame, König, As) so verteilt, daß jeder der drei Spieler 10 Karten erhält. Zwei Karten bleiben im „Skat".

Uns interessiert der Skat. Dazu decken wir zuerst die erste und dann die zweite Karte auf."

S c h r i t t  2 . Es werden alle möglichen verschiedenen  R e s u l t a t e  zusammengestellt. Dazu muß eine geeignete Symbolik verwendet werden.

In unserem Beispiel sind die Resultate Kartenpaare: Für die erste Stelle kommt jede der 32 Karten in Frage, z. B. Herz-As. An die zweite Stelle können dann jeweils 31 Karten gesetzt werden, da die erste ja jeweils schon verbraucht ist. Insgesamt erhalten wir $32 \cdot 31$ Resultate.

Die Menge aller möglichen Resultate ist der dem Experiment zugeordnete Stichprobenraum S. Bei dem Experiment ist es also  s i c h e r , daß eines der Resultate des Stichprobenraumes eintritt.

S c h r i t t  3. Wir betrachten Aussageformen über dem Stichprobenraum als Grundmenge. Die Erfüllungsmengen dieser Aussageformen nennen wir  E r e i g n i s s e .

Die Aussageform könnte z. B. heißen „Zwei Buben im Skat". Das Ereignis enthält dann $4 \cdot 3$ Elemente (Resultate).

## B  1.2. Ereignisalgebra

In diesem Abschnitt präzisieren wir die Begriffe von Abschn. 1.1, definieren, was wir unter einer Ereignisalgebra verstehen wollen und stellen die wichtigsten Gesetze in einer Ereignisalgebra zusammen, soweit wir sie für das Folgende benötigen. Es wird vorausgesetzt, daß der Leser bereits mit den Begriffen und Gesetzen einer Mengenalgebra vertraut ist.

Die Begriffe E x p e r i m e n t  und  R e s u l t a t  sind der Anschauung bzw. der Umgangssprache entnommen und entziehen sich einer mathematischen Konkretisierung. Wir setzen lediglich voraus, daß das Experiment so genau beschrieben werden kann, daß jedes mögliche Ergebnis in geeigneter Form als Resultat angegeben werden kann.

**Definition 1.1.** Der  S t i c h p r o b e n r a u m  S eines Experiments ist die Menge aller (verschiedenen) Resultate des Experiments.

Mit dieser Definition wird zweierlei erreicht.

**Definition 1.3** (B e g r i f f e  d e r  E r e i g n i s s p r a c h e)

---

| Mengensprache | Ereignissprache |
|---|---|
| Grundmenge S | Stichprobenraum S |
| E ist Teilmenge von S. | E ist  E r e i g n i s  in S. |
| e (x) ist Aussageform über S. | e (x) beschreibt ein Ereignis in S. |
| $E = \{x \in S \mid e(x)\}$ (Menge der x, für die e (x) wahr ist), Erfüllungsmenge der Aussageform in S. | $E = \{x \in S \mid e(x)\}$ Ereignis, das durch e (x) in S beschrieben wird. |
| $E = \{x \in S \mid e(x)\} = \emptyset$ Erfüllungsmenge in S ist die leere Menge. | $E = \{x \in S \mid e(x)\} = \emptyset$ Das Ereignis E heißt  n i c h t  r e a l i - s i e r b a r e s  E r e i g n i s  in S. |
| $E = \{x \in S \mid e(x)\} = S$ Erfüllungsmenge ist die Grundmenge S. | $E = \{x \in S \mid e(x)\} = S$ Das Ereignis E heißt  s i c h e r e s  E r - e i g n i s  in S. |
| Äquivalente Aussageformen haben die gleiche Erfüllungsmenge. | Äquivalente Aussageformen beschreiben das  g l e i c h e  E r e i g n i s . |
| $E' = \{x \in S \mid x \notin E\}$ heißt Komplement der Menge E. | $E' = \{x \in S \mid x \notin E\}$ heißt  G e g e n e r e i g n i s  v o n  E . |

1. Der Begriff „Raum" wird dadurch präzisiert, daß es sich um eine Menge handeln soll. **B**
2. Es ist sicher, daß jedes mögliche Resultat des Experiments ein Element von S ist, und umgekehrt ist jedes Element von S theoretisch auch ein realisierbares Resultat des zugehörigen Experiments.

**Definition 1.2.** Jede Teilmenge von S nennen wir E r e i g n i s  i n  S.

Mit dieser Definition wird der Zusammenhang zwischen Ereignis- und Mengensprechweise hergestellt. Die Gesamtheit der Teilmengen von S − und damit die Menge aller Ereignisse in S − ist bekanntlich die Potenzmenge $\mathfrak{P}(S)$. Wir brauchen lediglich die für $\mathfrak{P}(S)$ bekannten Begriffe, die darin erklärten Verknüpfungen und deren Gesetze in die „Ereignissprache" zu übersetzen.

Diese Übersetzung wird durch die Gegenüberstellung in Definition 1.3 geliefert, in der die wichtigsten Bezeichnungen der Ereignissprache zusammengestellt sind. Wir bemerken noch, daß im folgenden die Redewendungen „ein Ereignis E ist realisiert" bzw. „ein Ereignis E tritt ein" immer gleiche Bedeutung haben sollen.

---

Ereignissprache illustriert am Beispiel 1.1

Stichprobenraum S aus Fig. 1.2

$E = \{(1,4), (2,3), (3,2), (4,1)\}$ tritt ein, wenn mindestens eines der Elemente aus E auftritt.

$e(x, y)$: „$x + y = 5$"

$E = \{(x, y) \mid e(x, y)$ ist wahr$\}$

Es kann z. B. die folgende Aussageform $e(x, y)$ betrachtet werden:
$e(x, y)$: „$x + y = 13$".

Es kann z. B. die folgende Aussageform $e(x, y)$ betrachtet werden: $e(x, y)$: „$2 \leq (x + y) \leq 12$".

$e(x, y)$: „$x + y = 2$" ist äquivalent zu $f(x, y)$: „$x < 2, y < 2$".

E ist gegeben durch $e(x, y)$: „$x < 6$". Dann ist
$E' = \{(6,1); (6,2); (6,3); (6,4); (6,5); (6,6)\}$.

**B**    Fortsetzung von Definition 1.3

| | |
|---|---|
| Seien E, F$\in\mathfrak{P}$(S). Dann heißt<br>$E \cup F = \{x \mid x \in E \vee x \in F\}$<br>Vereinigungsmenge der Mengen E und<br>und F, und es gilt<br>$E \cup F \in \mathfrak{P}$(S).<br>$\mathfrak{P}$ (S) ist die Potenzmenge von S | Seien E, F Ereignisse in S. Dann heißt<br>$E \cup F = \{x \mid x \in E \vee x \in F\}$<br>S u m m e der Ereignisse E und F, und<br>es gilt: Die Summe zweier Ereignisse in S<br>ist wieder ein Ereignis in S. E $\cup$ F ist<br>realisiert genau dann, wenn mindestens<br>E oder F realisiert sind. |
| Seien E, F$\in\mathfrak{P}$(S). Dann heißt<br>$E \cap F = \{x \mid x \in E \wedge x \in F\}$<br>Durchschnitt der Mengen E und F, und<br>es gilt: E $\cap$ F$\in\mathfrak{P}$(S). | Seien E, F Ereignisse in S. Dann heißt<br>$E \cap F = \{x \mid x \in E \wedge x \in F\}$<br>P r o d u k t der Ereignisse E und F, und<br>es gilt: Das Produkt zweier Ereignisse<br>in S ist wieder ein Ereignis in S.<br>E $\cap$ F ist genau dann realisiert, wenn E<br>und F gleichzeitig realisiert sind. |
| Gilt E $\cap$ F = $\emptyset$, dann heißen die Mengen E<br>und F disjunkt (elementfremd) | Gilt E $\cap$ F = $\emptyset$, dann s c h l i e ß e n  s i c h<br>d i e  E r e i g n i s s e  E  u n d  F  a u s . |
| Die Potenzmenge $\mathfrak{P}$ (S) von S zusammen<br>mit den Verknüpfungen Durchschnitt<br>und Vereinigung heißt Mengenalgebra<br>über der Grundmenge S, d. h.<br>$(\mathfrak{P}(S), \cup, \cap, ')$ = Mengenalgebra $\mathfrak{P}$(S). | Die Menge aller Ereignisse in S zusammen<br>mit den Verknüpfungen Produkt und<br>Summe heißt  E r e i g n i s a l g e b r a<br>ü b e r  d e m  S t i c h p r o b e n r a u m<br>S, d. h.<br>$(\mathfrak{P}(S), \cup, \cap, ')$ = Ereignisalgebra $\mathfrak{P}$(S). |

Aus dem Zusammenhang ergibt sich leicht, ob $\mathfrak{P}$ (S) die Potenzmenge über S bedeutet oder die zugehörige Ereignisalgebra (Mengenalgebra) ist.

---

Aufgrund von Definition 1.3 übertragen sich alle Gesetze der Mengenalgebra wortwörtlich in Gesetze einer Ereignisalgebra. In den Sätzen 1.1 bis 1.10 werden die wichtigsten Aussagen ohne Beweis zusammengestellt. Wir geben lediglich die Venn-Diagramme für einzelne Zusammenhänge an sowie für gewisse Gesetze Veranschaulichungen mittels einfacher Beispiele.

**Satz 1.1.** Für alle Ereignisse in S gilt $E'' = E$.

Fig. 1.16 zeigt das Venn-Diagramm zu $E'' = E$.

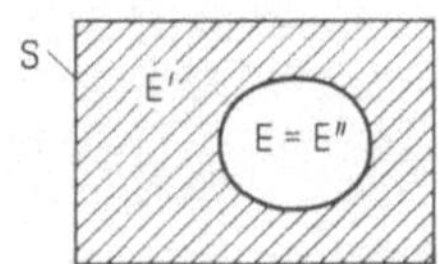


Fig. 1.16

B

$$E = \{(x, y) \mid x + y \leqslant 5\} \qquad F = \{(x, y) \mid x + y = 6\}$$

$E \cup F = \{(x, y) \mid x + y \leqslant 6\}$ ist realisiert, wenn mindestens eines der Resultate aus E oder aus F auftritt.

$$E = \{(x, y) \mid x > 4\} \qquad F = \{(x, y) \mid y > 5\}$$
$$E \cap F = \{(5,6), (6,6)\}$$

$E \cap F$ wird genau dann realisiert, wenn ein Resultat auftritt, das zu E und zu F gehört.

$$E = \{(x, y) \mid x > 4\} \qquad F = \{(x, y) \mid x + y = 5\}$$

E und F schließen sich aus, weil $E \cap F = \emptyset$. Wenn E eintritt, kann F nicht eintreten und umgekehrt.

Illustration hierzu am Beispiel des Münzenwurfes.
Eine Münze wird 1 mal geworfen (Z = Zahl, K = Kopf).

$$S = \{(Z), (K)\} \qquad \mathfrak{P}(S) = \{\{(Z)\}, \{(K)\}, \{(Z), (K)\}, \emptyset\}$$

Die Ereignisalgebra $\mathfrak{P}(S)$ über S besteht aus der Menge $\mathfrak{P}(S)$ und den Operationen $\cup$, $\cap$, $'$, die uneingeschränkt auf $\mathfrak{P}(S)$ angewendet werden können.

---

**Beispiel 1.11.** Es soll illustriert werden, daß das Gegenteil des Gegenteils des Ereignisses E wieder E ist. Beim Werfen mit 2 Würfeln erhält man die in Fig. 1.17 innerhalb des Rechtecks dargestellten Resultate.

Mit $E_3 = \{(x, y) \mid (x = 4) \vee (y = 4)\}$ bezeichnen wir die Menge der Resultate, die in Fig. 1.17 im schraffierten Bereich liegen. $E_3'$ ist die Menge aller Resultate in Fig. 1.17, die im nicht schraffierten Gebiet liegen. $E_3''$ ist die Menge aller Resultate von Fig. 1.17, die nicht im nicht schraffierten Gebiet liegen. Dies ist offensichtlich die Menge aller Resultate, die zu $E_3$ gehören, d. h., die dem schraffierten Gebiet entsprechen.

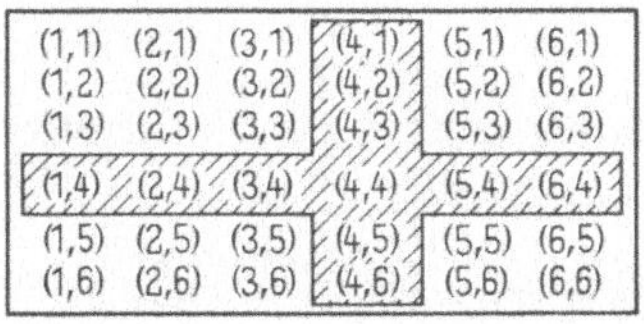

| (1,1) | (2,1) | (3,1) | (4,1) | (5,1) | (6,1) |
| (1,2) | (2,2) | (3,2) | (4,2) | (5,2) | (6,2) |
| (1,3) | (2,3) | (3,3) | (4,3) | (5,3) | (6,3) |
| (1,4) | (2,4) | (3,4) | (4,4) | (5,4) | (6,4) |
| (1,5) | (2,5) | (3,5) | (4,5) | (5,5) | (6,5) |
| (1,6) | (2,6) | (3,6) | (4,6) | (5,6) | (6,6) |

Fig. 1.17

**Satz 1.2.** Die Produkt- und Summenbildung von Ereignissen ist assoziativ. Für alle Ereignisse $E_1$, $E_2$, $E_3$ in S gilt:

a) $\qquad E_1 \cap (E_2 \cap E_3) = (E_1 \cap E_2) \cap E_3,$

b) $\qquad E_1 \cup (E_2 \cup E_3) = (E_1 \cup E_2) \cup E_3.$

**Beispiel 1.12** (Illustration zu Satz 1.2). Der Stichprobenraum des Experiments sei $S = \{1, 2, 3, 4, 5, 6, 7, 8\}$.

$E_1$ sei gegeben durch die Aussageform $e_1$ (x): x ist prim,

$E_2$ sei gegeben durch die Aussageform $e_2$ (x): $x \leqslant 5$,

$E_3$ sei gegeben durch die Aussageform $e_3$ (x): x ist ungerade.

a) Betrachten wir zunächst die linke Seite der Gleichung a) in Satz 1.2:

$$E_2 \cap E_3 = \{1, 2, 3, 4, 5\} \cap \{1, 3, 5, 7\} = \{1, 3, 5\},$$
$$E_1 \cap (E_2 \cap E_3) = \{2, 3, 5, 7\} \cap \{1, 3, 5\} = \{3, 5\}.$$

Auf der rechten Seite berechnen wir zuerst

$$(E_1 \cap E_2) = \{2, 3, 5, 7\} \cap \{1, 2, 3, 4, 5\} = \{2, 3, 5\}.$$

Dann wird

$$(E_1 \cap E_2) \cap E_3 = \{2, 3, 5\} \cap \{1, 3, 5, 7\} = \{3, 5\}.$$

Für diesen Fall ist also die Gleichheit in Satz 1.2a) gezeigt.

b) Gleichung b) in Satz 1.2, linke Seite:

$$E_1 = \{2, 3, 5, 7\}, \qquad E_2 = \{1, 2, 3, 4, 5\}, \qquad E_3 = \{1, 3, 5, 7\},$$
$$E_2 \cup E_3 = \{1, 2, 3, 4, 5, 7\} \quad \text{und} \quad E_1 \cup (E_2 \cup E_3) = \{1, 2, 3, 4, 5, 7\}.$$

Rechte Seite

$$E_1 \cup E_2 = \{1, 2, 3, 4, 5, 7\} \quad \text{und} \quad (E_1 \cup E_2) \cup E_3 = \{1, 2, 3, 4, 5, 7\}.$$

**Satz 1.3.** Die Produkt- und Summenbildung von Ereignissen sind kommutativ. Für alle Ereignisse $E_1$, $E_2$ in S gilt:

a) $\qquad E_1 \cap E_2 = E_2 \cap E_1,$

b) $\qquad E_1 \cup E_2 = E_2 \cup E_1.$

**Satz 1.4.** Die Produkt- und Summenbildung von Ereignissen sind idempotent. Für alle Ereignisse in S gilt:

$$E \cap E = E, \qquad E \cup E = E.$$

**Satz 1.5.** a) Ereignis und Gegenereignis schließen sich aus. Für alle Ereignisse E in S gilt:

$$E \cap E' = \emptyset.$$

b) Die Summe von Ereignis und Gegenereignis ist das sichere Ereignis, d. h., für alle

Ereignisse E in S gilt:

$$E \cup E' = S.$$

**Aufgabe 1.18.** Zeigen Sie analog zu Beispiel 1.12, daß $E_1 \cap E_1' = \emptyset$ ist. Benutzen Sie dafür das Ereignis $E_1$ aus Beispiel 1.12.

**Satz 1.6.** Das Gegenereignis zum sicheren Ereignis in S ist das in S nicht realisierbare Ereignis und umgekehrt. Es gilt:

$$S' = \emptyset, \qquad \emptyset' = S.$$

**Aufgabe 1.19.** a) Nennen Sie zu Beispiel 1.1 eine Aussageform e (x, y), so daß das zugehörige Ereignis E gleich S ist, und veranschaulichen Sie $S' = \emptyset$.
b) Nennen Sie zu Beispiel 1.1 eine Aussageform a (x, y), so daß das zugehörige Ereignis A gleich $\emptyset$ ist, und veranschaulichen Sie $\emptyset' = S$.

**Satz 1.7.** Für alle Ereignisse in S gilt:

a) $\qquad E \cap S = E \qquad E \cup S = S$,

b) $\qquad E \cap \emptyset = \emptyset \qquad E \cup \emptyset = E$.

**Satz 1.8.** Es gelten die de Morgan-Regeln für Produkt- und Summenbildung von Ereignissen. Für alle $E_1$, $E_2$ in S gilt:

a) $\qquad (E_1 \cap E_2)' = E_1' \cup E_2'$,

b) $\qquad (E_1 \cup E_2)' = E_1' \cap E_2'$.

**Beispiel 1.13** (Illustration zu Satz 1.8). In Fig. 1.18 entspricht $(E_1 \cap E_2)'$ dem Gebiet in S, das schraffiert ist, in Fig. 1.19 entspricht $E_1'$ dem vertikal schraffierten Gebiet und $E_2'$ dem horizontal schraffierten Gebiet.

$E_1' \cup E_2'$ entspricht dem Gebiet in S, das entweder horizontal oder vertikal schraffiert ist. Dies ist offensichtlich das gleiche Gebiet, das in Fig. 1.18 schraffiert ist. Also gilt $(E_1 \cap E_2)' = E_1' \cup E_2'$.

Der zweite Teil von Satz 1.8 wird durch Fig. 1.20 und 1.21 illustriert.

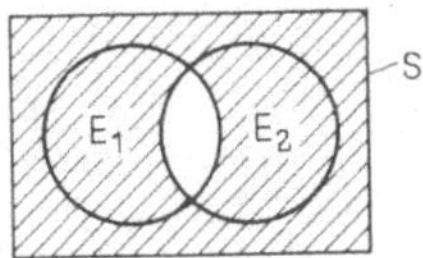


Fig. 1.18

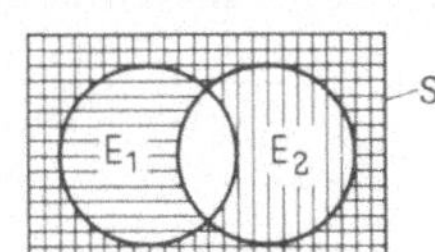


Fig. 1.19

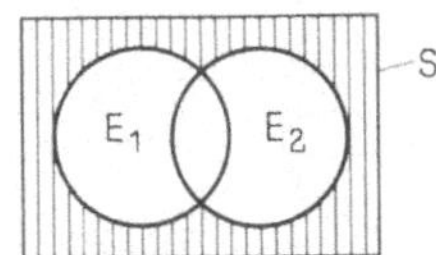


Fig. 1.20

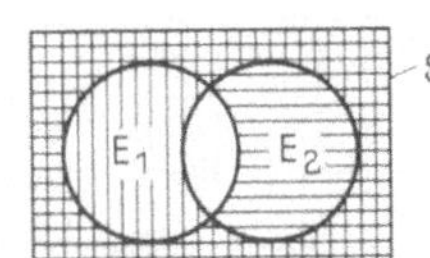


Fig. 1.21

**B**  In Fig. 1.20 entspricht $(E_1 \cup E_2)'$ dem schraffierten Gebiet; in Fig. 1.21 entspricht $E_1'$ dem horizontal schraffierten Gebiet, $E_2'$ dem vertikal schraffierten Gebiet.

$E_1' \cap E_2'$ entspricht dem Gebiet, das sowohl senkrecht wie auch horizontal schraffiert ist. Offensichtlich ist dies das gleiche Gebiet, das in Fig. 1.20 schraffiert ist. Also gilt $(E_1 \cup E_2)' = E_1' \cap E_2'$.

Wir wollen die Gültigkeit von $(E_1 \cup E_2)' = E_1' \cap E_2'$ auch noch mittels der Zugehörigkeitstafel (Fig. 1.22) untersuchen. Wir geben darin an, ob ein Ereignis eintritt oder nicht. Da die beiden letzten Spalten gleich sind, gilt $(E_1 \cup E_2)' = E_1' \cap E_2'$.

**Aufgabe 1.20.** Überprüfen Sie mittels Zugehörigkeitstafel die Gleichung $(E_1 \cap E_2)' = E_1' \cup E_2'$.

**Satz 1.9.** Für Produkt- und Summenbildung gelten beide Distributivgesetze, d. h. für alle $E_1$, $E_2$, $E_3$ in S gilt:

**a)**     $E_1 \cap (E_2 \cup E_3) = (E_1 \cap E_2) \cup (E_1 \cap E_3),$

**b)**     $E_1 \cup (E_2 \cap E_3) = (E_1 \cup E_2) \cap (E_1 \cup E_3).$

**Aufgabe 1.21.** Zeigen Sie die Gültigkeit des Satzes 1.9 durch Erstellen der entsprechenden Zugehörigkeitstafeln.

**Satz 1.10.** Es gelten die Absorptionsregeln, d. h., für alle Ereignisse E, F in S gilt:

**a)**     $E \cap (E \cup F) = E,$

**b)**     $E \cup (F \cap E) = E.$

**Aufgabe 1.22.** Zeigen Sie die Gültigkeit von Satz 1.10 durch Erstellen der entsprechenden Zugehörigkeitstafeln.

**Aufgabe 1.23.** In Aufgabe 1.6 sind die Ereignisse $E_1$ durch $e_1$ und $E_3$ durch $e_3$ gegeben. Illustrieren Sie den Inhalt von Satz 1.8 an Hand dieser Ereignisse.

In der Mengenalgebra stößt man auf zwei abgeleitete Mengenverknüpfungen, die wir jetzt direkt in einer Ereignisalgebra definieren wollen.

**Definition 1.4.** Die Differenz der Ereignisse E und F ist gegeben durch

$$E \backslash F = E \cap F'.$$

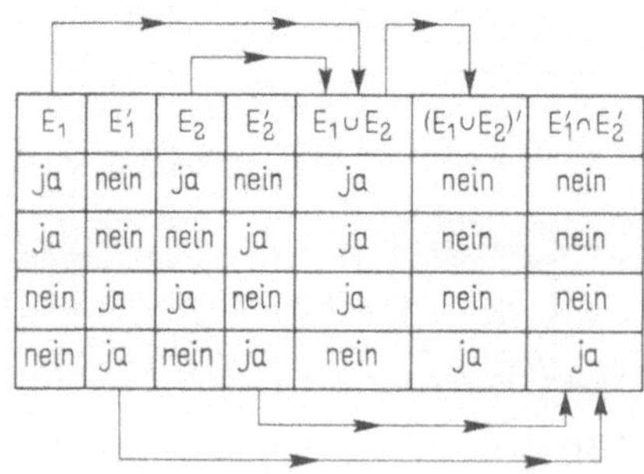

| $E_1$ | $E_1'$ | $E_2$ | $E_2'$ | $E_1 \cup E_2$ | $(E_1 \cup E_2)'$ | $E_1' \cap E_2'$ |
|---|---|---|---|---|---|---|
| ja | nein | ja | nein | ja | nein | nein |
| ja | nein | nein | ja | ja | nein | nein |
| nein | ja | ja | nein | ja | nein | nein |
| nein | ja | nein | ja | nein | ja | ja |

Fig. 1.22

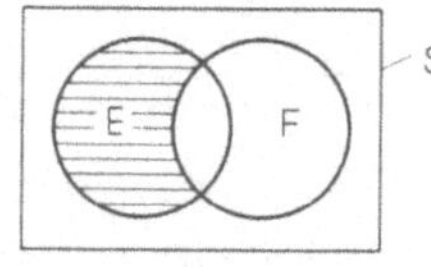



Fig. 1.23

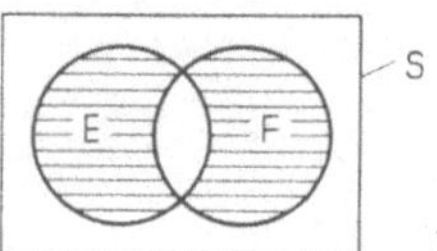



Fig. 1.24

E\F ist das Ereignis, das eintritt, wenn E, aber nicht F realisiert ist. In Fig. 1.23 ist **B** durch den schraffierten Bereich eine grafische Interpretation von E\F gegeben.

**Definition 1.5.** Die symmetrische Differenz der Ereignisse E und F ist gegeben durch:

$$E \triangle F = (E\backslash F) \cup (F\backslash E).$$

Der schraffierte Bereich von Fig. 1.24 entspricht dem Ereignis $E \triangle F$.

**Aufgabe 1.24.** In Aufgabe 1.12 sind die Ereignisse $E_1$ durch $e_1$ und $E_2$ durch $e_2$, $E_3$ durch $e_3$ gegeben. Gesucht ist $E_1\backslash E_2$, $E_2\backslash E_1$, $E_1 \triangle E_2$, $E_2\backslash E_3$, $E_3\backslash E_2$, $E_2 \triangle E_3$.

**Satz 1.11.** Schließen sich die Ereignisse E und F aus, so ist ihre Summe gleich ihrer symmetrischen Differenz, d. h.

$$E \cap F = \emptyset \;\Rightarrow\; E \triangle F = E \cup F$$

B e w e i s. Aus Definition 1.5 folgt zunächst

$$
\begin{aligned}
E \triangle F &= (E \cap F') \cup (F \cap E') \\
&= (E \cup F) \cap (F \cup F') \cap (E \cup E') \cap (F' \cup E') \text{ (Anwendung von Satz 1.9)} \\
&= (E \cup F) \cap S \cap S \cap (E \cap F)' \text{ (Satz 1.5 und Satz 1.8)} \\
&= (E \cup F) \cap S \cap S \cap S \text{ (Satz 1.6 und Voraussetzung)} \\
&= (E \cup F) \text{ (Satz 1.7)}
\end{aligned}
$$

Die mehrmalige Anwendung des Assoziativgesetzes wurde nicht erwähnt.

**Aufgabe 1.25.** Zeigen Sie an Hand eines Venn-Diagrammes, daß für zwei beliebige Ereignisse $E_1$ und $E_2$ eines Stichprobenraumes S gilt:

$$(E_1 \cup E_2)' \cup (E_1 \backslash E_2) \cup (E_2 \backslash E_1) \cup (E_1 \cap E_2) = S$$

oder $\quad (E_1 \cup E_2)' \cup (E_1 \cap E_2') \cup (E_2 \cap E_1') \cup (E_1 \cap E_2) = S.$

Es ist zu beachten, daß die Ereignisse von Aufgabe 1.25, die in Klammern stehen, sich paarweise ausschließen, d. h., die in den Klammern stehenden Teilmengen sind alle zueinander disjunkt und ihre Vereinigung ergibt den ganzen Stichprobenraum (Fig. 1.25). In Fig. 1.25 entspricht $E_1$ dem linken Kreisinnern, $E_2$ dem rechten. Das vertikal schraffierte Gebiet bezeichne $(E_1 \cup E_2)'$, das horizontal schraffierte Gebiet $E_1 \cap E_2'$. Schräg schraffiert ist der Bereich, der $E_2 \cap E_1'$ zugeordnet ist, und durch kleine Kreise ist die Menge $E_1 \cap E_2$ bezeichnet.

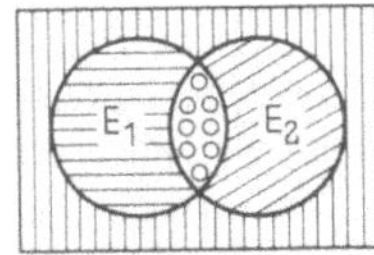


Fig. 1.25

**Bemerkung 1.1.** Für Leser, die mit Gruppentheorie vertraut sind, weisen wir darauf hin, daß $(\mathfrak{P}(S), \triangle)$ eine kommutative Gruppe ist, bei der $\emptyset$ das neutrale Element und jedes

**B** Element zu sich selbst invers ist. Nimmt man die Produktbildung hinzu, erhält man einen kommutativen Ring, bei dem S das neutrale Element bezüglich der Multiplikation ist.

**Bemerkung 1.2.** Aus der Assoziativität und Kommutativität der Verknüpfungen Summe und Produkt von Ereignissen folgt, daß Summe und Produkt einer endlichen Anzahl von Ereignissen eindeutig festgelegt sind. (Der Beweis ist durch vollständige Induktion zu führen.)

Die folgenden Bezeichnungen werden später verwendet:

**Definition 1.6.** Gegeben sei eine endliche, nichtleere Menge von Ereignissen $\{E_i \mid i \in I_n\}$ mit $I_n = \{1, 2, \ldots, n\}$.

a) Supremum: $\sup_{i \in I_n} E_i = \bigcup_{i \in I_n} E_i = E_1 \cup E_2 \ldots \cup E_n$.

b) Infimum: $\inf_{i \in I_n} E_i = \bigcap_{i \in I_n} E_i = E_1 \cap E_2 \cap \ldots \cap E_n$.

c) Falls sich die Ereignisse paarweise ausschließen, d. h. $E_i \cap E_j = \emptyset$ für $i \neq j$, schreibt man

$$\bigcup_{i \in I_n} E_i = \sum_{i \in I_n} E_i.$$

Erweitert man die de Morgan-Regeln (Satz 1.8) auf n Ereignisse (vollständige Induktion), so folgt

**Satz 1.12** $\left(\sup_{i \in I_n} E\right)' = \inf_{i \in I_n} E_i', \ \left(\inf_{i \in I_n} E_i\right)' = \sup_{i \in I_n} E_i'$

**Definition 1.7.** Eine Menge von Ereignissen $\{E_i \mid i \in I_n\}$ heißt v o l l s t ä n d i g e s  S y s t e m  von Ereignissen in S, falls gilt:

a) $E_i \neq \emptyset$ für alle $i \in I_n$,

b) $\sup_{i \in I_n} E_i = S$,

c) Die Ereignisse schließen sich paarweise aus:

$$E_j \cap E_k = \emptyset \qquad \text{für } j \neq k \text{ in } I_n.$$

**Aufgabe 1.26.** In Aufgabe 1.25 haben wir offensichtlich ein vollständiges System von Ereignissen angegeben. Geben Sie das dort behandelte vollständige System für $E_1$ und $E_3$ aus Beispiel 1.12 an.

**Aufgabe 1.27.** Zeigen Sie durch ein Venn-Diagramm, daß für 3 beliebige Ereignisse $E_1$, $E_2$, $E_3$ aus S, für die $E_1 \neq \emptyset$, $E_2 \neq \emptyset$, $E_3 \neq \emptyset$ gilt, die folgenden Ereignisse ein vollständiges System bilden:

$$E_1 \backslash (E_2 \cup E_3)', \qquad E_2 \backslash (E_1 \cup E_3)', \qquad E_3 \backslash (E_1 \cup E_2)',$$

$$(E_1 \cap E_2) \backslash E_3, \qquad (E_1 \cap E_3) \backslash E_2, \qquad (E_2 \cap E_3) \backslash E_1,$$

$$(E_1 \cap E_2 \cap E_3), \qquad (E_1 \cup E_2 \cup E_3)'.$$

**Definition 1.8.** Einelementige Ereignisse in S heißen E l e m e n t a r e r e i g n i s s e .     B

Aus Definition 1.7 und 1.8 folgt sofort

**Satz 1.13. a)** die Menge aller Elementarereignisse in S bilden ein vollständiges System.
**b)** Für jedes Ereignis bildet die Menge aus Ereignis und Gegenereignis ein vollständiges System $(E \neq S, \emptyset)$.
**c)** $\{S\}$ ist ein vollständiges System.

In einer endlichen Ereignisalgebra (s. Definition 1.3) gibt es in S endlich viele Elemente, und es läßt sich die Anzahl der verschiedenen vollständigen Systeme von Ereignissen angeben. Bezeichnet $T_n$ die Anzahl der vollständigen Systeme in einem Stichprobenraum mit n Elementen, so überlegt man sich leicht, daß $T_1 = 1$, $T_2 = 2$, $T_3 = 5$, $T_4 = 15$.
Wir wollen zeigen, daß $T_3 = 5$ ist, dabei sei

$$S = \{x_1, x_2, x_3\}, \qquad E_1 = \{x_1\}, \qquad E_2 = \{x_2\}, \qquad E_3 = \{x_3\}.$$

Offensichtlich ist $\{S\} = \{E_1 \cup E_2 \cup E_3\}$ ein vollständiges System, denn für Definition 1.7 ist a) erfüllt, weil $E_1 \cup E_2 \cup E_3 \neq \emptyset$; b) erfüllt, weil $(E_1 \cup E_2 \cup E_3) = S$ und c) erfüllt, weil es nur 1 Ereignis im System gibt.
Daß in jedem der Fälle $\{E_1, (E_2 \cup E_3)\}, \{E_2, (E_1 \cup E_3)\}, \{E_3, (E_1 \cup E_2)\}$ und $\{E_1, E_2, E_3\}$ die Bedingungen a), b), c) der Definition erfüllt sind, kann man leicht sehen.

**Aufgabe 1.28.** Geben Sie in analoger Weise die 15 möglichen vollständigen Systeme für einen Stichprobenraum S an, der aus 4 Elementen $x_1, x_2, x_3, x_4$ mit $x_i \neq \emptyset$ für $i = 1, 2, 3, 4$ besteht.

Hat man eine Menge von Ereignissen gegeben, so wird sich als wichtige Frage erweisen, wie man daraus eine Menge mit gleichviel Ereignissen konstruieren kann, die sich gegenseitig ausschließen, ohne daß dabei die Summe aller Ereignisse (d. h. ihr Supremum) verändert wird. Die Lösung dieses Problems ist für Kapitel 3 wichtig. Wir formulieren hierzu zunächst einen Satz für drei Ereignisse, erläutern ihn am Venn-Diagramm und verallgemeinern dann in Satz 1.15 auf n Ereignisse (ohne Beweis).

**Satz 1.14.** Seien $E_1, E_2, E_3$ realisierbare verschiedene Ereignisse in S. Dann gilt

$$E_1 \cup E_2 \cup E_3 = E_1 \cup (E_2 \backslash E_1) \cup (E_3 \backslash (E_1 \cup E_2)),$$

wobei sich die Summanden der rechten Seite gegenseitig ausschließen.
Fig. 1.26a zeigt $E_1 \cup E_2 \cup E_3$, in Fig. 1.26b ist das $E_2 \backslash E_1$ entsprechende Gebiet durch ///, $E_3 \backslash (E_1 \cup E_2)$ durch \\\ gekennzeichnet.

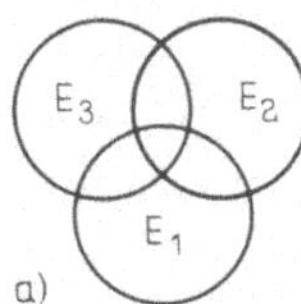


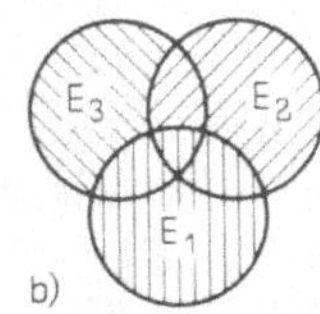


Fig. 1.26

**B**  Satz 1.15. Seien $E_i$, $i \in I_n$, verschiedene realisierbare Ereignisse in S. Dann gilt

$$\sup_{i \in I_n} E_i = E_1 \cup \sum_{i=2}^{n} (E_i \backslash \sup_{j \in I_{i-1}} E_j),$$

und die Summanden der rechten Seite schließen sich gegenseitig aus.

**Aufgaben**

**1.29.** In einer Urne sind vier Kärtchen, die durch die Zahlen 1, 2, 3 und 4 gekennzeichnet sind.

E x p e r i m e n t  1. Zwei Zahlenkärtchen werden nacheinander gezogen, wobei das erste Kärtchen vor dem Ziehen des zweiten Kärtchens wieder in die Urne zurückgelegt wird.

E x p e r i m e n t  2. Zwei Zahlenkärtchen werden nacheinander gezogen, ohne daß das erste Kärtchen zurückgelegt wird.

**a)** Geben Sie zu jedem Experiment den Stichprobenraum an.

**b)** Betrachten Sie die Ereignisse A, B, C und D in beiden Stichprobenräumen, die durch die folgenden Aussageformen beschrieben werden:

> A: „Mindestens eines der Kärtchen trägt die Zahl 1".
> B: „Beide Kärtchen tragen dieselbe Zahl".
> C: „Die Zahlen auf beiden Kärtchen sind gerade".
> D: „Höchstens eines der Kärtchen trägt die Zahl 1".

Geben Sie für jeden Stichprobenraum alle Resultate an, die zu diesen Ereignissen gehören.

**c)** Bestimmen Sie die Ereignisse

$$A \cap B, \quad A \cap D, \quad A \cap (C \cup D), \quad A \cup (C \cap D)$$

und beschreiben Sie jedes Ereignis durch eine Aussageform.

**1.30.** Ein Studentenehepaar beschließt, den Streit über die Arbeitsteilung im Haushalt ein für alle Mal zu beenden. Vier Tätigkeiten stehen zur Diskussion:

> K Kochen,
> G Geschirr abwaschen,
> W Wohnung aufräumen,
> E Einkaufen.

**a)** Wenn jede der Tätigkeiten täglich ausgeführt werden soll, und bei keinem Job Arbeitsteilung vorgesehen ist, welche Möglichkeiten bestehen dann, die Arbeiten auf die beiden zu verteilen?

**b)** Wieviele Möglichkeiten bestehen, wenn außerdem für einen oder mehrere Jobs Arbeitsteilung vorgesehen wird?

**1.31.** Vorgesehen seien alle Legotürme der Höhe 3 (Fig. 1.27), die sich aus roten, weißen, schwarzen, blauen und gelben Steinen bauen lassen (auch ein- und zweifarbige Türme).

E x p e r i m e n t . Ein Legoturm wird herausgegriffen.

**a)** Bestimmen Sie den Stichprobenraum S dieses Experiments.

**b)** Geben Sie die folgenden Ereignisse in aufzählender Mengenschreibweise an:

$E_1$ : „oben und unten dieselbe Farbe",

$E_2$ : „in der Mitte rot und unten nicht blau",

$E_3$ : „mindestens zwei gelbe Steine kommen im Turm vor".

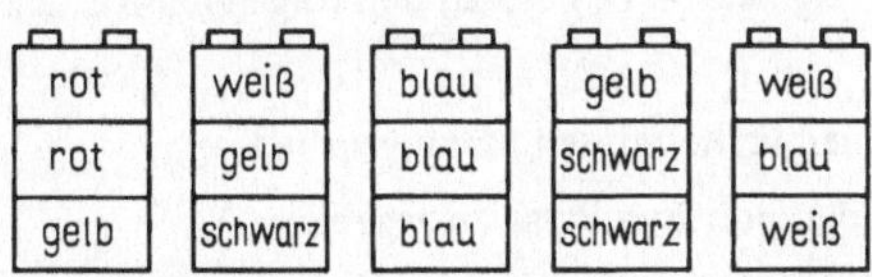


Fig. 1.27

**c)** Berechnen Sie die Produkte aus je zwei dieser Ereignisse und bestimmen Sie die Summe aus den so gewonnenen Ereignissen.

**d)** Geben Sie das Gegenereignis zum Produkt der Ereignisse aus b) in beschreibender Form an.

**e)** Geben Sie die Ereignisse $E_1 \triangle E_2$, $E_3 \backslash E_2$ und $E_1 \triangle (E_2 \cap E_3)$ in beschreibender Form an.

**1.32.** Es sei $\mathfrak{E}$ eine Menge von Ereignissen, auf der $\cap$ und $\cup$ Verknüpfungen sind. $\emptyset$ und $S \in \mathfrak{E}$.

Bekannt seien die folgenden Gesetze:

1.     Distributivgesetze

2.     Assoziativgesetze

3.     Kommutativgesetze

4.     Für alle $E \in \mathfrak{E}$ gilt:

$$E \cap S = E \cup \emptyset = E, \qquad E \cup S = S, \qquad E \cap \emptyset = \emptyset$$

Beweisen Sie (wobei Sie möglichst wenige dieser Gesetze anwenden)

**a)** die Absorptionsregeln,

**b)** die Idempotenzgesetze.

Geben Sie jeweils genau an, welche Gesetze Sie anwenden.

**1.33.** Unter 8 Bewerbern für eine Stelle befinden sich

Herr Meyer 25 Jahre, ledig, politisch aktiv, Skatspieler,

Herr Sorger 30 Jahre, ledig, politisch passiv, nicht Skatspieler,

Herr Mey 35 Jahre, ledig, politisch aktiv, nicht Skatspieler,

Herr Erhard 40 Jahre, ledig, politisch passiv, nicht Skatspieler,

Herr Werner 25 Jahre, verheiratet, politisch passiv, nicht Skatspieler,

Herr Grossmann 30, verheiratet, politisch aktiv, nicht Skatspieler,

Herr Goess 35, verheiratet, politisch passiv, nicht Skatspieler,

Herr Heitmann 40, verheiratet, politisch aktiv, Skatspieler.

Einer dieser 8 Bewerber erhält den Job.

**B** Die Aussageform

„Der Job wird an jemanden vergeben, der 25 Jahre ist"

bestimmt das Ereignis:

$\{$ Meyer, Werner $\}$.

Geben Sie in gleicher Form die Ereignisse A, B, C, D zu den folgenden Aussageformen a, b, c, d an:

a: Der Posten wird an einen verheirateten Mann gegeben.

b: Der Posten wird an einen politisch Passiven gegeben.

c: Der Posten wird an einen Skatspieler gegeben.

d: Der Posten wird an einen Mann gegeben im Alter von 35 oder 40 oder älter.

Bestimmen Sie die Ereignisse:

$$A', \quad B \cup C, C \cap D, \quad (B \cap C) \cup (C \cap D), \quad (A \cup B)\backslash C.$$

**1.34.** Zeigen Sie unter Benutzung von Zugehörigkeitstafeln (siehe Aufgabe 1.20), daß

$$A \cup (B \cap C) = (A \cup B) \cap (A \cup C),$$
$$(A \cup B)' = A' \cap B',$$
$$A = (A \cap B) \cup (A \cap B'),$$
$$A \cup B = (A \cap B) \cup (A \cap B') \cup (A' \cap B),$$
$$A = (A \cap B_1) \cup (A \cap B_2) \cup (A \cap B_3) \quad \text{falls} \quad B_1 \cup B_2 \cup B_3 = S.$$

**1.35.** Beschreiben Sie in Worten die einzelnen Ereignisse von möglichen vollständigen Systemen in

$$S = E_1 \cup E_2 \cup (E_1 \cup E_2)',$$

wenn die Ereignisse $E_1$ und $E_2$ durch die folgenden Aussageformen gegeben sind.

$e_1$ : Ingrid ist berufstätig.

$e_2$ : Ingrid ist verheiratet.

**1.36.** Geben Sie die in Satz 1.14 und 1.15 erwähnte Summendarstellung an, wenn

$$S = E_1 \cup E_2 \cup E_3 \cup (E_1 \cup E_2 \cup E_3)',$$

falls $E_1$, $E_2$, $E_3$ beschrieben werden durch

$e_1$ : Ingrid lebt allein.

$e_2$ : Ingrid lebt mit einem Mann zusammen.

$e_3$ : Ingrid ist verheiratet.

## 1.3. Zufallsexperimente in der Schule

C

### 1.3.1. Bisherige Tendenzen

In den letzten Jahren wurden in verschiedenen Lehrprogrammen für die Grundschule
Aktivitäten aus dem Gebiet der Wahrscheinlichkeitsrechnung eingebaut, so z. B. im
CEMREL-Project in USA, im Nuffield Mathematics Project in England, im Buch von
T. Varga und M. Dumont [1].

In Versuchsklassen von T. Varga in Budapest werden seit Jahren Probleme und Spiele
aus der Wahrscheinlichkeitsrechnung, Statistik und Kombinatorik bearbeitet und zwar
schon ab 1. Klasse. Mit dem gleichen Problemkreis beschäftigt sich das Buch von Engel,
Varga, Walser [2], in dem eine große Zahl von Spielen und Problemen aus Kombinatorik
und Wahrscheinlichkeitsrechnung für die Schule beschrieben werden (s. auch [3] bis [8]).

Dies sind Anfänge einer Entwicklung, die sicher in den nächsten Jahren weitergeführt
wird, denn die Bedeutung der Wahrscheinlichkeitsrechnung und vor allem auch der
darauf aufbauenden Statistik werden immer größer, so daß die Schule entsprechende
Basiskenntnisse vermitteln muß.

Es liegt im Wesen der Wahrscheinlichkeitsrechnung, der Kombinatorik und der Statistik,
daß sie sich leicht einbauen lassen in den modernen Mathematikunterricht, denn es sind
natürlich gegebene Bezugspunkte zur Logik, zu den Grundrechnungsarten und zum
Bruchrechnen vorhanden. Wir werden diese Bezugspunkte im Laufe dieses Buches ver-
schiedentlich aufzeigen. In Abschn. 6.3 stellen wir zudem einen möglichen Stoffplan
für die Wahrscheinlichkeitsrechnung in der Grundschule zur Diskussion.

### 1.3.2. Begriffsbildungen

Wie in Abschn. 1.1 und 1.2 gezeigt wurde, sind die Begriffe Experiment, Resultat, Ereignis, sicheres Ereignis, wahrscheinlicheres und weniger wahrscheinliches Ereignis von
grundlegender Bedeutung.

In unserer Alltagssprache kommen diese Begriffe mit ähnlicher Bedeutung wie in der
Wahrscheinlichkeitsrechnung vor. Es geht in der Schule darum, die Begriffsbildungen
mit genauen Inhalten zu belegen und dann zu vertiefen. Mit anderen Worten: Mittels
der Alltagssprache können Ereignisse mit verschiedenen Wahrscheinlichkeiten versehen
werden, also sollte der Schüler auch wissen, was der genaue Inhalt solcher mit Eintrittschancen versehener Aussagen ist.

### 1.3.3. Spiele für den Schüler

**Wettspiele.** Man läßt die Kinder frei spielen: Würfelspiele, Spiele mit dem Glücksrad
(Roulette), zufälliges Ziehen von farbigen Kugeln aus Urnen, Drehen von Kreiseln,
Werfen von Münzen usw.

An Hand dieser Spiele werden die Begriffe, die wir in Abschn. 1.3.2 erwähnten, eingeführt. Natürlich soll dies ganz praktisch geschehen, etwa in der folgenden Art:

C   Die Kinder spielen irgend eines der bekannten Würfelspiele, wie „Eile mit Weile",
„Hütchen haschen" usw.

Nach einiger Zeit stellt man Fragen zum Spiel:

Welche Punktzahlen sind beim Würfeln möglich, welche unmöglich?

Für irgend eine Spielsituation soll jeder Spieler herausfinden, wie oft er mindestens oder
höchstens noch würfeln muß, um mit seiner Figur ins Ziel zu gelangen.

Man läßt die Spieler nun mit 2 Würfeln werfen. Welche Punktesummen sind jetzt möglich? Gib Punktzahlen an, welche unmöglich sind.

Jeder Spieler schreibt laufend die gewürfelten Punktezahlen auf bis zum Spielende.
Wieviele Glieder haben die verschiedenen Zahlenreihen. Gebt andere mögliche Zahlenreihen an.

Es ist wichtig, daß man beim Auflisten von Resultaten nicht auf Vollständigkeit drängt.
Es ist nicht nötig, daß die Kinder  a l l e  Resultate eines Stichprobenraumes kennen, es ist
viel wichtiger, daß sie entscheiden können, ob irgend ein „Resultat" möglich oder unmöglich ist, d. h., ob es zum Stichprobenraum gehört oder nicht.

Natürlich werden beim Auflisten von Experimentabläufen Mengen von Resultaten gebildet. Für Kinder, die gewohnt sind, mit Mengen umzugehen, wird es relativ einfach
sein, den Begriff des Ereignisses als Teilmenge der Menge aller möglichen Resultate
zu verstehen.

Man beginnt dabei mit dem „sicheren Ereignis" und führt dafür z. B. das Symbol ↑
ein. Dann folgen unmögliche Ereignisse, Symbol ↓ . Man läßt die Kinder zu irgend
einem Spiel unmögliche, mögliche und sichere Ereignisse durch „raten" finden.

Der visuelle Vergleich der Eintrittschancen geschieht dadurch, daß die Schüler für jedes
Ereignis die zugehörige Eintrittschance durch einen Punkt auf der Strecke in Fig. 1.28
charakterisieren sollen.

sicheres Ereignis

unmögliches Ereignis      Fig. 1.28

Je näher der Punkt beim sicheren Ereignis eingezeichnet wird, desto wahrscheinlicher
soll das Ereignis sein. Das Setzen dieser Punkte macht der Schüler gefühlsmäßig. Dabei
wird deutlich, wie gut Kinder intuitiv solche Situationen erfassen.

Die Punktlage ↑ charakterisiert ein Ereignis, mit höherer Eintrittschance als die folgende
Punktlage ↓ .

**Ratespiele.** Wir legen in einen undurchsichtigen Beutel 8 grüne und 4 weiße Kugeln und
ziehen blindlings Kugeln. Beantworte die folgenden Fragen, bevor Du durch Probieren
(bevor Du Kugeln ziehst) die richtige Lösung errätst!

F r a g e : Wieviele Kugeln mußt Du ziehen,

damit sicher eine grüne dabei ist?
damit sicher mindestens eine grüne und eine weiße dabei sind?
damit nur eine Farbe auftritt?

damit sicher keine grüne dabei ist?

damit sicher nicht zwei weiße dabei sind?

damit Du sicher bist, 2 oder mehr weiße Kugeln zu ziehen?

um sicher zu sein, daß mindestens 4 grüne dabei sind?

um sicher zu sein, daß Du 6 weiße Kugeln ziehst?

um sicher zu sein, daß Du 6 weiße Kugeln ziehst?

um sicher zu sein, daß Du mehr weiße Kugeln als grüne ziehst?

damit Du sicher bist, mindestens 3 grüne aber nicht 6 grüne Kugeln dabei sind?

damit Du sicher bist, entweder mindestens 2 weiße oder höchstens 4 grüne Kugeln zu ziehen?

Wir besprechen den Begriff des „Ereignisses" im Zusammenhang mit den zugehörigen Eintrittschancen, die auf Grund intuitiven Ratens gefunden werden. Für ihre Charakterisierung benutzen wir keine Zahlen, sondern wie schon erwähnt, die beschriebenen Symbole (s. Fig. 1.29).

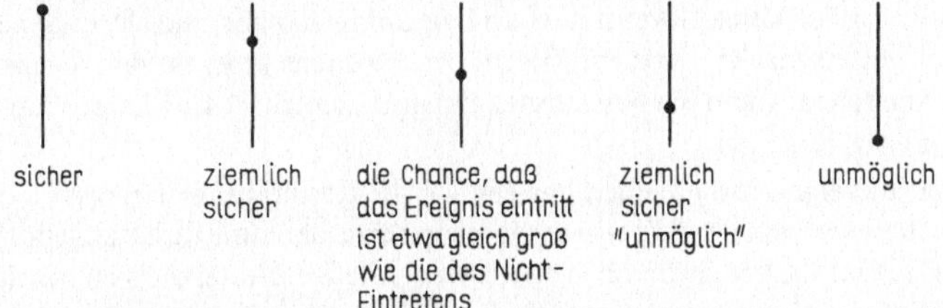


Fig. 1.29

Natürlich soll man die Begriffe Experiment, Resultat, Ereignis, sicher, möglich, unmöglich auch im Zusammenhang mit Alltagssituationen richtig verwenden. Es ist besonders darauf zu achten, daß das Experiment sehr genau beschrieben wird.

**Alltagssituationen.** Die ganze Klasse löst eine wohldefinierte Serie von 5 Rechenaufgaben. Wenn alle fertig sind, werden die Aufgaben kontrolliert. Jede Aufgabe ist entweder richtig oder falsch. Nun können Ereignisse betrachtet werden:

> „Hans hat mindestens 3 Aufgaben richtig gelöst."

> „Mehr als die Hälfte der Klasse hat keinen Fehler."

> „Aufgabe 4 hat niemand richtig gelöst."

usw. Diesen Ereignissen sollen die Schüler entsprechende Eintrittschancen zuordnen.

**Bezug zur Logik.** Es ist nützlich, Beispiele und Probleme aus der Logik mit Beispielen und Problemen aus der Wahrscheinlichkeitsrechnung zu verknüpfen, z. B. als Anwendung und Wiederholung der Logik. Den Grundmengen in der Logik entsprechen bei Zufallsvorgängen — wie wir wissen — die Stichprobenräume der Experimente. Das Arbeiten mit Mengen entspricht dem Umgang mit Ereignissen.

Das Neue ist einzig die Angabe und Beschreibung von Eintrittschancen für Ereignisse, d. h. für Teilmengen aus dem Stichprobenraum.

Entsprechende Spiele können wir selbst finden:

Man legt Grundmengen von Logischen Blöcken in eine Urne und greift blindlings einen Block heraus (vgl. Beispiel 2.2).

C  Nun stellen wir Fragen:
Welche Resultate können auftreten?
Nenne ein Ereignis, das sicher eintritt!
Nenne ein unmögliches Ereignis!
Was erhält man eher: einen roten Block oder einen Kreis?

Natürlich können die Grundmengen beliebig variiert werden. Statt die Blöcke in Urnen zu legen, kann man deren Bilder auf große Würfel oder Dodekaeder malen. So zubereitete Zufallsgeneratoren machen den Kindern Spaß.

### 1.3.4. Schwierigkeiten

Der schwierigste der in Abschn. 1.3.2 genannten Begriffe ist der des Ereignisses. Bei dessen Einführung in der Schule ergeben sich hauptsächlich zwei Schwierigkeiten. Erstens sind Ereignisse keine Gegenstände und darum relativ abstrakt. Dem Schüler fällt es oft schwer einzusehen, was ein Ereignis ist. Zweitens ist es für den Schüler schwierig zu verstehen, wann ein bestimmtes Ereignis „eintritt". Der Lehrer muß also sehr sorgfältig vorgehen.

Um Ereignisse zu vergegenständlichen, müssen wir die Resultate zeichnerisch möglichst genau so angeben wie sich der Experimentausgang zeigt, der zum Resultat gehört, denn jedes Symbol macht die Situation noch abstrakter. Alle Resultate, die sich bei durchgeführten Experimenten zeigen, sollen aufgelistet werden, um jederzeit für die Anschauung vorhanden zu sein. Beim Würfeln mit einem Würfel stellen wir am Anfang z. B. den Stichprobenraum wie in Fig. 1.30 dar. Symbolische Darstellungen, wie $\{1, 2, 3, 4, 5, 6\}$ sollten erst später benützt werden. Bei jedem Ereignis soll ferner genau beschrieben und erklärt werden, wann es eintritt.

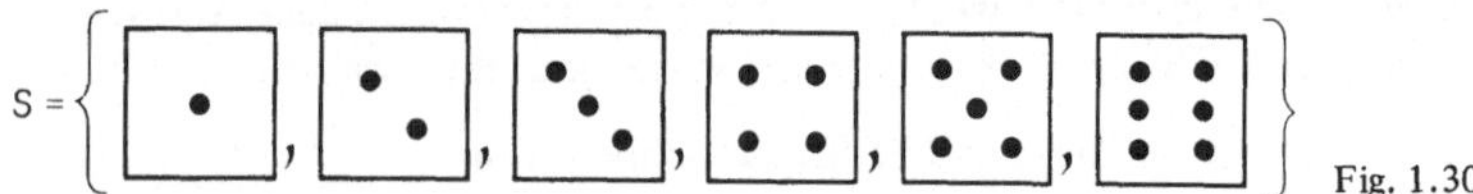

Fig. 1.30

Ist z. B. das Ereignis E gegeben durch

e: „Die gewürfelte Punktzahl ist gerade",

dann muß genau erklärt werden, daß E immer dann eintritt, wenn mindestens eines der Resultate, aus der E zugeordneten Teilmenge realisiert wird.

### 1.3.5. Sprachschulung

Schon in der Logik muß der Schüler seine Sprechweise vorsichtig und genau einsetzen. Er lernt Zusammenhänge zwischen Aussagen exakt zu erkennen und zu formulieren.

In der Wahrscheinlichkeitsrechnung bewertet er nun wahre Aussagen mit Eintrittschancen. Damit tritt das Formulierungsproblem bei der Beschäftigung mit der Logik
wieder auf, allerdings noch mit weiteren Schwierigkeiten, denn aus der Sprache der
Logik wird die Alltagssprache, da man hiermit nicht nur logische Zusammenhänge
zwischen Aussagen ausdrücken, sondern auch noch eine Bewertung der einzelnen Aussageformen mit Eintrittschancen durchführen kann.

Diesem Tatbestand trägt der Lehrer dadurch Rechnung, daß er von seinen Schülern so
oft wie möglich genaue sprachliche Äußerungen über Zufallsvorgänge verlangt.


## 2. Elementare Kombinatorik


### 2.1. Einführung mit anschaulichen Hilfsmitteln

Zwei Fragestellungen, die sich direkt an Kapitel 1 anschließen, stehen im Vordergrund
dieses Abschnitts.

1. Ein Experiment sei so beschrieben, daß seine Resultate einen wohldefinierten Stichprobenraum S bilden. Wie können wir direkt die Anzahl und die Nomenklatur der Elemente von S bestimmen, anders ausgedrückt, wie läßt sich eine übersichtliche Numerie-
rung finden?
2. Ein endlicher Stichprobenraum S sei gegeben, in dem ein Ereignis E beschrieben wird.
Wie können wir die Anzahl der Elemente von E berechnen?

Als wichtiges Hilfsmittel für die Illustration von kombinatorischen Überlegungen werden
wir die B a u m d a r s t e l l u n g benützen. Die kombinatorischen Formeln werden in
diesem Abschnitt mit einer Reihe von Beispielen vorbereitet.

> Die Anzahl der Elemente einer Menge F wird von jetzt an oft mit
> card (F) = Kardinalzahl von F bezeichnet.


### 2.1.1. Beispiele zur Anzahlbestimmung von Stichprobenräumen

**Beispiel 2.1.** In einer Urne befinden sich vier blaue und vier rote Kugeln. Die Kugeln
gleicher Farbe werden jeweils durch Bezifferung mit 1, 2, 3 und 4 unterschieden. Nacheinander werden (mit Zurücklegen) zwei Kugeln herausgegriffen.
Die Resultate können als 4-Tupel notiert werden, und zwar: Farbe der 1. Kugel, Bezifferung; Farbe der 2. Kugel, Bezifferung.
So gibt z. B. das 4-Tupel (R, 2, B, 4) das Resultat an: „Die erste Kugel ist rot und trägt
die Ziffer 2, die zweite Kugel ist blau und trägt Ziffer 4.“
Die in Fig. 2.1 gewählte Darstellung ermöglicht die Bestimmung der Anzahl aller verschiedenen 4-Tupel.

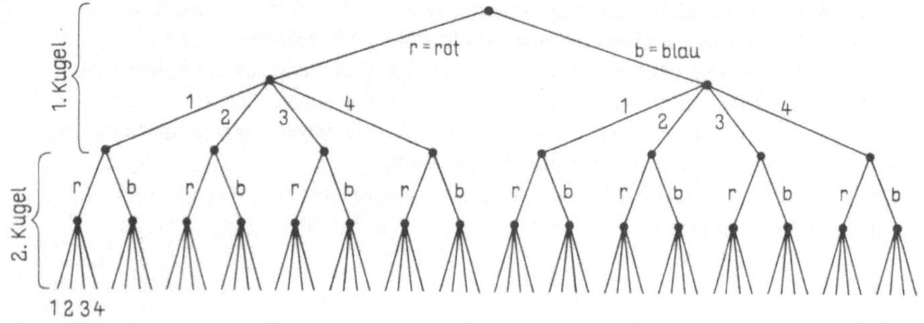

Fig. 2.1

Als Anzahl ergibt sich: $2 \cdot 4 \cdot 2 \cdot 4 = 64$. Diese „Produktregel" können wir anwenden, weil der Baum r e g e l m ä ß i g ist, d. h. an allen Verzweigungspunkten jeder Stufe zweigen g l e i c h  v i e l Äste ab. In unserem Fall: 1. Stufe: 2; 2. Stufe: 4; 3. Stufe: 2; 4. Stufe: 4. Wissen wir, daß der Baum regelmäßig ist, können wir ihn wie in Fig. 2.2 verkürzt zeichnen.

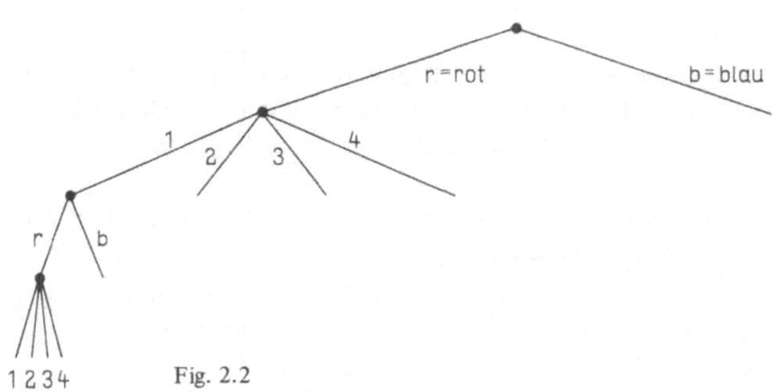

Fig. 2.2

**Beispiel 2.2** (M e r k m a l k l ö t z e  o d e r  L o g i s c h e  B l ö c k e). In vielen Schulen werden heute, die überall im Spielwarenhandel erhältlichen Merkmalklötze oder die sog. Logischen Blöcke verwendet. Es ist ein strukturiertes Material und besteht aus 48 verschiedenen Klötzen, die durch die in Fig. 2.3 beschriebenen Eigenschaften charakterisiert werden. Die Struktur dieser Menge ist durch die folgenden Variablen gegeben:

    1. Größe,    3. Farbe,

    2. Dicke,    4. Form.

Der in Fig. 2.4 dargestellte Baum gibt eine systematische Unterteilung der Menge auf Grund dieser Eigenschaften an.

Sämtliche Merkmalklötze werden in eine Urne gelegt. Man greift blind und zufällig einen Merkmalklotz aus der Urne.

| | | |
|---|---|---|
| großes dickes rotes Quadrat | großes dickes blaues Quadrat | großes dickes gelbes Quadrat |
| großes dickes rotes Rechteck | großes dickes blaues Rechteck | großes dickes gelbes Rechteck |
| großes dickes rotes Dreieck | großes dickes blaues Dreieck | großes dickes gelbes Dreieck |
| großer dicker rotes Kreis | großer dicker blauer Kreis | großer dicker gelber Kreis |
| großes dünnes rotes Quadrat | großes dünnes blaues Quadrat | großes dünnes gelbes Quadrat |
| großes dünnes rotes Rechteck | großes dünnes blaues Rechteck | großes dünnes gelbes Rechteck |
| großes dünnes rotes Dreieck | großes dünnes blaues Dreieck | großes dünnes gelbes Dreieck |
| großer dünner roter Kreis | großer dünner blauer Kreis | großer dünner gelber Kreis |
| kleines dickes rotes Quadrat | kleines dickes blaues Quadrat | kleines dickes gelbes Quadrat |
| kleines dickes rotes Rechteck | kleines dickes blaues Rechteck | kleines dickes gelbes Rechteck |
| kleines dickes rotes Dreieck | kleines dickes blaues Dreieck | kleines dickes gelbes Dreieck |
| kleiner dicker roter Kreis | kleiner dicker blauer Kreis | kleiner dicker gelber Kreis |
| kleines dünnes rotes Quadrat | kleines dünnes blaues Quadrat | kleines dünnes gelbes Quadrat |
| kleines dünnes rotes Rechteck | kleines dünnes blaues Rechteck | kleines dünnes gelbes Rechteck |
| kleines dünnes rotes Dreieck | kleines dünnes blaues Dreieck | kleines dünnes gelbes Dreieck |
| kleiner dünner roter Kreis | kleiner dünner blauer Kreis | kleiner dünner gelber Kreis |

A

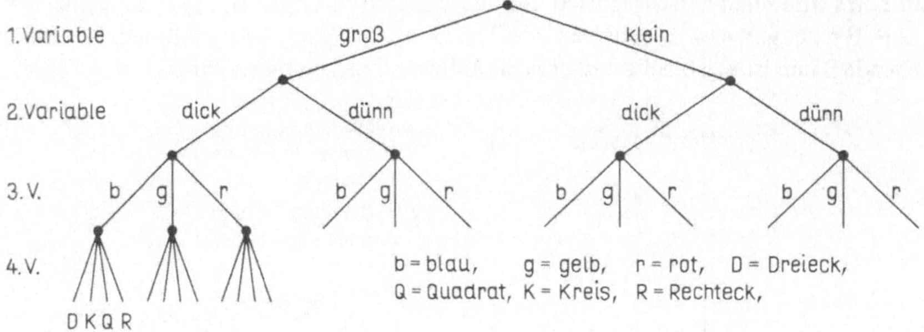


Fig. 2.4

Die Resultate werden als 4-Tupel dargestellt (Größe, Dicke, Farbe, Form). Z. B. ist durch (groß, dick, gelb, Rechteck) ein ganz bestimmter Block charakterisiert.

Als Anzahl ergibt sich

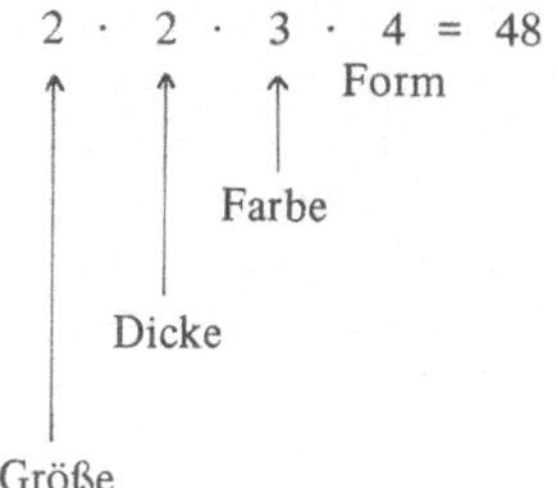
$$2 \cdot 2 \cdot 3 \cdot 4 = 48$$

Form

Farbe

Dicke

Größe

Die Produktregel kann wieder angewendet werden, weil der Baum regelmäßig ist, d. h., an allen Verzweigungspunkten jeder Stufe zweigen gleich viel Äste ab.

Die verkürzte Baumdarstellung zeigt Fig. 2.5.

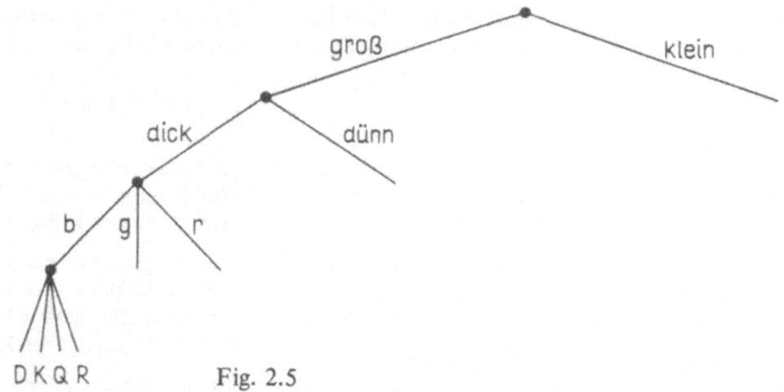



Fig. 2.5

**Beispiel 2.3** (L e g o t ü r m e, Aufgabe 1.31). Aus 5 Farben (b = blau, g = gelb, r = rot, s = schwarz, w = weiß) werden alle möglichen verschiedenen Türme der Höhe vier gebaut: (4,5)-Satz.

Ein Turm wird blind herausgegriffen. Resultate sind die 4-Tupel: $(f_1, f_2, f_3, f_4)$ mit $f_i \in F$, $F = \{b, g, r, s, w\}$ wobei $i \in I_4 = \{1, 2, 3, 4\}$; $f_i$ = Farbe im i-ten Stock. Der entstehende Baum ist regelmäßig und deshalb in Fig. 2.6 verkürzt gezeichnet.

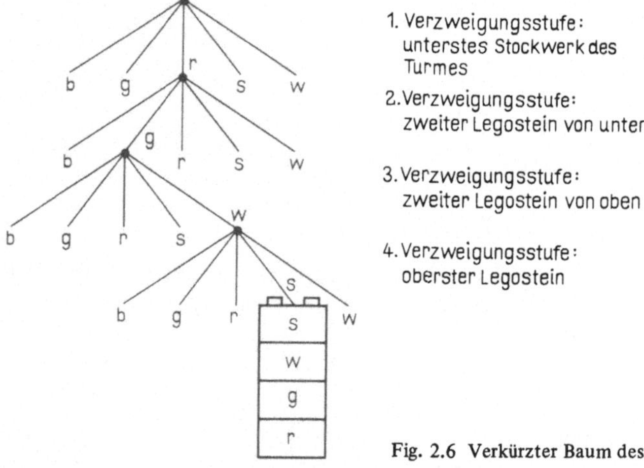



Fig. 2.6  Verkürzter Baum des (4,5)-Satzes

**Bemerkung.** Beispiel 2.3 ist ein Spezialfall der Produktregel, d. h., Ergebnis sind die Potenzen $n^k$, wobei k die Höhe des Turmes und $n \leqslant 5$ die zur Verfügung stehenden Farben angeben. Dieses Ergebnis tritt immer dann auf, wenn aus n verschiedenen Sorten von Objekten alle möglichen k-Tupel gebildet werden. Dabei sollen von jeder Sorte von Objekten beliebig viele Exemplare zur Verfügung stehen. Beim regelmäßigen Baum ergibt sich k als Anzahl der Verzweigungsstufen und n als Anzahl der Zweige an jedem Verzweigungspunkt.

**Beispiel 2.4.** In einer Urne liegen die Buchstabenkärtchen A, B, E, R. Durch viermaliges Herausgreifen (ohne Zurücklegen) wird ein Wort gebildet (Wort = Folge von vier Buchstaben).

Resultate sind die 4-Tupel: $(b_1, b_2, b_3, b_4)$, dabei ist $b_i$ = Buchstabe an i-ter Stelle, $b_i \in \{A, B, E, R\}$ und $b_j \neq b_k$ für $j \neq k$; $j, k \in I_4$.

Der Baum ist wieder regelmäßig. An jedem Gabelungspunkt e r n i e d r i g t sich die Zahl der Zweige um 1, weil von jeder Buchstabensorte nur einer zur Verfügung steht. An der letzten Gabel geht nur mehr ein einziger Zweig ab. Fig. 2.7 zeigt den verkürzten Baum.

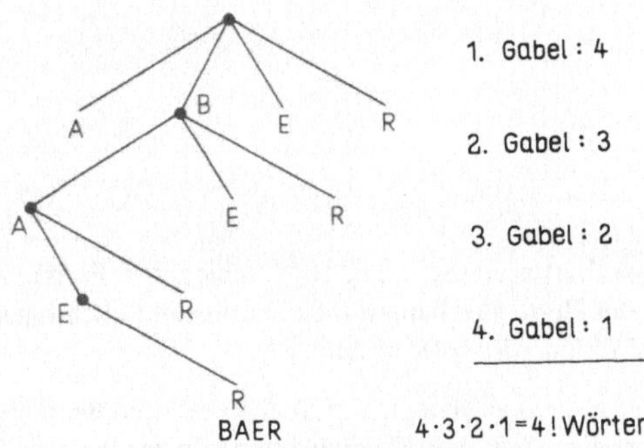


Fig. 2.7  Verkürzter Baum für Beispiel 2.4

**Bemerkung.** Auch in Beispiel 2.4 liegt ein Spezialfall der Produktregel vor. Man geht von n Objekten aus und betrachtet alle n-Tupel ohne Wiederholung eines Elements (weil es von jeder Objektsorte nur 1 Exemplar gibt). Für die erste Gabel des regelmäßigen Baums erhalten wir n Zweige. Für die zweite Gabel $n - 1$ usw. Für die vorletzte Gabel ergeben sich 2 Zweige und für die letzte Gabel 1 Zweig. Als Anzahl erhalten wir $n \cdot (n-1) \cdot \ldots \cdot 2 \cdot 1 = n!$ Möglichkeiten. Dieses Ergebnis kann auch als Anzahl aller möglichen Anordnungen von n Objekten betrachtet werden (Sprachgebrauch: Permutationen).

**Beispiel 2.5.** Aus fünf Ziffern $(i \in I_5)$ werden dreistellige Zahlen gebildet:

**a)** mit möglicher Wiederholung,

**b)** ohne Wiederholung.

Eine Zahl wird herausgegriffen. Als Resultate ergeben sich bei Tripel-Notierung der dreistelligen Zahlen:

a) $(i_1, i_2, i_3)$, $i_j \in I_5$,

b) $(i_1, i_2, i_3)$, $i_j \in I_5$, $i_j \neq i_k$ für $j \neq k$; $j, k \in I_3$.

Die zugehörigen verkürzten Bäume zeigt Fig. 2.8.

Der Fall a) ist analog zu Beispiel 2.3, der Fall b) entspricht Beispiel 2.4, nur werden jetzt Tripel (ohne Wiederholungen) aus n Objekten gebildet. Wiederum erniedrigt sich die Anzahl der Zweige von Gabel zu Gabel um 1.

**Zusammenfassung.** Aus n Objekten werden k-Tupel ohne Wiederholung gebildet. Ihre Anzahl ergibt sich zu:

$$n \cdot (n - 1)(n - 2) \cdot \ldots \cdot (n - k + 1)$$

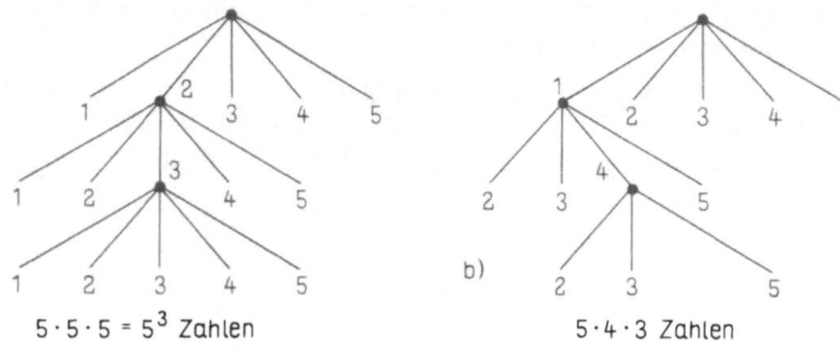

Fig. 2.8  Verkürzte Bäume für Beispiel 2.5

**Aufgabe 2.1.** Nehmen wir an, wir hätten Bausteine in 10 verschiedenen Farben zur Verfügung und wollten Türme der Höhe fünf bauen. Jeder Turm soll fünffarbig sein. Wieviele Möglichkeiten gibt es? Welches Beispiel ist analog?

**Aufgabe 2.2.** Eine Autonummer soll zunächst aus zwei Buchstaben und dann aus einer höchstens dreistelligen Zahl bestehen. Wie viele Möglichkeiten gibt es? Welches Beispiel ist analog?

**Aufgabe 2.3.** Ordnen Sie die in Abschn. 1.1 betrachteten Beispiele von Stichprobenräumen den hier untersuchten Fällen zu und zeichnen Sie die Bäume für die Beispiele 1.1 bis 1.3.

### 2.1.2. Bestimmung der Elemente-Anzahl für Ereignisse in den Stichprobenräumen

**Zu Beispiel 2.1** (Vier rote, vier blaue Kugeln mit den Ziffern 1 bis 4). Das Ereignis E sei gegeben durch die Aussageform e: „Beide Kugeln tragen die gleiche Zahl."

Der entstehende „Unterbaum" ist ebenfalls regelmäßig, so daß die Produktregel angewendet werden kann. Anzahl von E: $2 \cdot 4 \cdot 2 \cdot 1 = 16$, Darstellung des verkürzten Baumes in Fig. 2.9.

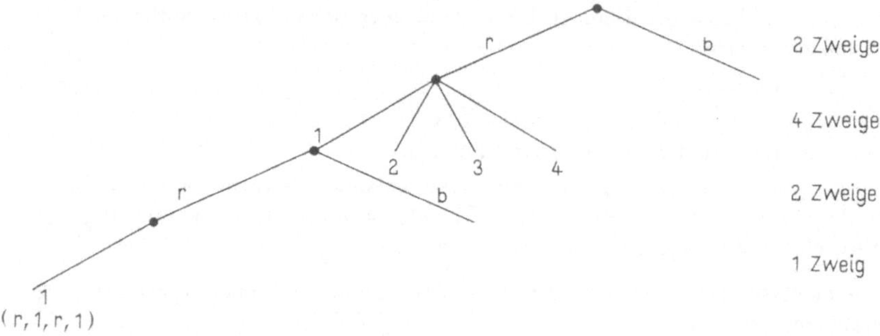

Fig. 2.9  Verkürzter Unterbaum für Ereignis E

Sei F das Ereignis, gegeben durch die Aussageform

**A**

f: „Die Zahl, die die zweite Kugel trägt, ist größer als die der ersten Kugel."

Der Baum in Fig. 2.10 beginnt mit zwei gleichen Ästen, denn die Farbwahl ist für das Ereignis irrelevant.

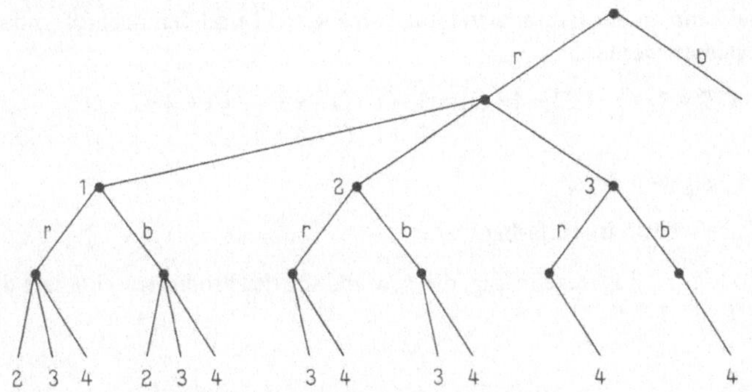

Fig. 2.10  Baumdarstellung für Ereignis F

Die Farbzweige (wir zeichnen den Rotzweig) sind nicht regelmäßig, aber an der 2. Gabel gehen drei regelmäßige Zweige ab. Für jeden dieser Zweige wenden wir die Produktregel an: $2 \cdot 3, 2 \cdot 2, 2 \cdot 1$ und summieren dann, um die Anzahl im unregelmäßigen Farbzweig zu bestimmen, d. h., wir wenden die Summenregel an.

Als Anzahl Elemente von F ergibt sich card $(F) = 2 \cdot (2 \cdot 3 + 2 \cdot 2 + 2 \cdot 1)$.

Wir hätten die r e i n e Summenregel anwenden können:

„Alle Zweigenden des Ereignisses im vollen Baum werden gezählt."

Wir haben die k o m b i n i e r t e  S u m m e n - u n d  P r o d u k t r e g e l angewendet:

„Entlang regelmäßigen Zweigen wird multipliziert."

„Die Zweige, deren Anzahlen berechnet sind, werden addiert."

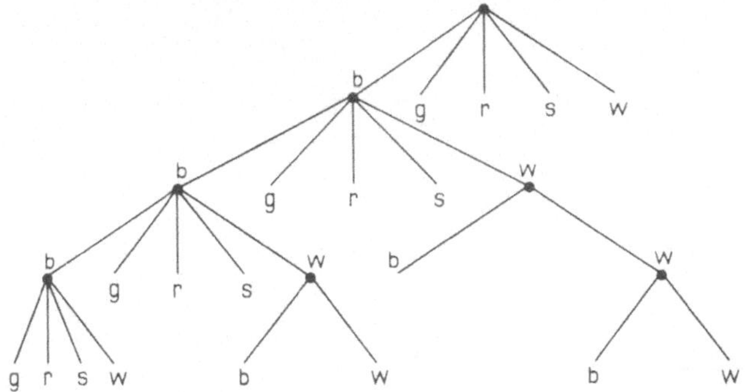

Fig. 2.11  Verkürzter Baum für Ereignis E in Beispiel 2.3

**A**   **Zu Beispiel 2.3** (Türme der Höhe vier aus 5 Farben).

**a)** Ereignis E, gegeben durch

> e: „Der Turm ist zweifarbig."

Wir erhalten 140 zweifarbige Türme. Die Anwendung der kombinierten Summen- und Produktregel kann an der Baumdarstellung von Fig. 2.11 und den nachfolgenden Gleichungen abgelesen werden.

$$5 \cdot \boxed{\phantom{xx}} = 5 \cdot (1 \cdot \square + 4 \cdot \bigcirc) = 5 \cdot (1 \cdot (1 \cdot x + 4 \cdot y) + 4 \cdot 2 \cdot 2)$$
$$= 5 \cdot (1 \cdot (1 \cdot 4 + 4 \cdot 2) + 4 \cdot 2 \cdot 2) = 140.$$

**b)** Ereignis F, gegeben durch

> f: „Der Turm ist einfarbig."

Der Baum in Fig. 2.12 ist regelmäßig, die Anwendung der Produktregel liefert die Anzahl Türme $= 5 \cdot 1 \cdot 1 \cdot 1 = 5$.

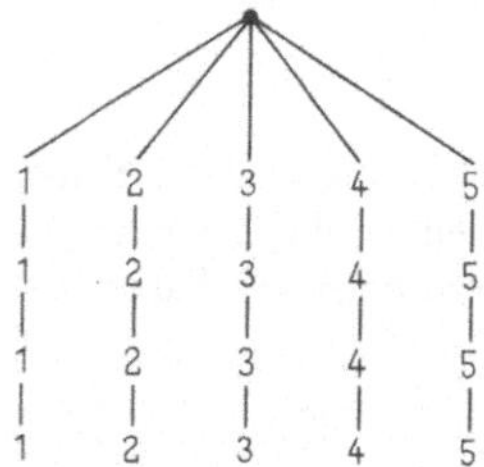

Fig. 2.12  Baumdarstellung für Ereignis F

**c)** Ereignis G, gegeben durch

> g: „Der Turm ist dreifarbig."

In Fig. 2.13 kann die folgende Berechnung nachverfolgt werden.

$$5 \cdot \square = 5 \cdot (1 \cdot \bigcirc + 4 \cdot \triangle) = 5 \cdot (1 \cdot 4 \cdot x + 4 \cdot 5 \cdot y)$$
$$= 5 \cdot (1 \cdot 4 \cdot 3 + 4 \cdot (5 \cdot 3)) = 360 \text{ dreifarbige Türme}$$

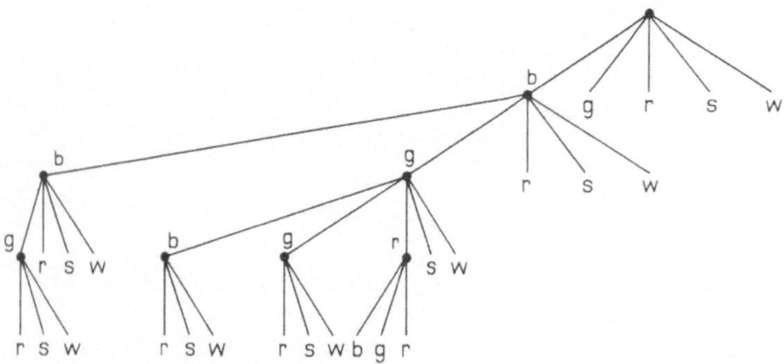

Fig. 2.13  Baum für Ereignis G

**Aufgabe 2.4. a)** Aus fünf Farben sollen Türme der Höhe 3 gebaut werden. Wieviele gibt **A**
es, wieviele davon sind ein-, zwei- bzw. dreifarbig?
**b)** Es sei der Stichprobenraum des Experimentes von Beispiel 2.2 gegeben, d. h., man
greift 1 Block aus der Menge aller Logischen Blöcke.
Bestimmen Sie die Anzahl der Resultate bei den Ereignissen $E_1$, $E_2$, $E_3$.

$$E_1 = \left\{ x \mid \text{Block x ist entweder blau oder dick} \right\},$$

$$E_2 = \left\{ x \mid \text{Block x ist „nicht rechteckig'' und gleichzeitig „nicht gelb''} \right\},$$

$$E_3 = \left\{ x \mid \text{Wenn Block x gelb ist, dann ist er nicht kreisförmig} \right\}.$$

**Aufgabe 2.5.** Aus sieben Buchstaben sollen Wörter der Länge 4 gebildet werden. Wieviele
Wörter gibt es, wenn
a) Wiederholungen zugelassen werden,
b) Wiederholungen nicht zugelassen werden,
c) zwei bestimmte Buchstaben in allen Wörtern vorkommen sollen, z. B. die Buchstaben
A, B,
d) alle Wörter genau zwei verschiedene Buchstaben enthalten sollen, z. B. ABAB,
CAAA usw.,
e) alle Wörter genau drei verschiedene Buchstaben enthalten sollen.

**Zu Beispiel 2.4** (Aus 4 Buchstaben Wörter der Länge 4 ohne Wiederholung).
**a)** Ereignis E, gegeben durch

e: „Das Wort ist sinnvoll für den deutschen Sprachgebrauch'',
$E = \{\text{ABER, BAER, RABE}\}$.

Reine Summenregel: Am vollständigen Baum werden die sinnvollen Wörter (Zweigenden) gesucht und gelistet.
**b)** Ereignis F, gegeben durch

f: „Vokale und Konsonanten wechseln ab.''

Es liegt ein regelmäßiger Baum vor, daher reine Produktregel: Anzahl von F:
$4 \cdot 2 \cdot 1 \cdot 1 = 8$.
**c)** Ereignis G, gegeben durch

g: „Wir ersetzen jeweils B und R durch M und interessieren uns für die Wörter,
die dann verschieden sind.''

(B und R werden „identifiziert''.)
H i n w e i s . Die Menge G ist k e i n Ereignis in S, denn durch die Identifizierung von B
und R sind die in S unterschiedenen Elemente nicht mehr alle in der neuen Menge verschieden, so führen z. B. die Elemente ABER und AREB auf dasselbe Wort AMEM!
Es entsteht ein neuer Stichprobenraum:

$$\widetilde{S} = \left\{ (a_1, a_2, a_3, a_4)/a_i \in \{A, E, M\} \right\} (3^4 \text{ Elemente; Produktregel}).$$

G kann als Ereignis in $\widetilde{S}$ aufgefaßt werden und ist durch $\widetilde{g}$ beschrieben:

A    „M kommt im Wort genau zweimal, A und E kommen je einmal vor."

Der zugehörige Baum ist in Fig. 2.14 dargestellt.

Der Identifikationsprozeß kann aber auch direkt am Baum in S vorgenommen werden. Es werden die Zweige „zusammengebunden" (durch e i n Zweigende ersetzt), bei denen

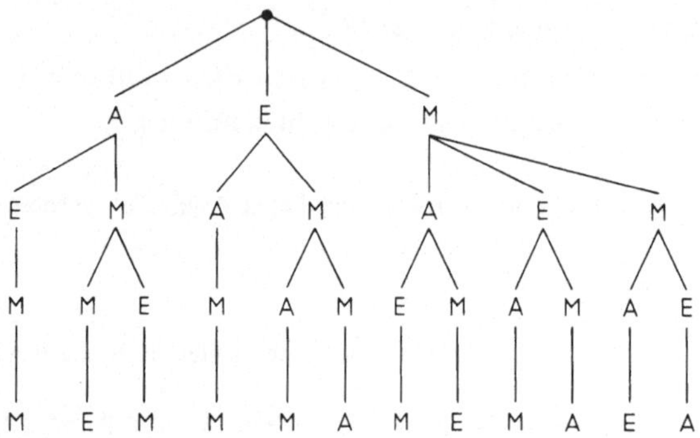

Fig. 2.14  Baum für $\widetilde{G}$ in $\widetilde{S}$

B und R an denselben Stellen, aber in anderer Reihenfolge vorkommen. Hier werden i m m e r  2 Zweige zusammengebunden, denn für B und R gibt es zwei Reihenfolgen.

Anzahl der verschiedenen Elemente
in G nach der Identifikation:
$$\frac{4!}{2} = \frac{\text{Anzahl der Zweigenden}}{\text{Anzahl der zusammengebundenen Zweigenden}}$$

Wie viele verschiedene Wörter erhält man, wenn drei Buchstaben identifiziert werden, z. B. werden A = B = E durch O ersetzt?

Lösung am Baum in S: $\dfrac{4!}{3!} = 4,$

da A, B und E in 3! verschiedenen Reihenfolgen an denselben Stellen auftreten.

Lösungsmenge: $\left\{ \text{(OOOR), (OORO), (OROO), (ROOO)} \right\}$

**Zusammenfassung.** Es sei eine Menge von n Objekten gegeben, von denen k Elemente identifiziert werden.

Es sind dann n!/k! verschiedene Anordnungen der Elemente der Menge möglich, und es gilt die Q u o t i e n t e n r e g e l :

$$\frac{n!}{k!} = \frac{\text{Anzahl der verschiedenen Anordnungen aus n Elementen}}{\text{Anzahl der verschiedenen Anordnungen der k identifizierten Elemente}}$$

**Beispiel 2.6** (Zusatzbeispiel zur Quotientenregel). a) Eine kleine Pension hat 6 Betten (Einzelzimmer). Wieviele Verteilungen gibt es bei voller Belegung? Wir kennzeichnen die Betten mit 1, 2, 3, 4, 5 und 6 und die Personen mit A, B, C, D, E und F. Es ist dann:

$$S = \left\{ (a_1, a_2, a_3, a_4, a_5, a_6) \mid a_i \in I_6,\ a_i \neq a_j \text{ für } i \neq j \right\},$$

wobei 134256 z. B. bedeutet, A kommt ins Bett 1, B ins Bett 3, C ins Bett 4 usw. Wir **A**
erhalten als Anzahl der Elemente von S = 6!

**b)** Die Pension hat ein Dreibettzimmer und 3 Einzelzimmer. Wieviele Zimmerverteilungen sind möglich?
Durch das Vorhandensein des Dreibettzimmers werden drei Betten identifiziert — sie
stehen ja im selben Zimmer.
Wir erhalten 6!/3! = 120 verschiedene Zimmerverteilungen.

**c)** Die Pension hat drei Doppelzimmer. Wieviele verschiedene Zimmerverteilungen sind
jetzt möglich?
Durch mehrmalige Anwendung der Quotientenregel (da ja jeweils zwei Betten pro
Doppelzimmer identifiziert werden) ergibt sich 6!/2!2!2! = 90.

**d)** Die Pension hat ein Dreibett-, ein Doppel- und ein Einzelzimmer.
Es sind 6!/3!2! = 60 Zimmerverteilungen möglich.

Auch in Beispiel 2.6 hätten wir jeweils zu einem Stichprobenraum $\widetilde{S}$ übergehen können,
in dem sich die Aufgabenstellungen b) bis d) als Ereignisse formulieren lassen, z. B. bei d):

$$\widetilde{S} = \left\{ (a_1, a_2, a_3, a_4, a_5, a_6) \,|\, a_i \in \{z_1, z_2, z_3\} \right\},$$

wobei $z_1$ Einzelzimmer, $z_2$ Doppelzimmer, $z_3$ Dreierzimmer bedeuten.
Ereignisse in $\widetilde{S}$ werden durch 6-Tupel charakterisiert, in denen $z_1$ einmal, $z_2$ zweimal,
$z_3$ dreimal vorkommen.
Z. B. bedeutet $z_1, z_2, z_2, z_3, z_3, z_3$: A schläft im Einzelzimmer, B und C schlafen im
Doppelzimmer und D, E, F schlafen im Dreibettzimmer.

**Aufgabe 2.6.** In Fig. 2.15 ist der Anfang des zu Beispiel 2.6d gehörenden Baumes gezeichnet. Vervollständigen Sie ihn.

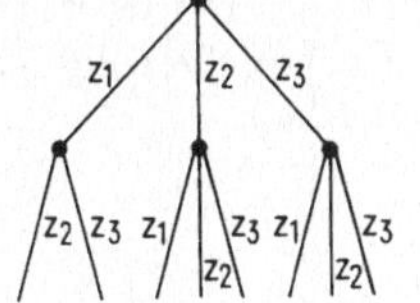

Fig. 2.15

**Zusammenfassung.** Eine Menge M mit n Objekten sei gegeben, bei denen $r_1, r_2, \ldots, r_k$
identifiziert werden ($r_1 + r_2 + \ldots + r_k \leq n$).
Es gibt dann $n!/r_1!r_2! \ldots r_k!$ verschiedene n-Tupel.
Dabei muß beachtet werden, daß die Ereignisse aus der Aufgabenstellung nicht Ereignisse in

$$S = \left\{ (a_1, a_2, \ldots, a_n) \,|\, a_i \in M, a_i \neq a_j \text{ für } i \neq j \right\}$$

sind, wohl aber Ereignisse in $\widetilde{S}$:

$$\widetilde{S} = \left\{ (a_1, a_2, \ldots, a_n) \,|\, a_i \in \text{Menge } \widetilde{M}, \text{ der nach der Identifizierung verschiedenen} \atop \text{Elemente aus M.} \right\}$$

Für Ereignisse in $\widetilde{S}$ gilt dabei: Das Element aus $\widetilde{M}$, das den $r_1$ identifizierten Elementen

A  aus M entspricht, kommt genau $r_1$ mal vor, dasjenige, das den $r_2$ identifizierten entspricht, genau $r_2$ mal usw., die restlichen Elemente aus M, genau einmal.

Die bisher entwickelten Hilfsmittel erlauben die Lösung fast aller in der elementaren Kombinatorik üblichen Fragestellungen. Der Lösungsweg kann dabei — je nach Interpretation der Fragestellung — verschieden sein.

**Beispiel 2.7.** Aus einer Menge M mit 5 Elementen sollen drei zu einer Teilmenge zusammengefaßt werden. Wie viele verschiedene derartige Teilmengen gibt es?

I n t e r p r e t a t i o n  1. Wir betrachten

$$S = \left\{ (a_1, a_2, a_3) \mid a_i \in M,\ a_i \neq a_j \text{ für } i \neq j \right\}.$$

In S liegen $5 \cdot 4 \cdot 3$ Elemente. Beim zugehörigen Baum werden jeweils 3! Enden zusammengebunden, da es auf die Reihenfolge in der Teilmenge nicht ankommt. Ergebnis mit Quotientenregel ist dann:

$$Z = \frac{5 \cdot 4 \cdot 3}{3!} = 10$$

I n t e r p r e t a t i o n  2. Sei $M = \left\{ A, B, C, D, E \right\}$. Wir betrachten alle fünfstelligen Zahlen mit den Ziffern 1 bis 5 ohne Wiederholung, d. h.

$$S = \left\{ (i_1, i_2, i_3, i_4, i_5) \mid i_j \in I_5,\ i_j \neq i_k \text{ für } j \neq k \right\}$$

In S liegen 5! Elemente. Identifizieren wir die Ziffern 1, 2 und 3 durch $\in$ und 4, 5 durch $\notin$ (d. h. gehört dazu bzw. gehört nicht dazu), so bekommen wir 5!/3!/2! Folgen mit drei $\notin$ und zwei $\in$. Jeder gesuchten Teilmenge entspricht aber genau eine dieser Folgen, z. B. bestimmt die Folge $\in \in \notin \notin \in$ die Teilmenge $\left\{ A, B, E \right\}$ und umgekehrt. Selbstverständlich sind die Zahlenergebnisse beider Interpretationen gleich. Die zweite Interpretation wirkt dabei zunächst komplizierter. Ihre Stärke zeigt sich in ihrer allgemeineren Anwendbarkeit (vgl. z. B. Beispiel 2.9 und 2.10).

**Zusammenfassung.** In einer Menge mit n Elementen gibt es

$$Z_k = \frac{n!}{k!\,(n-k)!} = \frac{n\,(n-1)\dots(n-k+1)}{k!} = \binom{n}{k}$$

Teilmengen, die aus k Elementen bestehen.

Der erste Ausdruck für $\binom{n}{k}$ lehnt sich an Interpretation 2, der zweite an Interpretation 1 an.

**Aufgabe 2.7.** Wieviele Zerlegungen einer Menge mit 6 Elementen gibt es?

a) in eine Teilmenge mit 4 und eine Teilmenge mit 2 Elementen,

b) in zwei Teilmengen mit drei Elementen (Achtung! $\in\in\in\notin\notin\notin$ und $\notin\notin\notin\in\in\in$ liefern d i e s e l b e  Zerlegung.),

c) in drei Teilmengen mit je zwei Elementen (Das Ergebnis muß 15 heißen. Warum?),

d) in eine Teilmenge mit 3, eine mit 2 und eine mit 1 Element.

e) Wieviele verschiedene Teilmengen gibt es?

**Beispiel 2.8** (W e g e p r o b l e m  I). Zwei Wege heißen verschieden, wenn mindestens   **A**
eine Wegstrecke unterschiedlich ist.

Wieviele Wege gibt es im Plan von Fig. 2.16 von A nach D? (Rückwärtiges Durchlaufen
einer Strecke ist dabei ausgeschlossen).

Die Wege von A über E nach D entsprechen einem regelmäßigen Baum (vgl. Fig. 2.17).
Die Produktregel liefert card $(A \to E \to D) = 5 \cdot 2$.

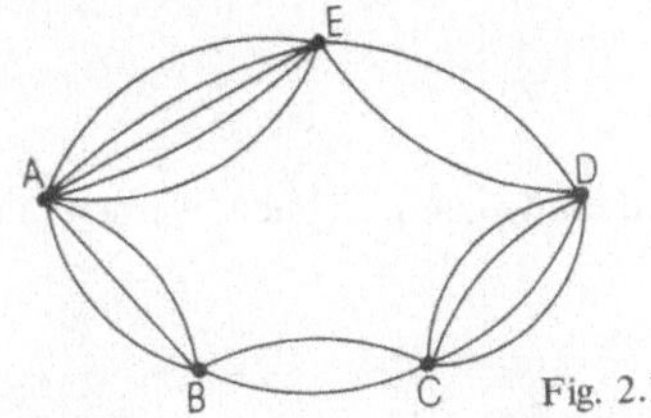


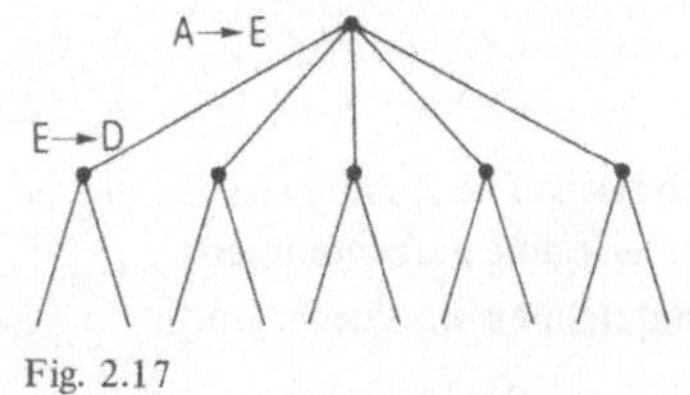


Mit dem anderen regelmäßigen Baum über $(A \to B \to C \to D)$ liefert die kombinierte
Summen- und Produktregel:

$$\text{card}\,(A \to D) = \text{card}\,(A \to B \to C \to D) + \text{card}\,(A \to E \to D) = 3 \cdot 2 \cdot 4 + 5 \cdot 2 = 34.$$

**Beispiel 2.9** (G i t t e r - W e g e p r o b l e m  II). Wir gehen von einem Gitter wie in Fig.
2.18 aus. Eine Kästchenlänge in x- oder y-Richtung nennen wir einen Schritt. Zwei Wege
sind gleichlang, wenn sie aus gleichvielen Schritten bestehen. Wie viele  k ü r z e s t e
Wege gibt es in Fig. 2.18, um von O nach P zu gelangen?

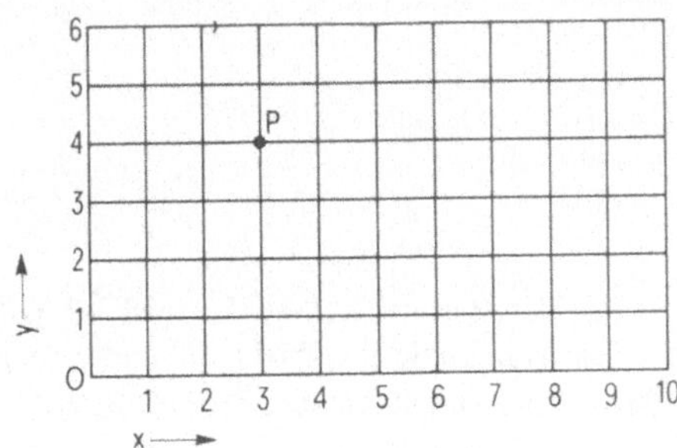


P hat die Koordinaten (3,4). Ein kürzester Weg von O nach P umfaßt $3 + 4 = 7$ Schritte,
wobei 3 in x-Richtung und 4 in y-Richtung dabei sein müssen. Setzen wir

$$S = \left\{ (a_1, a_2, a_3, \ldots, a_7) \mid a_i \in I_7,\ a_i \neq a_j \text{ für } i \neq j \right\},$$

so müssen wir $1 = 2 = 3 = x$ und $4 = 5 = 6 = 7 = y$ setzen, um die Anzahl der verschiedenen
kürzesten Wege zu erhalten. Die gleiche Überlegung wie bei Beispiel 2.7 liefert dann

$$\text{card}\,(O \to P) = \frac{(3+4)!}{3!\,4!} = \binom{3+4}{4} = 35.$$

**A**  **Zusammenfassung.** Im Gitter $\{(a, b)/a, b \in \mathbf{N}\}$ habe der Punkt P die Koordinaten $(n, m)$. Dann gibt es $(n + m)!/n!m!$ kürzeste Wege, um von O nach P zu gelangen.

**Beispiel 2.10** (V e r t e i l u n g s p r o b l e m). Es seien 5 ununterscheidbare Objekte gegeben, die auf 3 Kisten verteilt werden sollen. Gesucht ist die Anzahl der verschiedenen Verteilungen.

Kiste 1      Kiste 2      Kiste 3

OO    /    OO    /    O
OOO   /           /    OO

Hinweis: Die 2 Trennstriche, die die Kisteneinteilung kennzeichnen, werden in die Überlegung aufgenommen.

Bezeichnen wir wieder mit

$$S = \left\{ (a_1, a_2, a_3, \ldots, a_7) \mid a_i \in I_7, \; a_i \neq a_j \text{ für } i \neq j \right\},$$

so müssen wir offensichtlich $1 = 2 = 3 = 4 = 5 = O$ und $6 = 7 = |$ setzen, um alle Verteilungen (V) zu erhalten. Damit ist Beispiel 2.7 anwendbar.

$$\mathrm{card}\,(V) = \frac{7!}{5!2!} = \binom{7}{2} = 21.$$

Denkt man daran, daß die Zahl der Trennstriche um 1 kleiner als die Zahl der Kisten ist, so liegt die Verallgemeinerung auf der Hand.

**Zusammenfassung.** n ununterscheidbare Objekte sollen auf k Zellen verteilt werden. Es gibt

$$Z = \frac{(n + k - 1)!}{n!\,(k - 1)!}$$

Möglichkeiten. Offenbar gilt

$$Z = \binom{n + k - 1}{n} = \binom{n + k - 1}{k - 1}.$$

**Aufgabe 2.8.** In naheliegender Weise läßt sich Beispiel 2.10 auf Beispiel 2.9 (Gitter) zurückführen. Wir brauchen lediglich x-Schritt in „teile ein Objekt zu" und y-Schritt in „gehe zur nächsten Zelle über" zu übersetzen. Führen Sie die Überlegung ausführlich durch.

**Aufgabe 2.9.** Acht Plätze um einen runden Tisch werden unter 8 Personen ausgelost. Vier davon sind Franzosen und vier sind Deutsche. Betrachten Sie das Ereignis E: „Bei der ausgelosten Anordnung sitzt jeder Franzose zwischen 2 Deutschen". Wie berechnet sich card (E)?

**Aufgabe 2.10.** In einer Ebene sind 20 Geraden gegeben. 8 davon schneiden sich in einem Punkt. 5 der übrigen Geraden sind parallel. Wieviele Schnittpunkte gibt es?

## 2.2. Formeln der elementaren Kombinatorik    B

In diesem Abschnitt werden die in Abschn. 2.1 bereits vorbereiteten Formeln zusammengestellt. Die Beweise der Sätze verlangen meist mehrmalige Anwendung der vollständigen Induktion. Um die Lesbarkeit nicht zu erschweren, werden in Form von Bemerkungen Beweisskizzen gegeben und auf die Durchführung der jeweils notwendigen vollständigen Induktionen im allgemeinen verzichtet.

In der Wahrscheinlichkeitsrechnung, wie auch später in der Statistik, sind für die Auswahl von Teilmengen aus einer gegebenen Grundmenge 2 Hauptfälle wichtig:

1. Bei der Auswahl der Teilmengen spielt die Anordnung der Elemente eine Rolle, d. h. man hat es mit g e o r d n e t e n   T e i l m e n g e n zu tun.

2. Bei der Auswahl der Teilmengen spielt die Anordnung der Elemente keine Rolle, d. h. man hat es mit u n g e o r d n e t e n   T e i l m e n g e n zu tun.

Für die folgenden Aussagen benötigen wir die mengentheoretische Addition und Multiplikation, die wir als bekannt voraussetzen.

**Satz 2.1.** Seien A, B endliche Mengen. Dann gilt

**a)** card $(A \times B) = $ card $(A) \cdot$ card $(B)$, mit $A \times B = \{(a, b) \mid a \in A$ und $b \in B\}$.

**b)** Falls $A \cap B = \emptyset$, dann gilt card $(A \cup B) = $ card $(A) + $ card $(B)$.

Mit card $(M)$ wird dabei die Kardinalzahl von M (Anzahl) abgekürzt.

$A \times B$ heißt kartesisches Produkt von A und B.

**Beispiel 2.11.** Sei $A = \{g_1, g_2, g_3\}$ und $B = \{r_1, r_2, r_3, r_4\}$, dann ist bekanntlich

$$A \times B = \{(g_1; r_1), (g_1; r_2), (g_1; r_3), (g_1; r_4), (g_2; r_1), (g_2; r_2), (g_2; r_3), (g_2; r_4),$$
$$(g_3; r_1), (g_3; r_2), (g_3; r_3), (g_3; r_4)\}.$$

Solche Produkte haben wir in Abschn. 2.1 durch Baumdiagramme veranschaulicht. Die Elemente aus $A \times B$ können gemäß Fig. 2.19 durch mögliche Astfolgen wie z. B. $(g_1, r_1)$ oder auch mittels Straßennetzen dargestellt werden (vgl. Fig. 2.20), wobei dann die Elemente aus $A \times B$ durch die verschiedenen Pfade von X nach Z, z. B. $(g_2, r_4)$ repräsentiert werden. Auch Gitter ermöglichen eine Darstellung (Fig. 2.21); die Elemente aus $A \times B$ werden dann durch Gitterpunkte gegeben wie z. B. $(g_2, r_3)$.

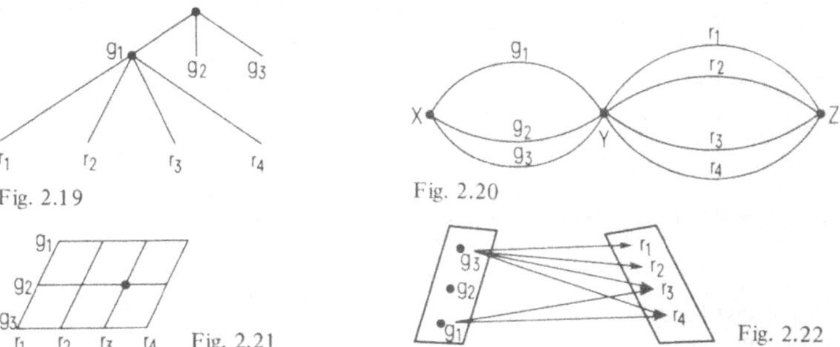

Fig. 2.19

Fig. 2.20

Fig. 2.21

Fig. 2.22

**B**  Eine weitere Darstellung von A x B liefert ein Pfeildiagramm (Fig. 2.22), wobei die Pfeile die Elemente aus A x B darstellen. Bei mehr als 2 Mengen treten Pfeilfolgen auf.

Durch vollständige Induktion folgt aus Satz 2.1 unmittelbar

**Satz 2.2** (P r o d u k t - u n d  S u m m e n r e g e l). Seien $A_i$ endliche Mengen mit card $(A_i) = n_i$, $i \in I_k$. Dann gilt:

**a)** card $(A_1 \times A_2 \times \ldots \times A_k) = n_1 \cdot n_2 \cdot \ldots \cdot n_k$.

**b)** Falls die Mengen paarweise elementfremd sind,

$$\text{card}\,(\bigcup_{i \in I_k} A_i) = n_1 + n_2 + \ldots + n_k.$$

**Korollar** (zu Satz 2.2a). Sei $M = \{a_1, a_2, a_3, \ldots, a_n\}$ eine endliche Menge mit card $(M) = n$. Die Klasse S aller geordneten k-Tupel (Teilmengen von M mit k Elementen), die man mit Elementen aus M bilden kann, enthält $n^k$ Elemente, d. h.

$$S = \{(b_1, b_2, b_3, \ldots, b_k) \mid b_i \in M\}$$

und      card $(S)$ = card $\underbrace{(M \times M \times M \times \ldots \times M)}_{k \text{ mal}} = n^k$.

**Beispiel 2.12. a)** In Beispiel 1.1 war ein Wurf mit zwei Würfeln auszuführen. Für beide Würfel ist $M = \{1, 2, 3, 4, 5, 6\}$, so daß

$$S = \{(a_1, a_2) \mid a_i \in M\}$$

und      card $(S)$ = card $(M \times M) = 6^2$.

**b)** In Beispiel 1.2 ist $M = \{Z, W\}$. Es ist dann

$$S = \{(a_1, a_2, a_3) \mid a_i \in M\}.$$

und      card $(S)$ = card $(M \times M \times M) = 2^3 = 8$.

**c)** In Beispiel 1.3 ist $M = \{\bigcirc, \otimes\}$. Damit gilt

$$S = \{(\otimes\ a_1\ a_2\ a_3\ a_4) \mid a_i \in M)\}$$

und      card $(S)$ = card $(M \times M \times M \times M) = 2^4 = 16$.

**d)** In Beispiel 1.5 ist $M = \{G, R\}$.

$$S = \{(a_1\ a_2\ a_3\ a_4) \mid a_i \in M\}$$

und      card $(S) = 2^4 = 16$.

**e)** In Beispiel 1.6 ist $M = \{1, 2, 3, 4, \ldots, 59, 60\}$.

$$S = \{(a_1, a_2, a_3, a_4, a_5, a_6) \mid a_i \in M\}$$

und      card $(S)$ = card $\underbrace{(M \times M \times \ldots \times M)}_{6 \text{ mal}} = 60^6$.

**f)** In Beispiel 1.7 von 1.1 sind die Mengen $M_1 = \{A, F, Z\}$; $M_2 = \{A, F, Z, S\}$; $M_3 = \{F, Z\}$ gegeben.

$$S = \left\{ (x_1, x_2, x_3) \mid x_1 \in M_1 ; x_2 \in M_2 ; x_3 \in M_3 \right\}$$

**B**

$$\text{card } (S) = \text{card } (M_1 \times M_2 \times M_3) = 3 \cdot 4 \cdot 2 = 24.$$

**Beispiel 2.13** (P r o d u k t - u n d  S u m m e n r e g e l). Die Speisekarte eines Restaurants besteht aus 4 verschiedenen Fleischspeisen, 5 verschiedenen Gemüsesorten, 6 verschiedenen Getränken. Einige der Getränke bzw. Speisen werden kalt, andere warm serviert.

Die Auswahl ist für Fleischspeisen: 2 kalte, 2 warme; für Gemüse: 2 kalte, 3 warme; für Getränke: 3 kalte, 3 warme.

Welche Möglichkeiten hat der Wirt für die Gestaltung seiner Speisekarte (je eine Fleischspeise, eine Gemüsesorte, ein Getränk pro Mahl), wenn er z. B. die Regel befolgt:

„Gemüse und Fleisch sind beide entweder kalt, oder beide warm; das Getränk ist warm, wenn Gemüse und Fleisch kalt sind und umgekehrt." (Vgl. Fig. 2.23.)

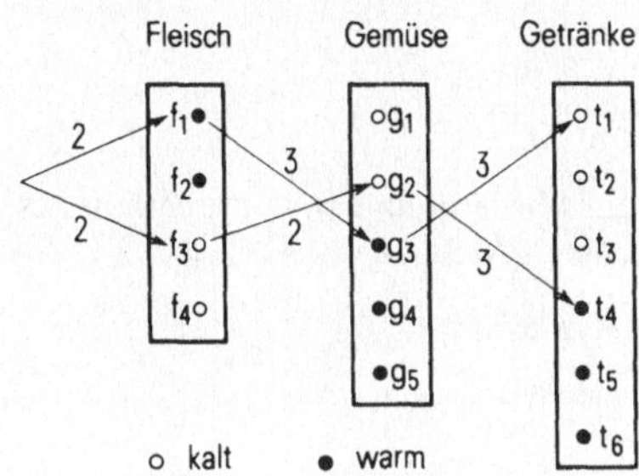


Fig. 2.23

Die Mengen sind

$$F_1 = \left\{ f_1, f_2 \right\} \qquad F_2 = \left\{ f_3, f_4 \right\}$$

$$G_1 = \left\{ g_3, g_4, g_5 \right\} \quad G_2 = \left\{ g_1, g_2 \right\}$$

$$T_1 = \left\{ t_4, t_5, t_6 \right\} \quad T_2 = \left\{ t_1, t_2, t_3 \right\}$$

$$S = S_1 \cup S_2, \qquad S_1 \cap S_2 = \emptyset$$

mit     $S_1 = \left\{ (x_1, x_2, x_3) \mid x_1 \in F_1, x_2 \in G_1, x_3 \in T_2 \right\}$

und     $S_2 = \left\{ (y_1, y_2, y_3) \mid y_1 \in F_2, y_2 \in G_2, y_3 \in T_1 \right\}$

$$\text{card } (S) = \text{card } (S_1) + \text{card } (S_2)$$
$$= \text{card } (F_1 \times G_1 \times T_2) + \text{card } (F_2 \times G_2 \times T_1)$$
$$= 2 \cdot 3 \cdot 3 + 2 \cdot 2 \cdot 3 = 30 \text{ Möglichkeiten}$$

**Aufgabe 2.11.** Wieviele Möglichkeiten hat der Wirt (in Beispiel 2.13), seine Speisekarte aufzustellen, wenn er die Regel befolgt:

„Mindestens ein Teil (Getränke, Fleisch, Gemüse) muß warm serviert sein."

**Aufgabe 2.12.** In einer statistischen Untersuchung werden die Studenten einer Universität in Gruppen eingeteilt. Die Klassifizierung wird nach den folgenden Merkmalen und zuge-

B  hörigen Häufigkeiten vorgenommen. Geschlecht (männlich, weiblich), Blutgruppen (8), Nationalitäten (11), verschiedene Altersgruppen (15), politische Zugehörigkeit (5). Wieviele Studenten müßte die Universität mindestens haben, damit in jeder Merkmalgruppe mindestens ein Student vertreten wäre?

Die bereits in Abschn. 2.1 benützte Fakultätschreibweise wird rekursiv eingeführt.

**Definition 2.1** (Fakultät)

1.    $0! = 1$

2.    $n! = n \cdot (n - 1)!$

Damit ist z. B. $3! = 3 \cdot 2! = 3 \cdot 2 \cdot 1$.

**Satz 2.3.** Sei M eine endliche Menge mit card (M) = n.

**a)** Die Menge aller geordneten n-Tupel ohne Wiederholung (Permutationen) besteht aus n! Elementen, d. h.

$$S = \left\{ (a_1, a_2, \ldots, a_n) \mid a_i \in M, a_i \neq a_j \text{ für } i \neq j \right\}$$

und      card $(S) = n!$

**b)** Die Menge aller geordneten k-Tupel ohne Wiederholung $(k \leqslant n)$, besteht aus $n \cdot (n - 1) \cdot (n - 2) \cdot \ldots \cdot (n - k + 1)$ Elemente, d. h.

$$S = \left\{ (a_1, a_2, \ldots, a_k) \mid a_i \in M, a_i \neq a_i \text{ für } i \neq j \right\}$$

und      card $(S) = n \cdot (n - 1)(n - 2) \ldots (n - k + 1)$.

B e w e i s (Überlegungen)

a) $a_1$ kann aus $M_1 = M$ gewählt werden, wobei card $(M_1) = n$,
$a_2$ kann aus $M_2$ gewählt werden, wobei card $(M_2) = (n - 1)$,
$a_3$ kann aus $M_3$ gewählt werden, wobei card $(M_3) = (n - 2)$,

$\vdots$

$a_n$ kann aus $M_n$ gewählt werden, wobei card $(M_n) = (n - n + 1)$.

Nach Satz 2.2 gilt card $(M_1 \times M_2 \times \ldots \times M_k) = n \cdot (n - 1)(n - 2) \cdot \ldots \cdot 1 = n!$
b) In analoger Weise geht man beim zweiten Teil von Satz 2.3 vor, nur bricht man hier nach dem k-ten statt nach dem n-ten Schritt ab. Eine präzise Beweisführung müßte durch vollständige Induktion erfolgen.

**Bemerkungen.** Der in Satz 2.3a behandelte Spezialfall erscheint beispielsweise bei der Entnahme von geordneten Stichproben der Kardinalzahl n ohne Zurücklegen. In diesem Fall ist $S = M_1 \times M_2 \times M_3 \times \ldots \times M_n$.

In Satz 2.3b bezieht man sich auf die Entnahme von geordneten Stichproben der Kardinalzahl k ohne Zurücklegen (wie in Beispiel 2.4 und 2.5b). In diesem Fall ist $S = M_1 \times M_2 \times M_3 \times \ldots \times M_k$.

**Aufgabe 2.13.** Aus Literaturvorschlägen zu Vorlesungen in Französisch, Englisch und Spanisch sollen 2 Bücher verschiedener Sprache gewählt werden. Die Literaturvorschläge

umfassen in Französisch 4 Titel, in Englisch 6 Titel und in Spanisch 8 Titel. Wieviele     **B**
Wahlmöglichkeiten bestehen?

**Aufgabe 2.14.** Wieviele Sitzordnungen gibt es für 5 Schüler auf 6 Plätzen?

**Aufgabe 2.15.** Wieviele Möglichkeiten gibt es, 12 numerierte Kugeln auf 7 unterscheidbare Urnen zu verteilen, wenn jede Urne Platz für alle 12 Kugeln bietet?

**Aufgabe 2.16.** Bei wievielen Zahlen zwischen 1 und 10000 kommt die Ziffer 2 nicht vor?

**Aufgabe 2.17.** Wieviele geordnete 6-Tupel können aus 49 Zahlen ausgewählt werden?

**Aufgabe 2.18.** Es sind die beiden Mengen $A = \{x_1, x_2, x_3, \ldots, x_n\}$ und $B = \{y_1, y_2, y_3, \ldots, y_r\}$ gegeben. Wieviele verschiedene Funktionen $f_i: A \to B$ gibt es?

Die Basis für die Quotientenregel erhalten wir aus

**Satz 2.4** (I d e n t i f i z i e r u n g s s a t z , Q u o t i e n t e n r e g e l). Sei M eine Menge mit n Elementen (card (M) = n) und R eine Teilmenge von M mit r Elementen (card (R) = r, $R \subset M$). Identifiziert man in der Menge aller geordneten n-Tupel von Elementen aus M (ohne Wiederholung) alle Elemente der Teilmenge R, so entstehen n!/r! verschiedene n-Tupel.

Dann ist die Menge aller n-Tupel ohne Wiederholung

$$S_M = \left\{ (a_1, a_2, \ldots, a_n) \mid a_i \in M, a_i \neq a_j \text{ für } i \neq j \right\}.$$

Der Übergang zum Quotientenraum ergibt

$$\widetilde{S}_M = \left\{ (a_1, a_2, \ldots, a_n) \mid a_i \in M \text{ mit } \begin{array}{l} a_i \neq a_j \text{ für } i \neq j \text{ und } a_i \vee a_j \in M\backslash R \\[2mm] a_i = a_j \text{ für } a_i \wedge a_j \in R \end{array} \right\}$$

(Die Elemente, die in R liegen, wurden gleichgesetzt.) Satz 2.4 besagt dann

$$\text{card } (\widetilde{S}_M) = \frac{n!}{r!}.$$

**Bemerkung.** In $S_M$ werden die n-Tupel identifiziert, bei denen die Elemente von R an denselben Stellen, aber in verschiedener Reihenfolge stehen. Da es jeweils r! solcher Reihenfolgen gibt, führen r!  n-Tupel aus $S_M$ auf dasselbe n-Tupel in $\widetilde{S}_M$. Insgesamt ergeben sich n!/r! Elemente in $\widetilde{S}_M$.

**Beispiel 2.14.** Sind Mengen M und R gegeben durch

$$M = \{1, 2, 3, 4\} \quad R = \{1, 3\},$$

dann gilt

$$S_M = \left\{ (a_1, a_2, a_3, a_4) \mid a_i \in M, a_i \neq a_j \text{ für } i \neq j \right\}$$

und     $\text{card } (S_M) = 4 \cdot 3 \cdot 2 \cdot 1 = 24.$

Meistens setzt man für die Elemente in R, d. h. für diejenigen, die identifiziert wurden, ein gemeinsames Symbol, z. B. „r" (vgl. Fig. 2.24). Dann wird z. B.:

B

$$\widetilde{S}_M = \big\{(r, 2, r, 4); (r, 2, 4, r); (r, r, 2, 4); (r, r, 4, 2); (r, 4, 2, r); (r, 4, r, 2);$$
$$(2, r, r, 4); (2, r, 4, r); (2, 4, r, r); (4, r, 2, r); (4, r, r, 2); (4, 2, r, r)\big\}$$

und $\quad \text{card}\,(\widetilde{S}_M) = \dfrac{\text{card}\,(M)!}{\text{card}\,(R)!} = \dfrac{4!}{2!} = 12.$

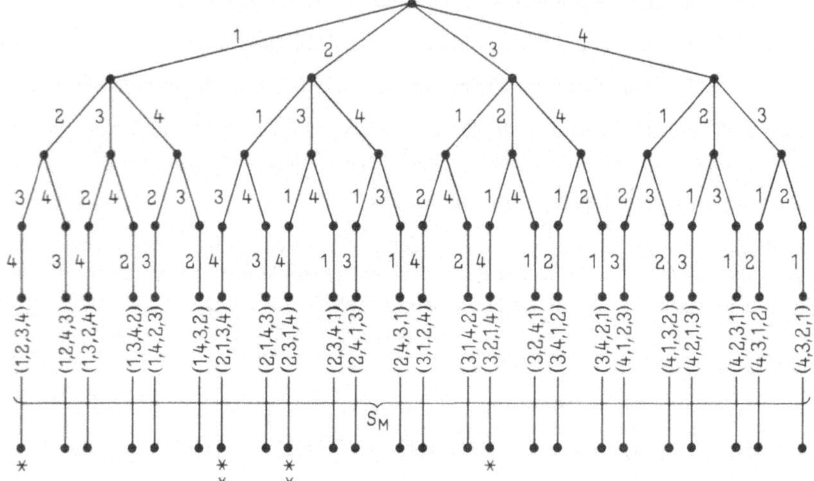

Fig. 2.24 Beispiele für Elemente aus $\widetilde{S}_M$
    *   (1, 2, 3, 4) = (3, 2, 1, 4) = (r, 2, r, 4)
    ** (2, 1, 3, 4) = (2, 3, 1, 4) = (2, r, r, 4)
    in $\widetilde{S}_M$, weil 1 und 3 identifiziert wurde

**Satz 2.5** (Wiederholte Anwendung der Quotientenregel). Sei M
eine Menge mit n Elementen, und $R_1, R_2, \ldots, R_k$ paarweise elementfremde Teilmengen in M mit $r_1, r_2, \ldots, r_k$ Elementen. Identifiziert man in der Menge aller geordneten
n-Tupel ohne Wiederholung mit Elementen aus M jeweils alle Elemente von $R_i$, $i \in I_k$, so
entstehen

$$\frac{n!}{r_1!\,r_2!\,\ldots\,r_k!}$$

verschiedene n-Tupel.

**Beispiel 2.15.** 9 Plättchen sollen in eine Reihe gelegt werden. Zur Verfügung stehen
3 rote, 2 grüne und je eines in den Farben Gelb, Blau, Schwarz und Weiß.
Auf wieviele Arten lassen sich diese 9 Plättchen anordnen? Bezeichnet

$$S = \big\{(i_1, i_2, i_3, \ldots i_9) \mid i_j \in I_9 \text{ mit } i_j \neq i_k \text{ für } j \neq k\big\},$$

dann erhalten wir aus S den Stichprobenraum $\widetilde{S}$, indem wir in $I_9$ Identifikationen vornehmen.

1, 2, 3 = Rot     4, 5 = Grün     6 = Blau     7 = Schwarz     8 = Weiß     9 = Gelb

Es ergibt sich

$$\text{card}\,(\tilde{S}) = \frac{9!}{3!\,2!}.$$

**Definition 2.2.** Seien n, k$\in \mathbf{N}_0$, dann heißt

$$\binom{n}{k} = \begin{cases} \dfrac{n!}{k!\,(n-k)!} & \text{für } k \leqslant n \\[2em] 0, & \text{für } k > n \end{cases}$$

Binomialkoeffizient n über k.

Der Grund für diese Namensgebung wird aus Satz 2.8 ersichtlich.

**Satz 2.6** (A n z a h l  d e r  T e i l m e n g e n  mit  k  E l e m e n t e n). In einer Menge M mit n Elementen gibt es genau $\binom{n}{k}$ Teilmengen mit k Elementen.

B e w e i s . Sei M $= \left\{ x_1, x_2, \ldots, x_n \right\}$. Wir betrachten die Menge A aller geordneten n-Tupel ohne Wiederholung mit den Indizes 1 bis n, d. h.

$$A = \left\{ (i_1, i_2, \ldots, i_n)/i_j \in I_n,\ i_j \neq i_\varrho \text{ für } j \neq \varrho \right\}$$

Setzen wir $1 = 2 = \ldots = k = \in$ und $k + 1 = k + 2 = \ldots = n - 1 = n = \notin$, so erhalten wir nach Satz 2.5 alle verschiedenen Folgen mit k mal $\in$ und $(n - k)$ mal $\notin$. Jede dieser Folgen bestimmt eine Teilmenge R mit k Elementen und umgekehrt, z. B. $(\in, \in, \in, \notin, \notin, \in, \in, \ldots)$ bedeutet $(x_1, x_2, x_3, x_6, x_7, \ldots)$, wobei gilt: $x_i \in R$ dann und nur dann wenn an der i-ten Stelle $\in$ steht, $x_i \notin R$ dann und nur dann wenn an der i-ten Stelle $\notin$ steht. Da es nach Satz 2.5 $\binom{n}{k}$ solcher Folgen gibt, ist Satz 2.6 bewiesen.

**Aufgabe 2.19.** Auf wieviele Arten können 12 Personen auf 3 Vierbettzimmer verteilt werden?

Wieviele Verteilungen gibt es, wenn sich von den 12 Personen 2 weigern, im gleichen Zimmer zu schlafen.

**Aufgabe 2.20.** Eine Gruppe aus 6 jungen Männern und 8 Mädchen geht zum Tanzen. Wenn alle Männer Partnerinnen auffordern, bleiben 2 Mädchen übrig.

Wieviele verschiedene Kombinationen gibt es für die beiden Mädchen?

**Aufgabe 2.21.** Auf wieviele Arten kann man aus 49 Zahlen sechs Zahlen auswählen, wenn die Reihenfolge der gewählten Zahlen keine Rolle spielen soll (6 Richtige im Lotto)?

**Aufgabe 2.22.** Ein Fußballverein absolviert in einer Saison 12 Spiele. Die Mannschaft gewinnt 6 Spiele, 4 Spiele werden verloren und 2 Spiele gehen unentschieden aus. Auf wieviele Arten könnte dieses Resultat entstanden sein? (Nur der Spielausgang – Sieg, Niederlage, Unentschieden – soll entscheiden).

**Aufgabe 2.23.** In einer Stadt haben sich 3 Zahnärzte niedergelassen. Am gleichen Tag gehen 24 Einwohner zum Zahnarzt. Jeder Einwohner wählt seinen Zahnarzt zufällig.

B  Wieviele Möglichkeiten gibt es, daß 12 Einwohner den Zahnarzt A, 8 Einwohner den Zahnarzt B und 4 Einwohner den Zahnarzt C wählen?

**Bemerkung.** Die Binomialkoeffizienten n über k können mittels des P a s c a l s c h e n  D r e i e c k s leicht gefunden werden. Die Zahl $\binom{n}{k}$ wird im Schnittpunkt der n-ten Zeile und der k-ten Kolonne abgelesen (vgl. Fig. 2.25). Das Dreieck in Fig. 2.25 basiert auf der Identität

$$\binom{n+1}{k} = \binom{n}{k-1} + \binom{n}{k}.$$

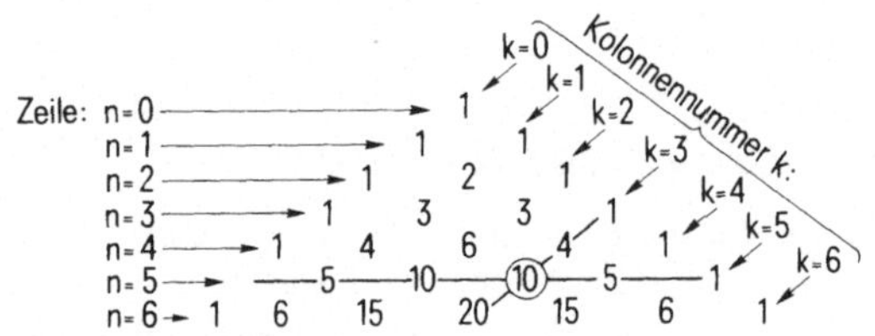


Fig. 2.25

So ergibt sich z. B. die Zahl 10 in Zeile n = 5 und in Kolonne k = 3, indem in der Zeile n = 4 die Zahlen der Kolonne k = 2 und k = 3 addiert werden. Diese Eigenschaft wird in Satz 2.7 bewiesen.

**Satz 2.7** (E i g e n s c h a f t e n  d e r  B i n o m i a l k o e f f i z i e n t e n). Für n, $k \in \mathbf{N}_0$, $k \leqslant n$ gilt

a)     $$\binom{n}{k} = \binom{n}{n-k},$$

b)     $$\binom{n}{k} + \binom{n}{k-1} = \binom{n+1}{k}.$$

B e w e i s . a) folgt direkt aus der Definition, denn

$$\binom{n}{n-k} = \frac{n!}{(n-k)!\,(n-n+k)!} = \binom{n}{k}.$$

Für b) führt die folgende Rechnung zum Ziel:

$$\binom{n}{k} + \binom{n}{k-1} = \frac{n!}{k!\,(n-k)!} + \frac{n!}{(k-1)!\,(n-k+1)!}$$

$$= \frac{n!}{k!\,(n-k+1)!}\,(n-k+1+k) = \frac{(n+1)!}{k!\,(n-k+1)!}.$$

**Satz 2.8** (S a t z  ü b e r  B i n o m i a l k o e f f i z i e n t e n).

$$(x+1)^n = \sum_{k=0}^{n} \binom{n}{k} \cdot x^k$$

B e w e i s (Vollständige Induktion).

Induktionsanfang: $(x + 1)^0 = 1 = \begin{pmatrix} 0 \\ 0 \end{pmatrix} x^0$,

Induktionsschritt: $(x + 1)^{n+1} = (x + 1)(x + 1)^n = (x + 1) \sum_{k=0}^{n} \begin{pmatrix} n \\ k \end{pmatrix} \cdot x^k$.

Betrachten wir jetzt den Koeffizienten von $x^k$, nachdem wir ausmultipliziert haben, so setzt er sich aus 2 Summanden der Form

$$\begin{pmatrix} n \\ k \end{pmatrix} + \begin{pmatrix} n \\ k - 1 \end{pmatrix}$$

zusammen, d. h. nach Satz 2.7b folgt dann die Behauptung.

Damit ergibt sich aber sofort die Aussage von

**Satz 2.9** (A n z a h l  d e r  E l e m e n t e  d e r  P o t e n z m e n g e). Sei M eine Menge mit n Elementen und $\mathfrak{P}(M)$ ihre Potenzmenge. Dann gilt:

$$\text{card }(\mathfrak{P}(M)) = 2^n.$$

B e w e i s . Nach Satz 2.6 lassen sich $\begin{pmatrix} n \\ k \end{pmatrix}$ Teilmengen mit k Elementen bilden. Insgesamt erhalten wir also $\sum_{k=0}^{n} \begin{pmatrix} n \\ k \end{pmatrix}$ Teilmengen.

Setzen wir in Satz 2.8 für $x = 1$, dann ergibt sich die Aussage des Satzes 2.9.

**Satz 2.10** (V e r t e i l u n g s p r o b l e m). Für die Verteilung von n ununterscheidbaren Elementen auf k Zellen gibt es $\begin{pmatrix} n + k - 1 \\ n \end{pmatrix}$ Möglichkeiten.

B e w e i s . Wir betrachten alle n-Tupel der Zahlen 1 bis $n + k - 1$ ohne Wiederholung. Setzen wir: $1 = 2 = \ldots = n = e$ und $n + 1, n + 2, \ldots, n + k - 1 = /$, so legt jede Folge aus n mal dem Element e und $k - 1$ mal dem Trennungsstrich / genau eine Verteilung fest.

Hierbei bedeutet e: „Lege e in die Zelle", und / bedeutet: „Gehe zur nächsten Zelle über". Satz 2.5 liefert dann die Aussage von Satz 2.10.
Vergleichen Sie zu Satz 2.11 auch Beispiel 2.9.

**Satz 2.11** (G i t t e r p r o b l e m). Sei das Gitter $G_{\mathbf{N}_0}$ gegeben durch: $G_{\mathbf{N}_0} = \left\{ (i, k)/i, j \in \mathbf{N}_0 \right\}$. Dann gibt es vom Punkt $(0, 0)$ zum Punkt $(n, m)$

$$\frac{(n + m)!}{n!\,m!}$$

kürzeste Wege.

B e w e i s . Ein kürzester Weg von $(0, 0)$ nach $(n, m)$ hat $n + m$ Schritte, wobei in der Schrittfolge n mal ein Schritt in Richtung der ersten Koordinate und m mal ein Schritt in Richtung der zweiten Koordinate auftritt. Identifiziert man in der Menge der $(n + m)$-Tupel ohne Wiederholung jeweils n bzw. m Elemente, so liefert Satz 2.5 die Aussage von Satz 2.11.

## B   Aufgaben

**2.24.** Aus 5 Mädchen und 10 Jungen soll eine Volleyballmannschaft zusammengestellt werden. Wieviele verschiedene Teams gibt es, wenn (pro Team jeweils 5 Spieler)

**a)** keine Zusatzbedingung gestellt wird?
**b)** nur Mädchen spielen sollen?
**c)** nur Jungen spielen sollen?
**d)** 3 Mädchen und 2 Jungen in der Mannschaft sein sollen?
**e)** 2 Mädchen und 3 Jungen spielen sollen?

**2.25.** Beweisen Sie

$$\binom{2n}{n} = \binom{n}{0}\cdot\binom{n}{n} + \binom{n}{1}\cdot\binom{n}{n-1} + \binom{n}{2}\cdot\binom{n}{n-2} + \ldots + \binom{n}{n-1}\cdot\binom{n}{1} + \binom{n}{n}\cdot\binom{n}{0}$$

**2.26.** Ein Lift hält auf 5 verschiedenen Etagen. 12 Personen steigen im Erdgeschoß ein.

**a)** In jedem Stock wird lediglich gezählt, wieviele Personen aussteigen. Wieviele verschiedene Möglichkeiten gibt es, wenn wir annehmen, daß spätestens im obersten Stock alle Personen ausgestiegen sind.

**b)** Wie verändert sich die Anzahl der verschiedenen Möglichkeiten, wenn auch die Namen der Personen berücksichtigt werden.

**2.27.** Begründen Sie die folgende Aussage:

Ein Wurf wird mit n gleichen Würfeln (jeweils mit 6 Augen) durchgeführt, dann enthält der Stichprobenraum $\binom{n+5}{n}$ Resultate. (Reihenfolge wird nicht beachtet.)

**2.28.** 2 Spieler A und B werfen eine Münze, wobei die eine Seite die Zahl +1 und die andere die Zahl −1 zeigt. Jeder Spieler besitzt zu Beginn des Spieles 5 Spielmarken. Wenn A die Zahl +1 wirft erhält er von B eine zusätzliche Spielmarke; wirft er −1, so zahlt er an B eine seiner Spielmarken. In jedem Spiel darf jeder Spieler die Münze genau 5mal werfen. In Fig. 2.26 ist für Spieler A ein möglicher Spielverlauf (Weg) skizziert.

**a)** Wieviele verschiedene Spielverläufe sind möglich, die alle zum Endzustand „7 Spielmarken für Spieler A" führen?

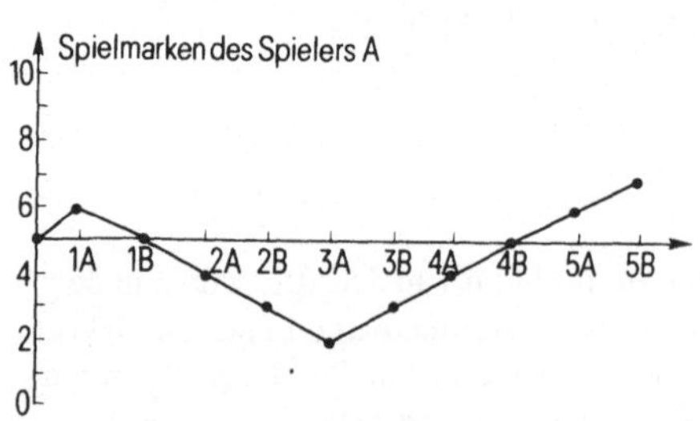


Fig. 2.26

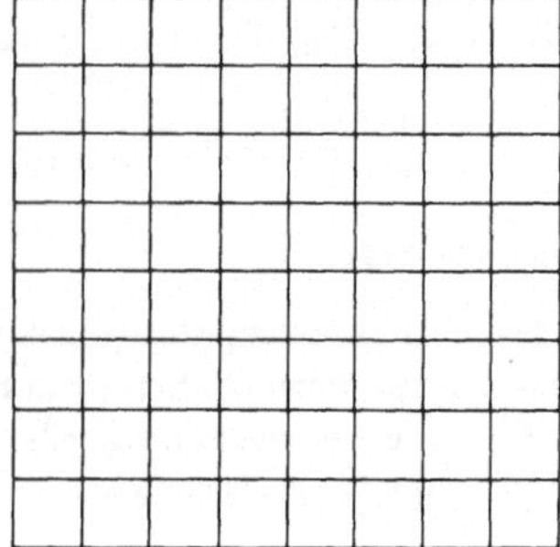

Fig. 2.27

**b)** Wieviele verschiedene Spielverläufe sind möglich, die alle zum Endzustand „3 Spiel-  B
marken für Spieler A" führen?
**c)** Wieviele verschiedene Spielverläufe sind möglich, die zum Endzustand „8 Spielmarken
für Spieler A" führen?

**2.29.** In der Ebene seien n Geraden gegeben, von denen keine zwei parallel sind und keine
drei durch einen Punkt gehen. Wieviele Schnittpunkte gibt es?

**2.30.** Auf wieviel verchiedene Arten kann man ein 8 x 8-Feld (vgl. Fig. 2.27) färben,
wenn

**a)** jedes Feld nach freier Wahl rot oder schwarz gefärbt wird?
**b)** 50 Felder rot und 14 Felder schwarz gefärbt werden sollen?
**c)** 32 Felder rot, 16 Felder schwarz und 16 Felder weiß gefärbt werden sollen?

**2.31.** Aus Stäben verschiedener Länge und verschiedener Farbe sollen Stabfolgen zusammengestellt werden. Jeder Stabtyp soll in beliebiger Anzahl vorrätig sein.

Länge 1: Farbe weiß        Länge  6: Farbe dunkelgrün
Länge 2: Farbe dunkelrot   Länge  7: Farbe schwarz
Länge 3: Farbe hellgrün    Länge  8: Farbe braun
Länge 4: Farbe violett     Länge  9: Farbe blau
Länge 5: Farbe gelb        Länge 10: Farbe orange

Fig. 2.28 zeigt die möglichen Stabfolgen für die Länge 3.

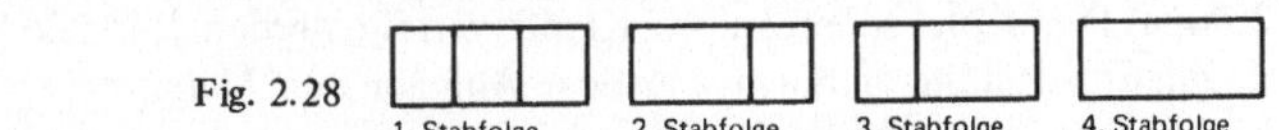



Fig. 2.28

**a)** Wieviele verschiedene Stabfolgen der Länge 6 gibt es?
**b)** Wieviele verschiedene Stabfolgen der Länge 8 gibt es?
**c)** Wieviele verschiedene Stabfolgen der Länge 11 gibt es?
**d)** Wieviele verschiedene Stabfolgen der Länge $n \leqslant 10$ gibt es? (Begründung!)

**2.32.** Eine Hausfrau stellt fest, daß auf dem Markt 29 verschiedene Gemüsesorten,
23 verschiedene Obstsorten und 17 verschiedene Käsesorten erhältlich sind. Sie kauft
5 Gemüse-, 4 Obst- und 3 Käsesorten ein. Wieviele Möglichkeiten hat sie für die Auswahl
ihrer Einkäufe?

**2.33.** 2 Vertreter verschiedener Stämme aus Surinam finden, daß 18 gleiche Laute in
den beiden grundverschiedenen Sprachen ihrer Stämme existieren. Sie wollen mit
diesen 18 Lauten eine gemeinsame Sprache entwickeln. Dabei soll jedes Wort höchstens
4 Laute enthalten.
Wieviele Worte kann diese gemeinsame Sprache höchstens haben?

**2.34.** Lösen Sie die folgenden Gleichungen:

**a)** $\binom{n}{5} = 21,$   **b)** $\binom{n}{6} = \binom{n}{4}.$

**2.35.** Eine Münze wird fünfmal geworfen.

**B** **a)** Wieviele Elemente enthält der zugehörige Stichprobenraum S; Baumtyp?
**b)** Untersuchen Sie die folgenden Ereignisse mit Baumdiagrammen auf ihre Anzahl.
$E_1$, $E_2$, $E_3$ sind gegeben durch

$e_1$: „Vom ersten Wurf an führt Wappen vor Zahl", z. B. WWZWW $\in E_1$,
WZWWW $\in E_1$.

$e_2$: „Es kommt genau dreimal Wappen vor".

$e_3$: „Höchstens einmal tritt Zahl auf".

**c)** Das Gitter in Fig. 2.29 ist gegeben. Nennen Sie den Schritt in x-Richtung „W", den
in y-Richtung „Z" und formulieren Sie S, $E_1$, $E_2$ und $E_3$ aus b) als Wegeproblem in
diesem Gitter.

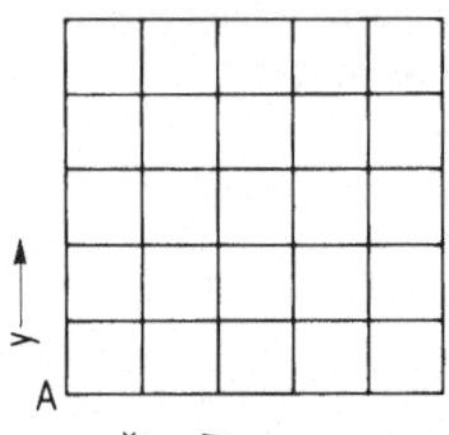


Fig. 2.29

**2.36. a)** Drei Äpfel sollen an drei Kinder verteilt werden. Wieviele Verteilungen sind
möglich? Formulieren Sie eine analoge Aufgabe zum Münzenwurf von Aufgabe 2.35.
**b)** Aus fünf Buchstaben sollen Worte der Länge 5 hergestellt werden. Stichprobenraum S? Führen Sie eine Identifikation so durch, daß Sie in S das Ereignis $E_2$ aus Aufgabe 2.35 erhalten.

**2.37.** In einer Urne liegen 40 rote und 10 schwarze Kugeln, die jeweils numeriert sind.
Es werden (ohne Zurücklegen) 5 Kugeln herausgegriffen.

**a)** Geben Sie eine Formel für die Anzahl der Elemente des Stichprobenraums an, wenn
vereinbart wird, daß es auf die Reihenfolge der herausgegriffenen Kugeln nicht ankom-
men soll.
**b)** Bestimmen Sie die jeweiligen Anzahlen der folgenden Ereignisse $E_1$, $E_2$, $E_3$, $E_4$, $E_5$,
$E_6$ in S, die beschrieben sind durch:

$e_1$: „keine ist rot",          $e_4$: „genau drei sind rot",

$e_2$: „genau eine ist rot",     $e_5$: „genau vier sind rot",

$e_3$: „genau zwei sind rot",    $e_6$: „alle sind rot".

**2.38.** Ausgangsmenge seien Türme der Höhe 5 aus 7 Farben.

**a)** Bestimmen Sie von den Türmen, die oben und unten dieselbe Farbe haben, die Anzahl
der zwei- bzw. dreifarbigen.
**b)** In benachbarten Stockwerken der Türme sollen die Farben verschieden sein. Wieviele
dieser Türme sind zwei- bzw. dreifarbig?

**2.39.** Beweisen Sie (unter Angabe der jeweils benutzten Hilfsformeln)    **B**

a) $\sum\limits_{k=0}^{n} (-1)^k \binom{n}{k} = 0$    für $n > 0$,

b) $\sum\limits_{k=0}^{n} \binom{n}{k}^2 = \binom{2n}{n}$    für $n > 0$,

c) $\sum\limits_{k=0}^{n} \binom{n}{k} (a-1)^k = a^n$ für $a \in \mathbf{R}$.

d) $\sum\limits_{i=0}^{k} \binom{n}{i} \cdot \binom{k}{k-i} = \binom{n+k}{k}$

## 2.3. Kombinatorik in der Schule    **C**

### 2.3.1. Aktivitäten aus der Kombinatorik für die Schule

Für die Schule eignet sich die Kombinatorik deshalb besonders gut, weil mit allen Aktivitäten konstruktive, manuelle Tätigkeiten direkt verbunden werden können. Sollen z. B. Grundmengen mit Legosteinen gebaut werden, dann kann man hiermit folgende Fragen verbinden:

„Wer baut die meisten verschiedenen 3-stufigen Türme mit 2 verschiedenen Farben?"

„Wer baut die meisten verschiedenen n-stufigen Türme mit r verschiedenen Farben?"

Als Baumaterial sollen attraktive Gegenstände benutzt werden, so z. B. Steckwürfel, bunte Kugeln, gefärbte Holzstäbe, Würfel, Spielzeuge, Ziffern, Buchstaben usw.

Zu den Grundmengen sollen dann die zugehörigen Bäume aufgestellt werden; auch diese läßt man die Kinder mit Holzstäben auf Tisch oder Boden auslegen.

Man kann fast jedes kombinatorische Problem aus Abschn. 2.1 und 2.2 mit ein wenig Phantasie zu einem Spiel oder einer Aufgabe für die Klasse ausbauen, einige davon eignen sich besonders gut, z. B. Aufgabe 2.31 „Wer baut die meisten verschiedenen Züge der Länge n?" (vgl. [2]).

In der Phase des freien Spieles, während der Grundmengen gebaut und Bäume ausgelegt werden, spielt es keine Rolle, ob zu einer Grundmenge a l l e Elemente gefunden werden oder nicht, wichtig ist allein, daß das Kind Freude am vielfältigen Kombinieren von Elementen, Farben und Plätzen erhält. Erst nach dieser Spielphase befaßt man sich mit Fragen der Vollständigkeit, der systematischen Anordnung und der Anzahlbestimmung.

Für das systematische Ordnen der Elemente benutzt man die Baumdarstellung. Die Kinder zeichnen oder bauen, ausgehend von den Variablen wie in Fig. 2.4, den Baum. Ist der Baum vorhanden, so fährt man mit den vorher hergestellten Elementen (z. B. Türmen), von der Wurzel ausgehend, durch den Baum bis man am richtigen Ast angelangt ist.

C Im Anschluß an solche Aufgaben kann dann die Frage leicht beantwortet werden:

„Haben wir alle Türme gebaut, oder gibt es noch mehr?"

Um das Kind zu motivieren, stellen wir solche Fragen, bevor wir den Baum aufstellen — die Kinder sollen raten! Nachher wird durch den Baum die Behauptung bestätigt oder widerlegt. Kinder lieben es, ihre Behauptungen sofort bestätigt oder widerlegt zu finden Zudem sind kombinatorische „Beweisführungen" von allgemeiner Bedeutung.

Die Kombinatorik ermöglicht dem Schüler in einmaliger Weise, die logische Struktur von endlichen Mengen erkennen zu lernen; darum ist deren Behandlung in der Grundschule für alle Gebiete der Schulmathematik nützlich.

### 2.3.2. Kombinatorisch strukturiertes Material

In Beispiel 2.3 wurden Legotürme gebaut. Diese Türme stellen wie die in Beispiel 2.2 beschriebenen Logischen Blöcke ein kombinatorisch strukturiertes Material dar.

Die Menge aller Logischen Blöcke bzw. aller Legotürme eines (n, 5)-Satzes können als Stichprobenraum aufgefaßt werden, wenn man das Experiment Blindes Herausgreifen eines Logischen Blockes bzw. eines Legoturmes aus der Grundmenge betrachtet. Die meisten strukturierten Materialien, die in der Grundschule eingesetzt werden, sind in diesem Sinne kombinatorisch aufgebaut.

Die Schüler können sich darüber hinaus selbst strukturiertes Lehrmaterial herstellen. Gehen wir z. B. von Dreiecken aus, die wir aus Karton schneiden (Fig. 2.30). Bemalen wir diese Dreiecke in 5 verschiedenen Farben; schneiden wir zudem 0, 1, 2, 3 Ecken weg (Fig. 2.31) und bohren wie in Fig. 2.32 noch 0, 1, 2 Löcher in jede der möglichen Formen, so erhält man ein strukturiertes Material mit $5 \cdot 4 \cdot 3$ Elementen. Der verkürzte Baum in Fig. 2.33 gibt dazu die Übersicht.

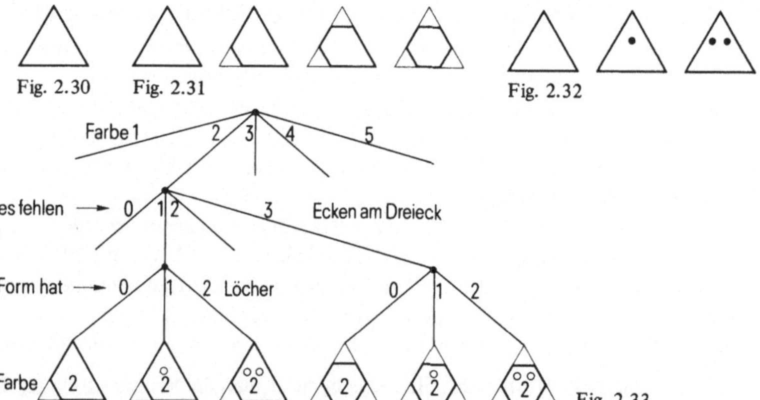


In analoger Weise kann sich die Klasse andere kombinatorisch strukturierte Materialien selbst herstellen, um sie nachher in der Logik und in der Wahrscheinlichkeitsrechnung als Grundmengen (Stichprobenräume) gebrauchen zu können.

### 2.3.3. Wiederholung der Grundrechnungsarten in der Kombinatorik    C

Im Zusammenhang mit der rechnerischen Bestimmung der Kardinalzahl von Mengen mittels kombinatorischen Überlegungen kann der Lehrer die Grundrechnungsarten in attraktiv verpackten Aufgaben repetieren. Als variable Übungsformen im arithmetischen Bereich gewinnen kombinatorische Fragestellungen in letzter Zeit immer größere Bedeutung.

## 3. Wahrscheinlichkeitsfunktionen und ihre Eigenschaften

### 3.1. Der Begriff der Wahrscheinlichkeit    A

Mit dem Begriff W a h r s c h e i n l i c h k e i t soll ein Maß für die Eintrittschancen von Ereignissen entwickelt werden. Unsere Überlegungen werden dabei von den folgenden Gesichtspunkten geleitet:

1. Das Wahrscheinlichkeitsmaß soll die gleichen G r u n d e i g e n s c h a f t e n haben wie physikalische Maße in bekannten Größenbereichen, z. B. wie die Längenmessung.
2. Das Wahrscheinlichkeitsmaß soll so variabel definiert werden, daß auch zusätzliche Informationen, die die Eintrittschancen untersuchter Ereignisse verändern, Berücksichtigung finden können.

Mit Hilfe dieser Gesichtspunkte begründen wir in diesem Abschnitt die Bedingungen, die Wahrscheinlichkeiten und bedingte Wahrscheinlichkeiten kennzeichnen, bestimmen Wahrscheinlichkeiten für Ereignisse in Beispielen und verschaffen uns einen Überblick, wie man mit Wahrscheinlichkeiten rechnen kann.

Im nächsten Abschnitt werden wir dann direkt einen Wahrscheinlichkeitsraum axiomatisch einführen und an den Beginn deduktiver Überlegungen stellen.

E r e i g n i s s e sind Mengen, denen durch eine Wahrscheinlichkeit ein Z a h l e n w e r t z u g e o r d n e t werden soll, der ihre E i n t r i t t s c h a n c e kennzeichnet. Wir werden also A b b i l d u n g e n w finden müssen, mit denen Mengen auf eindeutig festgelegte Zahlen abgebildet werden. Analog ist die Situation bei der Längenmessung. Auch Strecken können wir als Mengen auffassen, nämlich als Punktmengen, denen durch ihre Länge ein Zahlenwert zugeordnet wird. Auch hier liegt also eine Abbildung von Mengen auf Zahlen vor, die durch die Abbildung $\ell$ vermittelt wird.

Haben wir zwei Strecken $s_1$ und $s_2$, die keinen Punkt gemeinsam haben ($s_1 \cap s_2 = \emptyset$), und seien $\ell(s_1)$, $\ell(s_2)$ ihre Längen, so erhalten wir als Gesamtlänge $\ell(s_1 \cup s_2) = \ell(s_1) + \ell(s_2)$.

Diese A d d i t i v i t ä t von Maßen fordern wir auch für jede Wahrscheinlichkeitsfunktion

**Bedingung 3.1** (A d d i t i v i t ä t). Seien E, F Ereignisse, die sich gegenseitig ausschließen, d. h. $E \cap F = \emptyset$, dann addieren sich ihre Wahrscheinlichkeiten. In Zeichen:

$$E \cap F = \emptyset \;\; \Rightarrow \;\; w(E \cup F) = w(E) + w(F).$$

A  Als Längen kommen nur nichtnegative Zahlen in Frage, d. h. für alle Strecken s gilt $\ell$ (s) $\geqslant$ 0. Auf diese Nichtnegativität stoßen wir bei allen Maßen. Wir fordern sie auch für das Wahrscheinlichkeitsmaß.

**Bedingung 3.2** (N i c h t n e g a t i v i t ä t). Die Wahrscheinlichkeit von Ereignissen ist nichtnegativ. In Zeichen:

Sei E ein Ereignis  $\Rightarrow$  w (E) $\geqslant$ 0.

Untersuchen wir die Ereignisse in einem Stichprobenraum S, so wissen wir, daß S s i c h e r eintritt. Es ist daher sinnvoll, den Zahlenwert von w (S) festzulegen (zu n o r m i e r e n). An sich wäre es gleichgültig, welchen Zahlenwert wir für w (S) wählen, es muß nur für jeden Stichprobenraum derselbe Wert sein. Man könnte z. B. an 100 denken und sich dabei von der Assoziation „100% Eintrittschance" leiten lassen. Es hat sich jedoch eingebürgert, w (S) = 1 zu setzen.

**Bedingung 3.3** (N o r m i e r u n g). Ist S ein Stichprobenraum. Dann hat das Ereignis S die Wahrscheinlichkeit 1:

w (S) = 1.

Diese Bedingung darf nicht so verstanden werden, daß n u r dem Ereignis S die Wahrscheinlichkeit 1 zukommt, d. h., daß man aus w (E) = 1 auf E = S schließen könnte. Wir werden später sehen, daß durchaus Wahrscheinlichkeitsmaße vernünftig sein können, bei denen w (E) = 1 für eine oder mehrere e c h t e Teilmengen E von S gilt. Wir werden a l l e Ereignisse mit der Wahrscheinlichkeit 1 s i c h e r e E r e i g n i s s e nennen und können jetzt Bedingung 3 auch folgendermaßen formulieren:

**Bedingung 3.3'.** S ist ein sicheres Ereignis.

Ein weiteres ausgezeichnetes Ereignis in einem Stichprobenraum S ist das n i c h t r e a l i s i e r b a r e Ereignis, die leere Menge $\emptyset$. w ($\emptyset$) ist durch die Bedingungen 3.1 bereits festgelegt, denn da S $\cup$ $\emptyset$ = S und S $\cap$ $\emptyset$ = $\emptyset$ gilt, folgt aus Bedingung 3.1: w (S) = w (S $\cup$ $\emptyset$) = w (S) + w ($\emptyset$) und daraus w ($\emptyset$) = 0.

**Folgerung 3.1.** Ein nicht realisierbares Ereignis ist charakterisiert durch

w ($\emptyset$) = 0.

Das nicht realisierbare Ereignis hat also die Wahrscheinlichkeit 0. Wiederum dürfen wir n i c h t schließen, daß E = $\emptyset$ aus w (E) = 0 folgt. Es werden auch Wahrscheinlichkeitsmaße definiert, bei denen einer bzw. mehreren nichtleeren Mengen die Wahrscheinlichkeit 0 zukommt. Derartige Ereignisse werden wir u n m ö g l i c h nennen und können damit unsere Folgerung 3.1 umformulieren:

**Folgerung 3.1'.** Das nicht realisierbare Ereignis ist unmöglich.

Bisher haben wir uns überlegt, daß ein sinnvolles Wahrscheinlichkeitsmaß eine Abbildung von Ereignissen in die reellen Zahlen ist, die notwendigerweise den Bedingungen 3.1 bis 3.3 genügt. Der entscheidende Schritt besteht nun darin, daß wir j e d e A b b i l d u n g, die diesen Bedingungen genügt, ein Wahrscheinlichkeitsmaß nennen werden. Natürlich müssen wir dazu noch die Definitionsmenge dieser Abbildung (d. h. die Ereignisse, auf **A** denen sie erklärt ist) präzisieren. Bei dieser Vorgehensweise dürfen wir nicht erwarten, daß es auf einer Menge von Ereignissen nur eine Wahrscheinlichkeitsfunktion gibt; dazu sind die Bedingungen zu wenig restriktiv. Dies soll nun an Beispielen verdeutlicht werden, die gleichzeitig dazu dienen, daß das Rechnen mit Wahrscheinlichkeiten vorbereitet wird.

**Beispiel 3.1.** Mit einem Spielwürfel wird einmal gewürfelt. Der Stichprobenraum ist $S = \{1, 2, 3, 4, 5, 6\}$.

**a) R e l a t i v e  H ä u f i g k e i t  i n  S  a l s  W a h r s c h e i n l i c h k e i t s m a ß .** Aus Bedingung 3.3 wissen wir, daß $w\,(S) = 1$. Nehmen wir nun an, daß jede Augenzahl die gleiche Eintrittschance besitzt, so drücken wir damit aus, daß den Elementarereignissen die gleiche Wahrscheinlichkeit zugeordnet werden soll. Sei $E_i = \{i\}$, $i \in I_6$, dann soll also $w\,(E_i) = w\,(E_j)$ für $i, j \in I_6$ sein. Da sich verschiedene Elementarereignisse ausschließen, addieren sich nach Bedingung 3.1 ihre Wahrscheinlichkeiten[1]. card $(S) =$ $|S| = 6$ gibt die Anzahl der verschiedenen Elementarereignisse an, als deren Summe sich $S$ ergibt. Daraus folgt unmittelbar: $w\,(E_i) = 1/|S| = 1/6$. Sei $E$ irgendein Ereignis in S, $E \neq \emptyset$. $|E|$ gibt die Anzahl der verschiedenen Elementarereignisse an, als deren Summe sich $E$ ergibt. Man erhält für die **W a h r s c h e i n l i c h k e i t  von E**

$$w\,(E) = \frac{|E|}{|S|} = \frac{\text{Anzahl der Resultate, die zu E gehören}}{\text{Anzahl der Resultate, die zu S gehören}}.$$

Den Quotienten $|E|/|S|$ nennen wir **r e l a t i v e  H ä u f i g k e i t  v o n  E  i n  S.** Die Anzahl der Resultate, die zu E gehören, nennt man auch „**für E  g ü n s t i g e  F ä l l e**", die Anzahl von S „**m ö g l i c h e  F ä l l e**". Die relative Häufigkeit von E ist daher gegeben durch

$$w\,(E) = \frac{\text{günstige Fälle}}{\text{mögliche Fälle}}.$$

Es verbleibt zu zeigen, daß $w\,(E) = |E|/|S|$ auch ein Wahrscheinlichkeitsmaß ist, d. h. den Bedingungen 3.1 bis 3.3 genügt. Es gilt die

**B e h a u p t u n g :** Ist S endlich und $w\colon \mathfrak{P}\,(S) \to \mathbf{R}^+$ mit $w\,(E) = |E|/|S|$, dann ist w ein Wahrscheinlichkeitsmaß.

Wir prüfen die Gültigkeit der Bedingungen 3.1 bis 3.3 nach.

Bedingung 3.1. Aus E, $F \in \mathfrak{P}\,(S)$ und $E \cap F = \emptyset$ folgt

$$w\,(E \cup F) = \frac{|E \cup F|}{|S|} = \frac{|E| + |F|}{|S|} = w\,(E) + w\,(F)$$

Das zweite Gleichheitszeichen gilt nach Satz 2.1.

---

[1] Genau genommen, muß erst gezeigt werden, daß sich die Additivität auf endlich viele Ereignisse ausdehnen läßt (vgl. Satz 3.4).

A    Bedingung 3.2. $w(E) = |E|/|F| \geqslant 0$. Hier tritt der Fall $w(E) = 0$ nur für $E = \emptyset$ ein.
Bedingung 3.3. $w(S) = |S|/|S| = 1$.

Wir haben damit gezeigt, daß in jedem endlichen Stichprobenraum die relative Häufigkeit in S ein Wahrscheinlichkeitsmaß darstellt. Relative Häufigkeiten bestimmen wir,
indem wir die Anzahl der Elemente des Ereignisses in S durch die Anzahl von Elementen
in S dividieren. Die Berechnung derartiger Anzahlen haben wir in Kapitel 2 untersucht.
Damit ist die Brücke zum vorangegangenen Kapitel geschlagen. Unter der Voraussetzung
der Gleichwahrscheinlichkeit der Elementarereignisse in dem jeweiligen Stichprobenraum
haben wir dort bereits Wahrscheinlichkeiten für die Ereignisse berechnet. In den nächsten
Beispielen und Aufgaben verfolgen wir diese Frage weiter.
Zunächst wollen wir uns aber die Frage stellen, ob wir mit der relativen Häufigkeit ein
k o r r e k t e s Maß für die Eintrittschancen der jeweiligen Ereignisse gefunden haben.
Wir weisen ausdrücklich darauf hin, daß sich die Wahrscheinlichkeiten z w a n g s l ä u f i g
in der angegebenen Form berechnen, f a l l s wir G l e i c h w a h r s c h e i n l i c h k e i t
der E l e m e n t a r e r e i g n i s s e  v o r a u s s e t z e n .
Ob diese Gleichwahrscheinlichkeit in einer Problemstellung gegeben ist, wird hier nicht
beantwortet. Der Spielwürfel in Beispiel 1.1 könnte so „gezinkt" sein, daß z. B. die
6 wesentlich häufiger oben zu liegen kommt als die 1. Dann wäre die Gleichwahrscheinlichkeit nicht mehr gegeben. Die relative Häufigkeit in S wäre zwar immer noch ein
Wahrscheinlichkeitsmaß, das aber in der Praxis schlecht brauchbar wäre.

**b)** R e l a t i v e  H ä u f i g k e i t  b e i  1 0 0  V e r s u c h e n  a l s  W a h r s c h e i n -
l i c h k e i t s m a ß . Wir würfeln mit einem Spielwürfel 100mal und stellen fest, daß
das Folgende eintritt:

|     |     |
|-----|-----|
| Augenzahl 1: 3mal,  | Augenzahl 4: 18mal, |
| Augenzahl 2: 15mal, | Augenzahl 5: 13mal, |
| Augenzahl 3: 14mal, | Augenzahl 6: 37mal, |

Wir definieren nun mit Hilfe der Versuchsergebnisse eine W a h r s c h e i n l i c h k e i t s -
f u n k t i o n : Es sei $S = \{1, 2, 3, 4, 5, 6\}$ und $E \in \mathfrak{P}(S)$, $E_i = \{i\}$ mit $i \in I_6$.

$$\widetilde{w}: \mathfrak{P}(S) \to \mathbf{R}^+ \text{ mit } \widetilde{w}(E) = 0 + \sum_{E_i \subset E} \widetilde{w}(E_i)$$

wobei   $\widetilde{w}(E_i) = 3/100$ für $i = 1$,     $\widetilde{w}(E_i) = 18/100$ für $i = 4$,
$= 15/100$ für $i = 2$,     $= 13/100$ für $i = 5$,
$= 14/100$ für $i = 3$,     $= 37/100$ für $i = 6$.

Dabei bedeutet $\sum\limits_{E_i \subset E}$ : Man summiert über alle i, für die $E_i \subset E$ gilt.

Wir müssen nun zeigen, daß $\widetilde{w}$ eine Wahrscheinlichkeitsfunktion auf $\mathfrak{P}(S)$ ist. Dazu prüfen wir nach, ob die Bedingungen 3.1 bis 3.3 erfüllt sind.
Bedingung 3.1. Sei $E, F \in \mathfrak{P}(S)$ und $E \cap F = \emptyset$. Dann gilt

$$\widetilde{w}(E \cup F) = \sum_{E_i \subset E \cup F} \widetilde{w}(E_i) + 0 = \sum_{E_i \subset E} \widetilde{w}(E_i) + \sum_{E_i \subset F} w(E_i) + 0,$$

Da $E_i$ entweder nur Teilmenge von E oder Teilmenge von F sein kann, sonst wäre $E \cap F$ nicht leer, folgt

$$\widetilde{w}(E \cup F) = \widetilde{w}(E) + \widetilde{w}(F).$$

Bedingung 3.2. $\widetilde{w}(E)$ ist nach Definition eine Summe nichtnegativer Zahlen.

Bedingung 3.3. $\widetilde{w}(S) = \sum_{i \in I_6} w(E_i) = 1$, da alle $E_i$ Teilmenge von S sind.

Die Frage, ob die relative Häufigkeit w (E) oder das hier eingeführte e x p e r i m e n -
t e l l e  Wahrscheinlichkeitsmaß $\widetilde{w}(E)$ die Eintrittschancen „besser" beschreiben,
bleibt offen. Aus den Versuchsergebnissen könnte man vermuten, daß der Würfel
„gezinkt" ist (z. B. unter der Augenzahl 1 beschwert). Wüßte man dies sicher, so
würde man $\widetilde{w}$ für das bessere Wahrscheinlichkeitsmaß halten. Andererseits könnte der
experimentelle Befund beim Wahrscheinlichkeitsmaß Zufall sein, dann würde sich $\widetilde{w}$
recht schlecht für Voraussagen bewähren. Methoden, mit denen man entscheiden kann,
welches Maß der Wirklichkeit besser entspricht, werden in der mathematischen Statistik
behandelt. Wir können lediglich folgende Bemerkung machen.

**Bemerkung.** Unter der Annahme, daß alle Elementarereignisse gleichwahrscheinlich
sind, folgt die relative Häufigkeit w (E) zwangsläufig als Wahrscheinlichkeitsmaß.
Unter der Annahme, daß die oben definierten Wahrscheinlichkeiten für die Elementarereignisse k o r r e k t  sind, folgt $\widetilde{w}(E)$ als zwangsläufiges Wahrscheinlichkeitsmaß.

Die folgenden Beispiele und Aufgaben dienen dazu, das Rechnen mit der relativen
Häufigkeit als Wahrscheinlichkeitsmaß zu üben.

**Beispiel 3.2.** Wir knüpfen an Beispiel 1.1 an: Ein Wurf wird mit zwei Spielwürfeln ausgeführt, von denen der eine Würfel weiß, der andere schwarz ist.

$$
\begin{aligned}
S &= \left\{ (x, y) \mid x, y \in I_6 \right\} & |S| &= 6^2 = 36, \\
E_1 &= \left\{ (x, y) \mid x = y \right\} & |E_1| &= 6, & w(E_1) &= 1/6, \\
E_2 &= \left\{ (x, y) \mid x + y = 4 \right\} & |E_2| &= 3, & w(E_2) &= 1/12, \\
E_3 &= \left\{ (x, y) \mid y = 6 \right\} & |E_3| &= 6, & w(E_3) &= 1/6.
\end{aligned}
$$

Bei der Berechnung wurde die relative Häufigkeit als Wahrscheinlichkeitsmaß benutzt.
Wir nehmen also an, daß alle Augenzahlpaare gleich wahrscheinlich sind. Als Wahrscheinlichkeitswerte können dann lediglich die Werte 0, 1/6, 2/6, 3/6, 4/6, 5/6, und 1
auftreten, wenn wir e i n e n  Würfel haben; bzw. n/36, $n \in \{0\} \cup I_{36}$ in unserem Beispiel, je nach der Elementeanzahl n von E.

**Beispiel 3.3.** Wir knüpfen an das Verteilungsproblem in Beispiel 2.10 an: 5 ununterscheidbare Objekte „$\bigcirc$" sollen auf 3 Kisten verteilt werden.

Der Stichprobenraum besteht aus allen möglichen Verteilungen:

$$S = \left\{ (a_1, a_2, a_3, a_4, a_5, a_6, a_7); a_i \in \{ \bigcirc, / \} \text{ und } „/" \text{ kommt genau zweimal vor.} \right\}$$

und   $|S| = \binom{7}{2} = 21.$

A  E ist beschrieben durch e: „In die erste Kiste sollen genau zwei Objekte kommen", d. h.

$$E = \left\{ (O, O, /, a_1, a_2, a_3, a_4); a_i \in \{O, /\} \text{ und } / \text{ kommt dabei noch einmal vor.} \right\}$$

und    $|E| = \binom{4}{1} = 4.$

Sind alle Verteilungen gleich wahrscheinlich, so ist w (E) = 4/21.

F ist beschrieben durch f: „In jeder Kiste soll mindestens ein Objekt sein". F bedeutet, daß / weder an erster noch an letzter noch an zwei aufeinanderfolgenden Stellen vorkommen darf (Fig. 3.1).

$$|F| = 6, \qquad w (F) = 6/21, \qquad w (E \cap F) = 2/21.$$

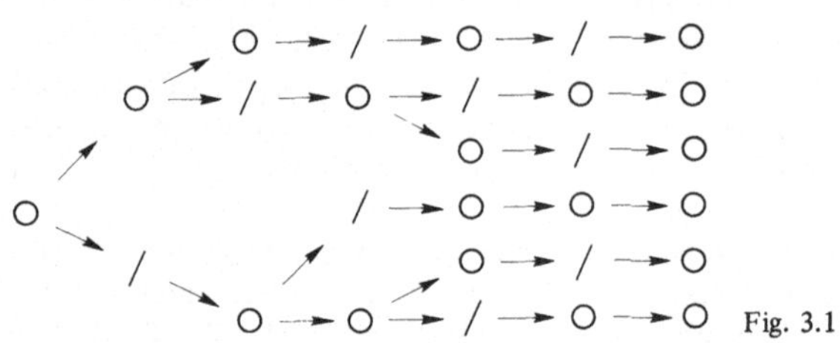

Fig. 3.1

**Aufgabe 3.1.** Setzen Sie Gleichwahrscheinlichkeit der Elementarereignisse voraus und berechnen Sie die Wahrscheinlichkeiten der Ereignisse in Aufgabe 1.1 und 1.3.

**Aufgabe 3.2** (vgl. Beispiel 1.10). **a)** Ein Skatspieler hat in seinen Karten keinen Buben. Er möchte „ohne vier" spielen. Wie groß ist die Wahrscheinlichkeit, daß er in dem Skat (2 Karten)

1. zwei Buben findet?
2. mindestens einen Buben findet?

**b)** Ein Skatspieler möchte „Herz" spielen. Er hat Herz-As, Herz-Acht und Herz-Sieben. Wie groß ist die Wahrscheinlichkeit, daß er

1. in dem Skat kein weiteres Herz mehr findet, daß er
2. zwei weitere Herz findet.

(Buben zählen nicht als Farbe!)

**Aufgabe 3.3** (vgl. Beispiel 2.3: Legotürme der Höhe 4 aus 5 Farben). Aus allen verschiedenen Legotürmen der Höhe 4, die aus 5 verschiedenen Farben zusammengesetzt werden können, wird ein Turm zufällig herausgegriffen. Wie groß ist die Wahrscheinlichkeit, daß der Turm a) einfarbig, b) zweifarbig, c) dreifarbig, d) vierfarbig ist.

Wir wollen nun die Frage weiter verfolgen, welche Wahrscheinlichkeitswerte sich zwangsläufig ergeben, wenn wir die Wahrscheinlichkeiten einiger Ereignisse kennen und ansonsten lediglich fordern, daß es sich dabei um Werte einer Wahrscheinlichkeitsfunktion handeln soll, die für die anderen in Frage stehenden Ereignisse definiert ist.

**Beispiel 3.4. a)** Gegebene Information:

$$E, F \in \mathfrak{P}(S), \qquad w\,(E) = e, \qquad w\,(F) = f, \qquad w\,(E \cap F) = d$$

| Folgerungen | Begründung |
|---|---|
| $w\,(S) = 1, w\,(\emptyset) = 0$ | Gilt stets. |
| $w\,(E') = 1 - e$ <br> $w\,(F') = 1 - f$ | Folgt aus der Additivität, da Ereignis und Gegenereignis sich ausschließen und ihre Summe S ist. |
| $w\,(E' \cup F') = 1 - d$ | $E' \cup F' = (E \cap F)'$ |
| $w\,(E \cap F') = e - d$ <br> $w\,(E' \cap F) = f - d$ | $E = E \cap S = E \cap (F \cup F') = (E \cap F) \cup (E \cap F')$ und $(E \cap F)$ und $(E \cap F')$ schließen sich aus. Die Additivität liefert die eine Folgerung, die andere ergibt sich analog. |
| $w\,(E \cup F) = e + f - d$ | $E \cup F = (E \cap F') \cup (E \cap F) \cup (E' \cap F)$ und die in Klammern gesetzten Ereignisse der rechten Seite schließen sich aus. Additivität und bisherige Folgerungen liefern das Ergebnis. |
| $w\,(E' \cup F) = 1 - e + d$ <br> $w\,(E \cup F') = 1 - f + d$ | $E' \cup F = (E \cap F')'$. <br> $E \cup F' = (E' \cap F)'$. |

Z u s a m m e n f a s s u n g . Ist die Wahrscheinlichkeit für die Ereignisse E, F und $E \cap F$ gegeben, so lassen sich die Wahrscheinlichkeiten der Gegenereignisse $E'$, $F'$ und aller Summen und Produkte aus E, F, $E'$ und $F'$ berechnen.

**b)** Die gegebene Information sei $E, F \in \mathfrak{P}(S)$, $E \subset F$. Dann behaupten wir

$$w\,(E) \leqslant w\,(F).$$

Begründung: Da $E \subset F$, gilt $E \cap F = E$. Ferner: $F = F \cap S = F \cap (E \cup E') = (E \cap F) \cup (E' \cap F)$. Die in Klammer gesetzten Ereignisse der rechten Seite schließen sich gegenseitig aus. Bedingung 1 liefert $w\,(F) = w\,(E \cap F) + w\,(E' \cap F) = w\,(E) + w\,(E' \cap F)$. Da $w\,(E' \cap F)$ nicht negativ ist, ergibt sich die Behauptung.

**Aufgabe 3.4.** Es sei $E, F \in \mathfrak{P}(S)$, $E \cap F = \emptyset$, $w\,(E) = e$, $w\,(F) = f$. Welche Folgerungen für die Wahrscheinlichkeiten anderer Ereignisse können Sie ziehen?

**Aufgabe 3.5.** Sei $E, F \in \mathfrak{P}(S)$ und $w\,(E) = 1$, $w\,(F) = f$. Berechnen Sie: $w\,(E \cap F)$, $w\,(E \cup F)$, $w\,(E' \cap F)$, $w\,(E \cap F')$, $w\,(E' \cup F)$ und $w\,(E \cup F')$.

Wir haben im bisherigen Verlauf bereits festgestellt, daß es auf ein und demselben Stichprobenraum (genauer: seiner Potenzmenge) verschiedene Wahrscheinlichkeitsfunktionen geben kann. Jetzt wollen wir die Frage untersuchen, wie sich eine gegebene Wahrscheinlichkeitsfunktion ändert, falls eine zusätzliche Information über das Eintreten eines Ereignisses vorliegt (vgl. Gesichtspunkt 2 am Anfang dieses Kapitels).

A **Beispiel 3.5.** In einem Raum sind Männer (z. B. 50) und Frauen (z. B. 25). Einige Männer (z. B. 5) und Frauen (z. B. 2) sind farbenblind.

Eine Person wird zufällig herausgegriffen. Wie groß ist die Wahrscheinlichkeit für folgende Ereignisse:

$$E_m = \{ x \mid x \text{ ist ein Mann} \}, \qquad E_m \cap E_b = \{ x \mid x \text{ ist ein farbenblinder Mann} \},$$
$$E_f = \{ x \mid x \text{ ist eine Frau} \}, \qquad E_f \cap E_b = \{ x \mid x \text{ ist eine farbenblinde Frau} \},$$
$$E_b = \{ x \mid x \text{ ist farbenblind} \}.$$

Nehmen wir an, die Auswahl erfolgt so, daß jede Person die gleiche Chance hat, herausgegriffen zu werden, dann können wir die Wahrscheinlichkeiten mit Hilfe der relativen Häufigkeit berechnen.

S ist die Menge aller Personen, d. h. $|S| = 75$, und es gilt

$$w(E_m) = |E_m| / |S| = 2/3, \qquad w(E_m \cap E_b) = |E_m \cap E_b| / |S| = 1/15,$$
$$w(E_f) = |E_f| / |S| = 1/3, \qquad w(E_f \cap E_b) = |E_f \cap E_b| / |S| = 2/75,$$
$$w(E_b) = |E_b| / |S| = 7/75.$$

Ein Beobachter sieht, daß die herausgegriffene Person ein Mann ist. Er fragt sich, wie groß jetzt die Wahrscheinlichkeit dafür ist, daß diese Person farbenblind ist.

Er möchte also die Wahrscheinlichkeit von $E_b$ bestimmen unter der Voraussetzung, daß $E_m$ ein sicheres Ereignis ist. In Zeichen:

$$\overline{w}(E_b \mid E_m) : \text{„Wahrscheinlichkeit von } E_b \text{, vorausgesetzt } E_m \text{ ist sicher“.}$$

Der Querstrich deutet an, daß es sich um ein neues Wahrscheinlichkeitsmaß für das Ereignis $E_b$ handelt.

Zwei Lösungswege bieten sich an:

W e g 1. $E_m$ wird als neuer Stichprobenraum erklärt. Auf diesem Stichprobenraum wird die relative Häufigkeit als Wahrscheinlichkeitsmaß eingeführt, d. h.

$$\overline{w}(E_b \mid E_m) = |E_b \cap E_m| / |E_m| = 5/50 = 1/10.$$

W e g 2. Der Beobachter benützt die bereits berechneten Wahrscheinlichkeiten, d. h.

$$\overline{w}(E_b \mid E_m) = w(E_b \cap E_m)/w(E_m) = \frac{1/15}{2/3} = 1/10.$$

Die Äquivalenz beider Vorgehensweisen ist offensichtlich, denn

$$w(E_b \cap E_m)/w(E_m) = \frac{|E_b \cap E_m| \cdot |S|}{|S| \cdot |E_m|} = |E_b \cap E_m| / |E_m|.$$

Der Vorteil beim zweiten Zugang liegt darin, daß bereits berechnete Wahrscheinlichkeiten zur Bestimmung der neuen Wahrscheinlichkeit ausgenützt werden.

$\overline{w}(E \mid F)$ ist „d i e   d u r c h   F   b e d i n g t e   W a h r s c h e i n l i c h k e i t   v o n   E“, und wir können nun das im Lösungsweg 2 gewonnene Resultat als eine Vereinbarung formulieren, die dann im nächsten Abschnitt in den Rang einer Definition erhoben wird.

B e m e r k u n g. Bei unserer Bestimmung der bedingten Wahrscheinlichkeit sind wir       **A**
von der relativen Häufigkeit als Wahrscheinlichkeitsmaß ausgegangen. Die Vereinbarung
gilt jedoch für j e d e  Wahrscheinlichkeitsfunktion.

**Vereinbarung.** Sei S ein Stichprobenraum und w eine Wahrscheinlichkeitsfunktion auf
der Ereignisalgebra $\mathfrak{P}$ (S) von Ereignissen in S,

$$w: \mathfrak{P}(S) \to \mathbf{R} \qquad \text{mit } E \mapsto w(E) \qquad \text{für } E \in \mathfrak{P}(S)$$

Sei ferner

$$F \in \mathfrak{P}(S) \qquad \text{mit } w(F) \neq 0. \text{ Dann heißt}$$

$$\bar{w}: \mathfrak{P}(S) \to \mathbf{R} \qquad \text{mit } E \mapsto \bar{w}(E|F) = \frac{w(E \cap F)}{w(F)}$$

d i e  d u r c h  F  b e d i n g t e  W a h r s c h e i n l i c h k e i t  v o n  E.

Damit diese Vereinbarung s i n n v o l l ist, müssen wir zeigen, daß $\bar{w}$ eine Wahrscheinlichkeitsfunktion auf $\mathfrak{P}$(S) ist. Dazu prüfen wir wieder die Bedingungen 1 bis 3 nach.
Bedingung 1. Seien $E_1$, $E_2 \in \mathfrak{P}$(S) und $E_1 \cap E_2 = \emptyset$. Dann gilt auch $(E_1 \cap F) \cap (F_2 \cap F)$
$= \emptyset$, und wir erhalten

$$\bar{w}(E_1 \cup E_2|F) = w((E_1 \cup E_2) \cap F)/w(F) = w(E_1 \cap F)/w(F) + w(E_2 \cap F)/w(F)$$
$$= \bar{w}(E_1|F) + \bar{w}(E_2|F).$$

Bedingung 2. $\bar{w}(E|F) = w(E \cap F)/w(F)$ ist nicht negativ und existiert, weil die ur-
sprüngliche Wahrscheinlichkeitsfunktion nichtnegativ und w (F) ungleich null ist.
Bedingung 3. $\bar{w}(S|F) = w(S \cap F)/w(F) = w(F)/w(F) = 1$.

**Bemerkung 1.** Haben wir auf einer Menge von Ereignissen in S eine Wahrscheinlichkeitsfunktion w gegeben, so brauchen wir lediglich irgendein Ereignis dieser Menge herausgreifen und können mit der durch dieses Ereignis bedingten Wahrscheinlichkeit eine
neue Wahrscheinlichkeitsfunktion konstruieren.

**Bemerkung 2.** Auch die ursprüngliche Wahrscheinlichkeitsfunktion w (E) können wir
als bedingte Wahrscheinlichkeitsfunktion auffassen: $\bar{w}(E|S) = w(E \cap S)/w(S) = w(E)$.
w ist daher die durch S bedingte Wahrscheinlichkeitsfunktion. Damit können wir auf
den Querstrich verzichten, indem wir jeweils das sichere Ereignis angeben, unter dessen
Voraussetzung wir die Wahrscheinlichkeit betrachten.

Aufgrund dieser Bemerkung schreibt sich die Vereinbarung:

$$w(E|F) = w(E \cap F|S)/w(F|S)$$

bzw.     $$w(E|F) \cdot w(F|S) = w(E \cap F|S).$$

Später werden wir dies direkt als Definition verwenden.

**Aufgabe 3.6.** Berechnen Sie für Beispiel 3.5 $w(E_b|E_f)$; $w(E_f|E_b)$; $w(E_m|E_b)$.

**Aufgabe 3.7.** Legen Sie die in Beispiel 3.1b definierte Wahrscheinlichkeitsfunktion $\tilde{w}$
zugrunde und setzen Sie $E = \{x | x \text{ ist gerade}\}$ als sicheres Ereignis voraus.

**A**  **a)** Berechnen Sie $\widetilde{w}\,(E_i \mid E)$ für alle $i \in I_6$.
**b)** Charakterisieren Sie diejenigen Ereignisse F, $F \in \mathfrak{P}(S)$, die, vorausgesetzt E ist sicher, selbst sichere Ereignisse sind.
**c)** Charakterisieren Sie diejenigen Ereignisse G, $G \in \mathfrak{P}(S)$, die, vorausgesetzt E ist sicher, unmögliche Ereignisse sind.
**d)** Berechnen Sie $\widetilde{w}\,(\{1, 2, 4\} \mid E)$; $\widetilde{w}(\{2, 3, 6\} \mid E)$; $\widetilde{w}(\{1, 3, 4, 5\} \mid E)$.

**Aufgabe 3.8.** Lösen Sie Aufgabe 3.7, wobei Sie als Wahrscheinlichkeitsfunktion auf $\mathfrak{P}(S)$ die relative Häufigkeit in S zugrunde legen.

**Aufgabe 3.9.** Verwenden Sie Beispiel 1.1 und Aufgabe 1.1. Unter der Annahme, daß alle Elementarereignisse in S gleiche Wahrscheinlichkeit haben, soll berechnet werden:
**a)** $w\,(E_1 \mid E_4)$; $w\,(E_2 \mid E_4)$; $w\,(E_3 \mid E_4)$; $w\,(E_5 \mid E_4)$; $w\,(E_6 \mid E_4)$; $w\,(E_7 \mid E_4)$; $w\,(E_8 \mid E_4)$,
**b)** $w\,(E_4 \mid E_8)$,
**c)** $w\,(E_4 \mid E_7)$.

**Aufgabe 3.10.** Verwenden Sie Beispiel 1.4 und die in Aufgabe 1.6 definierten Ereignisse $E_1$, $E_2$, $E_3$, $E_4$. Unter der Annahme, daß alle Elementarereignisse in S gleiche Wahrscheinlichkeit haben, berechnen Sie
**a)** $w\,(E_1 \mid S)$; $w\,(E_2 \mid S)$; $w\,(E_3 \mid S)$; $w\,(E_4 \mid S)$,
**b)** $w\,(E_1 \mid E_3)$; $w\,(E_3 \mid E_1)$,
**c)** $w\,(\{(W, W)\} \mid S)$; $w\,(\{(S, S)\} \mid S)$. Beachten Sie dabei Aufgabe 1.7 und die hier gemachte Voraussetzung.

**Aufgabe 3.11.** Fig. 3.2 zeigt ein Glücksrad, ähnlich demjenigen in Beispiel 1.5. Das Glücksrad wird zweimal gedreht und die 1. Zahl $z_1$, die 2. Zahl $z_2$ genannt. Diese Zahlenpaare bilden die Resultate und werden aufgeschrieben.

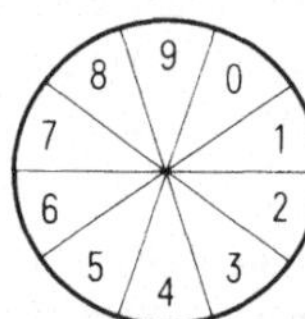

Fig. 3.2

Wie sieht der Stichprobenraum S zu diesem Experiment aus? Unter der Annahme, daß alle Elementarereignisse in S gleiche Wahrscheinlichkeit in S haben, sollen die Wahrscheinlichkeiten zu den folgenden Ereignissen berechnet werden, die auf folgende Weise beschrieben werden.

**a)** $z_1 = 2$,    **g)** $z_1 \neq 8$ und $z_2 \neq 5$,
**b)** $z_2 = 8$,    **h)** $(10z_1 + z_2)$ ist durch 3 ohne Rest teilbar,
**c)** $z_1 < z_2$,    **i)** $(10z_1 + z_2)$ ist durch 3 teilbar mit Rest 1,
**d)** $z_1 \cdot z_2 > 25$,    **k)** $(10z_1 + z_2)$ ist durch 3 teilbar mit Rest 2,
**e)** $z_1 + z_2 > 10$,    **l)** $(10z_1 + z_2)$ ist eine Zahl mit genau 3 Primteilern,
**f)** $z_1 = z_2$,    **n)** $(10z_1 + z_2)$ ist eine Zahl mit genau 2 Primteilern.

## 3.2. Axiomatischer Aufbau der Wahrscheinlichkeitsrechnung     B

Die in Abschn. 3.1 vorbereiteten Begriffe werden nun im Rahmen eines axiomatischen Aufbaus präzisiert.

**Axiomensystem** e i n e s  W a h r s c h e i n l i c h k e i t s r a u m s. Sei S eine nichtleere Menge, $\mathfrak{E}$ eine nichtleere Teilmenge der Potenzmenge von S, $\mathfrak{E} \subset \mathfrak{P}(S)$ und w eine Funktion w: $\mathfrak{E} \to \mathbf{R}$. Dann heißt das Tripel (S, $\mathfrak{E}$, w) ein  W a h r s c h e i n l i c h k e i t s - r a u m, falls die folgenden Bedingungen erfüllt sind.

**Axiom 3.1.** $\mathfrak{E}$ ist eine Mengenalgebra, d. h.
a) Für alle $E \in \mathfrak{E}$ gilt $E' \in \mathfrak{E}$.
b) Für alle E und F mit E, $F \in \mathfrak{E}$ gilt $E \cap F \in \mathfrak{E}$ und $E \cup F \in \mathfrak{E}$.

**Axiom 3.2.** w ist auf $\mathfrak{E}$ normiert, nichtnegativ und (endlich) additiv, d. h.
a) w (S) = 1.
b) Für alle $E \in \mathfrak{E}$ gilt w (E) $\geqslant 0$.
c) Für alle E, $F \in \mathfrak{E}$, $E \cap F = \emptyset$ gilt w (E $\cup$ F) = w (E) + w (F).

B e z e i c h n u n g e n. S heißt  S t i c h p r o b e n r a u m, $\mathfrak{E}$ heißt  E r e i g n i s - a l g e b r a, die Elemente von E heißen E r e i g n i s s e  und w heißt  W a h r s c h e i n - l i c h k e i t s f u n k t i o n.

**Satz 3.1.** Sei (S, $\mathfrak{E}$, w) ein Wahrscheinlichkeitsraum, dann gilt

a) $\emptyset, S \in \mathfrak{E}$   b) w ($\emptyset$) = 0.

B e w e i s. Da $\mathfrak{E}$ nichtleer ist, gibt es mindestens ein $E \in \mathfrak{E}$. Aus Axiom 3.1a folgt $E' \in \mathfrak{E}$ und aus Axiom 3.1b $E \cap E' = \emptyset \in \mathfrak{E}$ und $E \cup E' = S \in \mathfrak{E}$. Da $\emptyset, S \in \mathfrak{E}$, kann wegen $S \cap \emptyset = \emptyset$ und $S \cup \emptyset = S$ Axiom 3.2c angewandt werden. Es ergibt sich w (S) = w (S $\cup \emptyset$) = w (S) + w ($\emptyset$). Daraus folgt w ($\emptyset$) = 0.

**Bemerkung.** Mit $\mathfrak{E} = \left\{ S, \emptyset \right\}$ ist die „kleinste" Ereignisalgebra gefunden, und (S, $\left\{ S, \emptyset \right\}$, w) mit w (S) = 1 und w ($\emptyset$) = 0 ist ein Wahrscheinlichkeitsraum, der alle Axiome erfüllt. Damit ist – durch Angabe eines Modells – bereits die Widerspruchsfreiheit des Axiomensystems gezeigt. Satz 3.2 gibt für endliche Stichprobenräume einen nichttrivialen Wahrscheinlichkeitsraum an, der durch die relative Häufigkeit als Wahrscheinlichkeitsfunktion erzeugt wird.

**Satz 3.2.** Sei $S \neq \emptyset$, S endlich, d. h. $|S| = n$, $n \in \mathbf{N}$. Dann ist (S, $\mathfrak{P}(S)$, w) ein Wahrscheinlichkeitsraum, falls

$$w: \mathfrak{P}(S) \to \mathbf{R} \qquad \text{mit } E \mapsto \frac{|E|}{|S|}.$$

B e w e i s. Wir müssen die Gültigkeit der Axiome 3.1 und 3.2 zeigen.
a) $\mathfrak{P}(S)$ ist nach Abschn. 1.2 eine Mengenalgebra.
b) w ist eine Abbildung von $\mathfrak{P}(S)$ in $\mathbf{R}$, und es gilt:

B

1. $w(S) = \dfrac{|S|}{|S|} = 1,$

2. $w(E) = \dfrac{|E|}{|S|} \geqslant 0$, da $|S|$ und $|E|$ nichtnegativ sind und $|S| \neq 0$.

3. Falls $E \cap F = \emptyset$, so folgt aus Satz 2.1

$$w(E \cup F) = \frac{|E \cup F|}{|S|} = \frac{|E| + |F|}{|S|} = w(E) + w(F).$$

**Bemerkung.** $w(E) = |E|/|S|$ heißt r e l a t i v e   H ä u f i g k e i t  von E in S. Ist $E_i$ ein Elementarereignis auf $\mathfrak{P}(S)$, so ist $w(E_i) = 1/|S|$. Umgekehrt: Setzt man Gleichwahrscheinlichkeit der Elementarereignisse voraus, so ergibt sich die relative Häufigkeit zwangsläufig als Wahrscheinlichkeitsfunktion (vgl. Abschn. 3.1).

**Satz 3.3.** Sei $(S, \mathfrak{E}, w)$ ein Wahrscheinlichkeitsraum. Dann gilt für alle $E \in \mathfrak{E}$:
a) $w(E') = 1 - w(E)$,
b) $0 \leqslant w(E) \leqslant 1$,
c) Falls $E \subset F$ und $F \in \mathfrak{E}$, so folgt $w(E) \leqslant w(F)$.

B e w e i s : a) Mit $E \in \mathfrak{E}$ ist nach Axiom 3.1a $E' \in \mathfrak{E}$. Es gilt $E \cap E' = \emptyset$ und $E \cup E' = S$. Axiom 3.2c liefert $w(E) + w(E') = w(S) = 1$ (Axiom 3.2a).
b) Ergibt sich unmittelbar aus a), indem Axiom 3.2b auf $w(E')$ angewendet wird.
c) Mit $E, F \in \mathfrak{E}$ ist nach Axiom 3.1 auch $E \cap F, E' \cap F \in \mathfrak{E}$. Mit Hilfsmitteln der Mengenalgebra überzeugt man sich von der Richtigkeit der Aussagen

$$E \subset F \iff E \cap F = E$$

und    $F = E \cup (E' \cap F),$    wobei $E \cap (E' \cap F) = \emptyset$.

Axiom 3.2c und 3.2b ergeben dann:

$$w(F) = w(E) + w(E' \cap F) \geqslant w(E).$$

**Satz 3.4.** Sei $(S, \mathfrak{E}, w)$ ein Wahrscheinlichkeitsraum.
a) Liegen die Ereignisse $E_i$, $i \in I_n$, $E_i \in \mathfrak{E}$, so folgt

$$(1) \qquad \sup_{i \in I_n} E_i = \bigcup_{i \in I_n} E_i \in \mathfrak{E}$$

$$(2) \qquad \inf_{i \in I_n} E_i = \bigcap_{i \in I_n} E_i \in \mathfrak{E}.$$

b) Schließen sich die Ereignisse $E_i$ gegenseitig aus, d. h. $E_i \cap E_j = \emptyset$ für $i \neq j$, so gilt

$$w\left(\sup_{i \in I_n} E_i\right) = \sum_{i \in I_n} w(E_i)$$

Satz 3.4 folgt durch vollständige Induktion aus den entsprechenden Aussagen für zwei Mengen in den Axiomen 3.1b und 3.2c.

Mit Satz 3.4 haben wir die Additivität auf n-gliedrige Summen ausgedehnt, sofern sich die Summanden gegenseitig ausschließen.

**Aufgabe 3.12.** In einem Wahrscheinlichkeitsraum $(S, \mathfrak{E}, w)$ bilden die Ereignisse $E_1$, $E_2$, $\ldots$, $E_n$ ein vollständiges System in S (s. Definition 1.7). Berechnen Sie die Wahrscheinlichkeiten von

a) $(E_1 \cup E_2) \backslash \bigcup\limits_{i=3}^{n} E_i,$

b) $\bigcap\limits_{i=1}^{5} E_i,$

c) $\left( \bigcup\limits_{i=5}^{n} E_i \right) \backslash \left( \bigcup\limits_{i=1}^{6} E_i \right),$

d) $\left( \sup\limits_{i \in I_n} E_i \right), \left( \inf\limits_{i \in I_n} E_i \right)$

e) $F_1 = E_1 \cup E_2 \cup E_3$
$F_2 = E_2 \cup E_3 \cup E_5$
$F_3 = E_1 \cup E_2 \cup E_6$

f) $(F_1 \cup F_2)'$, $(F_2 \cap F_3)'$, $\left( \bigcup\limits_{i=1}^{3} F_i \right)'.$

**Aufgabe 3.13.** Sei $(S, \mathfrak{P}(S), w)$ ein Wahrscheinlichkeitsraum, wobei $E_1$, $E_2$, $\ldots$, $E_n$ eine Folge von Elementarereignissen ist, die ein vollständiges System in S bilden. Sei w definiert durch $w(E_i) = \left( \dfrac{1}{2} \right)^i$, $i = 1, 2, \ldots, (n-1)$; $w(E_n) = \left( \dfrac{1}{2} \right)^{n-1}$.

**a)** Verifizieren Sie, daß w eine Wahrscheinlichkeitsfunktion auf S ist.
**b)** Berechnen Sie für die folgenden Ereignisse die Wahrscheinlichkeiten:

$$F = \bigcup\limits_{i=1}^{m} E_i, \; F'; \qquad \bigcup\limits_{i=1}^{m} E_i', \; \bigcap\limits_{i=1}^{m} E_i'; \qquad \left( \bigcup\limits_{i=1}^{k} E_i \right) \backslash \left( \bigcup\limits_{i=k-5}^{n} E_i \right), \; \text{wobei } m < n.$$

**Satz 3.5.** Sei $(S, \mathfrak{E}, w)$ ein Wahrscheinlichkeitsraum, dann gilt für alle $E, F \in \mathfrak{E}$

$$w(E \cup F) = w(E) + w(F \cap E')$$
$$= w(E) + w(F) - w(E \cap F).$$

B e w e i s. Es gilt $E \cup (F \cap E') = E \cup F$ und $E \cap (F \cap E') = \emptyset$. Aus der Additivität folgt: $w(E \cup F) = w(E) + w(F \cap E')$. Weiterhin gilt: $F = (E' \cap F) \cup (E \cap F)$, wobei sich die Summanden ausschließen. Die Additivität liefert $w(F \cap E') = w(F) - w(E \cap F)$.

**Aufgabe 3.14.** Wir nehmen Bezug auf Aufgabe 3.12 und betrachten die Ereignisse $F_1$, $F_2$, $F_3$. Berechnen Sie
a) $w(F_1 \cup F_2)$ als Illustration zu Satz 3.5.
b) $w(F_1 \cap F_3)$ als Illustration zu Satz 3.5.

Wir wollen nun Satz 3.5 verallgemeinern.

**Satz 3.6** (A d d i t i o n s s a t z   d e r   W a h r s c h e i n l i c h k e i t s r e c h n u n g).
Sei $(S, \mathfrak{E}, w)$ ein Wahrscheinlichkeitsraum, und seien $E_i$, $i \in I_n$, n Ereignisse aus $\mathfrak{E}$. Dann gilt

$$w\left( \sup\limits_{i \in I_n} E_i \right) = w(E_1) + w(E_2 \cap E_1') + w(E_3 \cap E_1' \cap E_2') +$$
$$+ \ldots + w(E_n \cap \inf\limits_{i \in I_{n-1}} E_i').$$

B e w e i s. Die Grundlagen für diesen Beweis wurden bereits in Satz 1.15 bereitgestellt. Danach gilt

$$\sup_{i \in I_n} E_i = E_1 \cup \sum_{i=2}^{n} (E_i \setminus \sup_{j \in I_{i-1}} E_j).$$

Mit der Definition der Differenzmenge und Satz 1.12 folgt

$$\sup_{i \in I_n} E_i = E_1 \cup \sum_{i=2}^{n} (E_i \cap \inf_{j \in I_{i-1}} E_j').$$

Nach Satz 3.4 gehört die Summe auf der rechten Seite zu $\mathfrak{E}$. Weiterhin schließen sich die Summanden auf der rechten Seite nach Satz 1.15 gegenseitig aus. Die Aussage des Satzes ergibt sich dann durch Anwendung der Additivität auf die gewonnene Formel.

**Beispiel 3.6.** Für die Ereignisse E, F, G gilt nach Satz 3.6 (vgl. Fig. 3.3)

$$w(E \cup F \cup G) = w(E) + w(F \cap E') + w(G \cap E' \cap F').$$

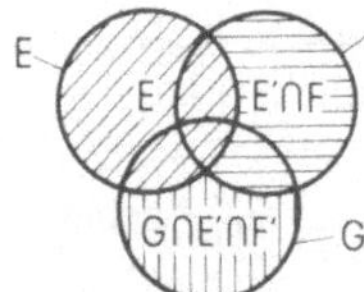

Fig. 3.3  Venn-Diagramm

**Beispiel 3.7** (Anwendungsbeispiel zu Satz 3.6). In einer Urne seien k Kugeln. Genau eine ist weiß, alle anderen sind schwarz. Nacheinander werden n Kugeln herausgegriffen. Nach jedem Versuch wird die herausgegriffene Kugel zurückgelegt.

Wie groß ist die Wahrscheinlichkeit, daß mindestens eine der herausgegriffenen Kugeln weiß ist?

Wir numerieren die Kugeln von 1 bis k. Die weiße Kugel bekommt dabei irgendeine feste Nummer. Für jeden Versuch besteht dann der Stichprobenraum S aus den Zahlen von 1 bis k. Für das Experiment aus n Versuchen ergibt sich als Stichprobenraum

$$S^n = \left\{ (i_1, i_2, \ldots, i_n), i_j \in I_k \right\} = \underbrace{S \times S \times \ldots \times S}_{n \text{ mal}}$$

Wird $E_i$ gegeben durch $e_i$: „Die Kugel ist im i-ten Versuch weiß", dann behaupten wir:

$$w(E_1 \cup E_2 \cup E_3 \cup \ldots \cup E_n) = w\left( \sup_{i \in I_n} E_i \right) = w_0 = 1 - (k-1)^n / k^n$$

L ö s u n g s w e g  1. Nach dem Additionssatz ist

$$w_0 = w(E_1) + w(E_2 \cap E_1') + w(E_3 \cap E_1' \cap E_2') + \ldots + w\left(E_n \cap \inf_{i \in I_{n-1}} E_i\right).$$

Mit kombinatorischen Mitteln berechnen wir (Gleichwahrscheinlichkeit in $S^n$ vorausgesetzt):

$$w\,(E_1) = 1 \cdot k^{n-1}/k^n = 1/k,$$

$$w\,(E_2 \cap E_i) = (k-1) \cdot 1 \cdot k^{n-2}/k^n = (k-1)/k^2,$$

$$\vdots$$

$$w\,(E_j \cap \inf_{i \in I_{j-1}} E_i') = (k-1)^{j-1} \cdot 1 \cdot k^{n-j}/k^n = (k-1)^{j-1}/k^j,$$

$$\vdots$$

$$w\,(E_n \cap \inf_{i \in I_{n-1}} E_i') = (k-1)^{n-1}/k^n.$$

Damit ergibt sich

$$w_0 = 1/k \cdot (1 + (k-1)/k + (k-1)^2/k^2 + \ldots + (k-1)^{n-1}/k^{n-1}).$$

Sei $(k-1)/k = a$. Dann ist $a < 1$. Mit der dann anwendbaren Formel

$$1 + a + a^2 + \ldots + a^{n-1} = (1 - a^n)/(1 - a)$$

ergibt sich nach elementarer Umrechnung

$$w_0 = 1 - (k-1)^n/k^n.$$

L ö s u n g s w e g  2 (ohne Additionsgesetz). Berücksichtigt man, daß $\inf_{i \in I_n} E_i'$ das Gegenereignis zu $\sup_{i \in I_n} E_i$ ist und daß

$$w\,(\inf_{i \in I_n} E_i') = (k-1)^n/k^n,$$

so folgt unmittelbar $w_0 = 1 - (k-1)^n/k^n$.

In Abschn. 3.1 haben wir bereits den Begriff der bedingten Wahrscheinlichkeit vorbereitet.

**Definition 3.1.** Sei $(S, \mathfrak{E}, w)$ ein Wahrscheinlichkeitsraum und $F \in \mathfrak{E}$ mit $w\,(F) > 0$, dann heißt

$$w\,(\ldots \mid F): \mathfrak{E} \to \mathbf{R} \qquad \text{mit} \qquad E \mapsto w\,(E \mid F) = w\,(E \cap F)/w\,(F)$$

die  d u r c h  F  b e d i n g t e  W a h r s c h e i n l i c h k e i t  v o n  E  mit der Schreibweise:

$$w\,(E \mid F)$$

und der Sprechweise:

„Wahrscheinlichkeit von E vorausgesetzt F ist sicher".

Wir überzeugen uns zunächst davon, daß auch $w\,(\ldots \mid F)$ eine Wahrscheinlichkeitsfunktion ist, d. h. daß $(S, \mathfrak{E}, w\,(\ldots \mid F))$ ebenfalls ein Wahrscheinlichkeitsraum ist.

**Satz 3.7.** Ist $(S, \mathfrak{E}, w)$ ein Wahrscheinlichkeitsraum und $F \in \mathfrak{E}$ mit $w\,(F) > 0$, dann ist auch $(S, \mathfrak{E}, w\,(\ldots \mid F))$ ein Wahrscheinlichkeitsraum.

B e w e i s. Es bleibt lediglich Axiom 3.2 zu überprüfen.

**B**  a) $w(S|F) = w(S \cap F)/w(F) = w(F)/w(F) = 1$, da $S \cap F = F$.

b) $w(E|F) \geqslant 0$, da $w(F) > 0$ und $w(E \cap F) \geqslant 0$ gilt.

c) Sei $E_1 \cap E_2 = \emptyset$. Dann gilt auch $(E_1 \cap F) \cap (E_2 \cap F) = \emptyset$ und $(E_1 \cap F) \cup (E_2 \cap F) = (E_1 \cup E_2) \cap F$. Daraus folgt

$$w(E_1 \cup E_2/F) = w((E_1 \cup E_2) \cap F)/w(F) = w((E_1 \cap F) \cup (E_2 \cap F))/w(F)$$
$$= w(E_1 \cap F)/w(F) + w(E_2 \cap F)/w(F)$$
$$= w(E_1|F) + w(E_2|F).$$

**Bemerkung.** Die ursprüngliche Wahrscheinlichkeitsfunktion $w$ kann auch als durch $S$ bedingte Wahrscheinlichkeitsfunktion aufgefaßt werden, d. h. $w = w(\ldots|S)$, denn $w(E|S) = w(E \cap S)/w(S) = w(E)/1 = w(E)$.

Um auf diesen Sonderfall nicht immer hinweisen zu müssen, werden wir in Zukunft in Fällen, in denen es zur Klarheit beiträgt für $w(E)$ auch $w(E|S)$ schreiben.

Wir können nun den Multiplikationssatz der Wahrscheinlichkeitsrechnung beweisen.

**Satz 3.8** (M u l t i p l i k a t i o n s s a t z   d e r   W a h r s c h e i n l i c h k e i t s r e c h - n u n g). Sei $(S, \mathfrak{E}, w)$ ein Wahrscheinlichkeitsraum und seien $E_i$, $i \in I_n$, n Ereignisse aus $\mathfrak{E}$. Dann gilt, falls alle auftretenden bedingten Wahrscheinlichkeiten definiert sind:

$$w(\inf_{i \in I_n} E_i/S) = w(E_1/S) \cdot w(E_2/E_1) \cdot w(E_3/E_1 \cap E_2) \ldots w(E_n/\inf_{i \in I_{n-1}} E_i).$$

B e w e i s (vollständige Induktion). Für $n = 1$ gilt $w(E_1/S) = w(E_1/S)$ und für $n = 2$ gilt $w(E_1 \cap E_2/S) = w(E_1/S) \cdot w(E_2/E_1)$ (nach der Definition der bedingten Wahrscheinlichkeit). Sei die Aussage für n richtig. Wir folgern dann die Aussage für $n + 1$:

$$w(\inf_{i \in I_{n+1}} E_i/S) = w(\inf_{i \in I_n} E_i \cap E_{n+1}/S)$$
$$= w(\inf_{i \in I_n} E_i/S) \cdot w(E_{n+1}/\inf_{i \in I_n} E_i)$$

Das letzte Gleichheitszeichen gilt nach Definition der bedingten Wahrscheinlichkeit. Mit der Induktionsannahme für den ersten Faktor der rechten Seite folgt die Aussage für $n + 1$ und damit Satz 3.8.

Die in der Formel auftretenden bedingten Wahrscheinlichkeiten sind definiert, falls $w(\inf_{i \in I_k} E_i/S) > 0$ für alle $k < n$. Ist diese Bedingung verletzt, so folgt $w(\inf_{i \in I_n} E_i/S) = 0$.

Wir erinnern an die Definition 1.7 eines vollständigen Systems von Ereignissen in einem Stichprobenraum S. $\{E_i: E_i \subset S, i \in I_n\}$ heißt v o l l s t ä n d i g e s   E r e i g n i s - s y s t e m   in S, falls

(1)      $E_i \neq \emptyset$      für alle $i \in I_n$,

(2)      $\sup_{i \in I_n} E_i = S$,

(3)      $E_i \cap E_j = \emptyset$      für $i \neq j$, $i, j \in I_n$.

**Definition 3.2.** Die Wahrscheinlichkeiten eines vollständigen Ereignissystems nennt man $\mathsf{B}$ eine W a h r s c h e i n l i c h k e i t s v e r t e i l u n g (kurz Verteilung).

Vom mathematischen Standpunkt aus kann jede endliche Folge nichtnegativer Zahlen $\{w_i\}$ $i = 1, \ldots, n$, für die $\sum_{i=1}^{n} w_i = 1$, als eine Wahrscheinlichkeitsverteilung betrachtet werden.

**Satz 3.9.** Sei $(S, \mathfrak{E}, w)$ ein Wahrscheinlichkeitsraum und $\{E_i \mid E_i \in \mathfrak{E}, i \in I_n\}$ ein vollständiges Ereignissystem in S, dann gilt für $E \in \mathfrak{E}$:

$$w(E \mid S) = \sum_{i \in I_n'} w(E \cap E_i / S) = \sum_{i \in I_n'} w(E_i \mid S) \cdot w(E \mid E_i),$$

wobei $\quad I_n' = I_n \setminus \{i \in I_n \mid w(E_i \mid S) = 0\}$.

B e w e i s. $S = \sup_{i \in I_n} E_i$ und $E \cap S = E \cap \sup_{i \in I_n} E_i = \sup_{i \in I_n} (E \cap E_i) = E$.

Da sich die Ereignisse $E_i$ paarweise ausschließen, folgt aus der Additivität

$$w(E \mid S) = \sum_{i = I_n}^{n} w(E \cap E_i / S).$$

Ist $w(E_i \mid S) = 0$, so ist auch $w(E \cap E_i \mid S) = 0$, da $E \cap E_i \subset E_i$. Über diese Indizes braucht die Summe nicht erstreckt zu werden. Für $w(E_i \mid S) > 0$ gilt $w(E \cap E_i / S) = w(E_i / S) \cdot w(E / E_i)$ nach der Definition der bedingten Wahrscheinlichkeit.

**Bemerkung.** Mit diesem Satz können wir die Wahrscheinlichkeit eines Ereignisses E in S berechnen, falls wir die Wahrscheinlichkeiten eines vollständigen Ereignissystems in S kennen und die Wahrscheinlichkeiten von E bedingt durch die Ereignisse des Systems bestimmen können. Wir illustrieren mit einem Anwendungsbeispiel.

**Beispiel 3.8** (Anwendung zu Satz 3.9). Gegeben seien 5 Urnen. In den Urnen 1 und 2 seien jeweils 2 weiße und 1 schwarze Kugel, in den Urnen 3 und 4 seien je 3 weiße und 1 schwarze Kugel und in der Urne 5 seien 10 schwarze Kugeln.

Es werde zufällig eine Urne und daraus eine Kugel gewählt. Wie groß ist die Wahrscheinlichkeit, daß die Kugel weiß ist?

L ö s u n g. Das Ereignis $U_i$ wird beschrieben durch $u_i$: „Die Kugel stammt aus der Urne i". Ferner ist $S = U_1 \cup U_2 \cup U_3 \cup U_4 \cup U_5 \cdot$ Die Ereignisse $U_i$ sind ein vollständiges System von S. Es gilt $w(U_i \mid S) = 1/5$ für alle $i \in I_5$.

E wird beschrieben durch e: „Die Kugel ist weiß". Es gilt dann:

$$w(E \mid U_1) = w(E \mid U_2) = 2/3, \qquad w(E \mid U_3) = w(E \mid U_4) = 3/4, \qquad w(E \mid U_5) = 0.$$

Mit Satz 3.9 folgt:

$$w(E \mid S) = \frac{2 \cdot 1}{3 \cdot 5} + \frac{2 \cdot 1}{3 \cdot 5} + \frac{3 \cdot 1}{4 \cdot 5} + \frac{3 \cdot 1}{4 \cdot 5} + 0 = \frac{17}{30}.$$

Zum nächsten Satz führt die folgende Fragestellung: Beim oben beschriebenen Experiment wird eine weiße Kugel herausgegriffen. Wie groß ist die Wahrscheinlichkeit, daß

B sie aus Urne 1 stammt? D. h., es soll $w(U_1 \mid E)$ berechnet werden. Es gilt

$$w(U_1 \mid E) = w((U_1 \cap E) \mid S)/w(E \mid S) = w(U_1 \mid S) \cdot w(E \mid U_1)/w(E \mid S)$$

$$= \frac{1}{5} \cdot \frac{2}{3} \Big/ \frac{17}{30} = \frac{4}{17}.$$

Die zuletzt angewandte Formel heißt die Formel von Bayes (vgl. Satz 3.10).
Satz 3.9 läßt sich leicht auf die folgende Form erweitern.

**Satz 3.9a.** Im Wahrscheinlichkeitsraum $(S, \mathfrak{E}, w)$ seien $E_1, E_2, \ldots, E_n$ und $F_1, F_2, \ldots,$
$F_m$ je zwei vollständige Ereignissysteme aus $\mathfrak{E}$ mit $w(E_i \mid S) \neq 0$ für $i = 1, 2, \ldots n$ und
$w(E_i \cap F_j \mid S) \neq 0$ für $i = 1, 2, \ldots n$ und $j = 1, 2, \ldots m$. Dann gilt für jedes Ereignis
$E \in \mathfrak{E}$

$$w(E \mid S) = \sum_{i=1}^{n} \sum_{j=1}^{m} w(E_i \mid S) \cdot w(F_j \mid E_i) \cdot w(E \mid E_i \cap F_j).$$

Der B e w e i s dieses Satzes soll in Aufgabe 3.24 ausgeführt werden.

**Satz 3.10** (F o r m e l  v o n  B a y e s). Sei $(S, \mathfrak{E}, w)$ ein Wahrscheinlichkeitsraum und
$\{E_i \mid E_i \in \mathfrak{E}, i \in I_n\}$ ein vollständiges Ereignissystem in $S$, dann gilt für $E \in \mathfrak{E}$ mit
$w(E \mid S) > 0$ und für alle $i$ mit $w(E_i \mid S) > 0$

$$w(E_i \mid E) = \frac{w(E_i \mid S) \cdot w(E \mid E_i)}{\sum\limits_{j \in I_n'} w(E_j \mid S) \cdot w(E \mid E_j)} \ , \ I_n' = I_n \setminus \{k \in I_n \mid w(E_k \mid S) = 0\}$$

B e w e i s. $w(E_i \mid E) \cdot w(E \mid S) = w(E \cap E_i \mid S)$ nach Definition der bedingten Wahrscheinlichkeit. Dann ist (nach den Voraussetzungen von Satz 3.10)

$$w(E_i \mid E) = \frac{w(E_i \mid S) \cdot w(E \mid E_i)}{w(E \mid S)}.$$

Wendet man Satz 3.9 auf den Nenner dieses Ausdrucks an, so ergibt sich die Formel
von Bayes.

**Aufgabe 3.15.** In einem Großunternehmen soll vom Verwaltungsrat ein neuer General-
direktor gewählt werden. Es stehen 4 Direktoren $D_1, D_2, D_3, D_4$ in Konkurrenz. Die
Wahrscheinlichkeiten, daß sie gewählt werden, seien

$$w(D_1) = 0,3 \qquad w(D_2) = 0,2 \qquad w(D_3) = 0,4 \qquad w(D_4) = 0,1.$$

Die erste Aufgabe des neuen Generaldirektors könnte die „Einführung der Mitarbeiteraktie" (Ereignis M) sein. Die Wahrscheinlichkeiten der Einführung der Mitarbeiteraktie
ist je nach Wahl verschieden.

$$w(M/D_1) = 0,35 \qquad w(M/D_2) = 0,85 \qquad w(M/D_3) = 0,45 \qquad w(M/D_4) = 0,15.$$

Wie groß ist die Wahrscheinlichkeit, daß die Mitarbeiteraktie im Unternehmen eingeführt
wird?

**Aufgabe 3.16.** Eine Werkzeugmaschine für Stahlbohrer liefert drei Qualitäten $Q_1, Q_2,$

$Q_3$, die in folgender Weise beschrieben werden: $q_1$: Bohrer höchster Qualität, $q_2$: Bohrer **B** mittlerer Qualität, $q_3$: Ausschuß.

Diese Bohrer werden in eine Bohrmaschine eingespannt, meistens auf gekonnte Art „$E_1$", aber manchmal auch auf nicht gekonnte Art „$E_2$". Nach dem Einspannen werden die Löcher gebohrt in perfekter Art „L" bzw. in nicht perfekter Art „NL". Der Baum in Fig. 3.4 zeigt die zugehörigen Wahrscheinlichkeiten.

Wie groß ist die Wahrscheinlichkeit, daß mit Bohrern der erwähnten Werkzeugmaschine perfekte Löcher gebohrt werden?

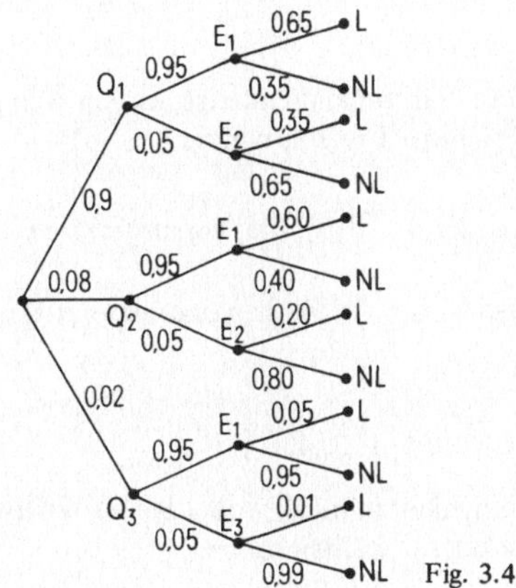

Fig. 3.4

**Aufgabe 3.17.** In einer Fabrik erzeugen 5 Maschinen das gleiche Produkt mit folgender Tagesproduktion: Maschine $M_1$: 2000 Stück, Maschine $M_2$: 2400 Stück, Maschine $M_3$: 3600 Stück, Maschine $M_4$: 4000 Stück, Maschine $M_5$: 4500 Stück.

Diese Maschinen produzieren erfahrungsgemäß auch „Ausschuß-Stücke" nämlich $M_1$: 1%, $M_2$: 1/2%, $M_3$: 1/4%, $M_4$: 3/4%, $M_5$: 1% der Tagesproduktion.

Wir wählen nun ein beliebiges Ausschuß-Stück aus. Wie groß ist die Wahrscheinlichkeit, daß dieses von Maschine $M_4$ stammt?

**Aufgaben**

**3.18.** Lösen Sie Aufgabe 2.5, formulieren Sie die Fragestellungen als Ereignisse in einem geeigneten Stichprobenraum und berechnen Sie deren Wahrscheinlichkeiten.

**3.19.** Formulieren Sie für Beispiel 2.6 jeweils die Aufgabestellungen b), c) und d) als Ereignisse in geeigneten Stichprobenräumen (entsprechend dem Musterbeispiel d), das im Text schon umformuliert ist). Setzen Sie Gleichwahrscheinlichkeit der Elementarereignisse voraus und berechnen Sie

a) die Wahrscheinlichkeit dafür, daß ein zufällig herausgegriffenes Element des jeweiligen Stichprobenraums einer Zimmerverteilung entspricht, die in der Pension realisierbar ist.

**B** **b)** die Wahrscheinlichkeit dafür, daß bei einer möglichen Zimmerverteilung Person A auf Zimmer $z_1$ kommt. $z_1$ soll bei Aufgabenstellung b) und d) ein spezielles Einzelzimmer, bei Aufgabenstellung c) ein spezielles Doppelzimmer sein.

**3.20.** Im Gitter (Beispiel 2.9) sei S die Menge aller Wege aus 8 Schritten. Das Ereignis $P_i$ sei beschrieben durch: „Der Weg berührt den Punkt $P_i$". Gegeben sind die Punkte
$P_1 = (2,2)$,   $P_2 = (3,1)$,   $P_3 = (1,3)$,   $P_4 = (4,4)$,   $P_5 = (5,3)$.
Berechnen Sie
**a)** $w\,(P_i \,|\, S)$, $i \in I_5$,
**b)** $w\,(P_i \cap P_j \,|\, S)$, $i = 1, 2, 3$ und $j = 4, 5$,
**c)** $w\,(P_i \,|\, P_j)$, $i, j \in I_5$.

**3.21.** Legen Sie die in Beispiel 3.1 definierte Wahrscheinlichkeitsfunktion $\tilde{w}$ zugrunde und setzen Sie $E = \left\{\, x \,|\, x \text{ ist ungerade}\, \right\}$ als sicheres Ereignis voraus.
**a)** Berechnen Sie $\tilde{w}\,(E_i \,|\, E)$ für alle $i \in I_6$.
**b)** Charakterisieren Sie diejenigen Ereignisse F, $F \in \mathfrak{P}(S)$, die, vorausgesetzt E ist sicher, selbst sichere Ereignisse sind.
**c)** Charakterisieren Sie diejenigen Ereignisse G, $G \in \mathfrak{P}(S)$, die vorausgesetzt E ist sicher, unmögliche Ereignisse sind.
**d)** Berechnen Sie

$$\tilde{w}\,(\left\{1, 2, 4\right\} \,|\, E), \quad \tilde{w}(\left\{2, 3, 6\right\} \,|\, E), \quad \tilde{w}\,(\left\{1, 3, 4, 6\right\} \,|\, E).$$

**e)** Berechnen Sie die bedingten Wahrscheinlichkeiten in d), wobei Sie als Wahrscheinlichkeitsfunktion die relative Häufigkeit $w$ statt $\tilde{w}$ wählen sollen.

**3.22.** Eine Gruppe von gleich vielen Jungen und Mädchen wird befragt, ob sie sich bei irgendeinem Film, den sie in letzter Zeit im Fernsehen angesehen haben, gefürchtet haben. 25% der Jungen und 44% der Mädchen antworten mit „ja". Ein Kind wird zufällig ausgewählt.

E wird beschrieben durch: „es hat sich gefürchtet",
J durch: „es ist ein Junge",
M durch: „es ist ein Mädchen"

Berechnen Sie die folgenden Wahrscheinlichkeiten:

$w\,(E \,|\, S), \qquad w\,(M \,|\, E), \qquad w\,(M \,|\, E'), \qquad w\,(J \,|\, E'), \qquad w\,(J \,|\, E).$

**3.23.** Gegeben sind 5 Urnen. In zwei Urnen sind 2 weiße und 3 schwarze Kugeln (Inhalt $A_1$), in zwei Urnen sind 4 schwarze und 1 weiße Kugel (Inhalt $A_2$), in einer Urne sind 4 weiße und 1 schwarze Kugel (Inhalt $A_3$). Experiment: Eine Kugel wird aus einer zufällig gewählten Urne herausgegriffen. Das Ereignis W wird beschrieben durch: „Die Kugel ist weiß", das Ereignis SCH durch: „Die Kugel ist schwarz".
**a)** Berechnen Sie $w\,(A_1 \,|\, W)$, $w\,(A_2 \,|\, W)$, $w\,(A_3 \,|\, W)$, $w\,(A_1 \,|\, SCH)$, $w\,(A_2 \,|\, SCH)$, $w\,(A_3 \,|\, SCH)$.
**b)** Berechnen Sie $w\,(W \,|\, S)$ und $w\,(SCH \,|\, S)$.

**3.24.** Beweisen Sie Satz 3.9a.

## 3.3. Methodischer Hinweis zur Einführung der Wahrscheinlichkeiten in der Schule

C

### 3.3.1. Charakterisierung der Eintrittschancen – Wahrscheinlichkeitsverteilungen aus Experimenten

In Abschn. 1.3 wurde beschrieben, wie Eintrittschancen ohne Brüche charakterisiert werden können. Es genügt am Anfang, sich mit geschickten Symbolen zu behelfen ($\uparrow\downarrow\uparrow\downarrow\uparrow$ usw., vgl. Abschn. 1.3.3). Es soll hier nochmals ausdrücklich betont werden, daß ein z u   f r ü h e s  Einführen der Brüche höchstens schadet, da sich das Kind dann möglicherweise mehr auf die Brüche konzentriert als auf die Ereignisse und die zugehörigen Eintrittschancen.

Alle Aktivitäten sollen von praktischen Experimenten ausgehen, die das Kind selbst durchführt. Läßt man das Kind nun absolute und vielleicht auch relative Häufigkeiten für Ereignisse messen und bestimmen, so ist es wichtig, sich klar daran zu erinnern, daß wir Wahrscheinlichkeitsrechnung treiben und keine Statistik. D. h., wir fragen vorläufig nicht danach, welche Wahrscheinlichkeitsverteilung bezüglich eines Stichprobenraumes in der Wirklichkeit die „richtige" oder die „beste" sei für die Erfassung eines Experimentes, und wir kümmern uns nicht darum, wie man diese Wahrscheinlichkeit bestimmen könnte – dies ist ein P r o b l e m  der  m a t h e m a t i s c h e n  S t a t i s t i k .

Es sollen die gemessenen Häufigkeiten vielmehr als mögliche Realisationen einer Wahrscheinlichkeitsverteilung genommen werden, von denen wir ausgehen, weil sie eben konkret festgestellt wurden, und mit denen wir auch rechnen.

Wenn das Kind beim Würfeln mit einem Spielwürfel durch eigene Erfahrung darauf kommt, daß von 12 Würfen

$$3 \left( \frac{3}{12} \text{ seiner Würfe} \right) \text{ eine } 1$$

$$4 \left( \frac{4}{12} \text{ seiner Würfe} \right) \text{ eine } 2$$

$$2 \left( \frac{2}{12} \text{ seiner Würfe} \right) \text{ eine } 3$$

$$1 \left( \frac{1}{12} \text{ seiner Würfe} \right) \text{ eine } 4$$

$$2 \left( \frac{2}{12} \text{ seiner Würfe} \right) \text{ eine } 5$$

$$0 \left( 0 \text{ seiner Würfe} \right) \text{ eine } 6$$

zeigen, so hat es praktisch erlebt und glaubt daran.

Es soll nicht danach gefragt werden, ob diese Realisation der Eintrittschancen für den Würfel charakteristisch ist oder nicht. (Dies ist eine  s t a t i s t i s c h e  F r a g e s t e l - l u n g , die später studiert wird, wenn wir Grenzwertsätze zur Verfügung haben; sie interessiert das Kind ohne unser Dazutun in den seltensten Fällen.)

## C   3.3.2. Bezug zur Bruchrechnung

Ist also den Kindern die Bruchrechnung bekannt oder will man diese an Hand der Bestimmung von absoluten und relativen Häufigkeiten für Ereignisse einführen, so soll immer von vornherein festgelegt werden, wieviele Versuche gemacht werden, auf Grund derer dann die Proportionen oder relativen Häufigkeit von Ereignissen berechnet werden.

Will man mit Sechsteln und Zwölfteln rechnen, so läßt man die Kinder z. B. das folgende Experiment durchführen:

Das Kind erhält z. B. zwei gezinkte Würfel, einen weißen und einen schwarzen.

a) 1. Wirf den weißen Würfel 12mal und notiere die Häufigkeit der verschiedenen Augenzahlen
2. Wirf den schwarzen Würfel 6mal und notiere die Häufigkeit der verschiedenen Augenzahlen
b) Zeichne für jeden Würfel getrennt zu diesen Versuchen den zugehörigen Baum auf (Fig. 3.5).

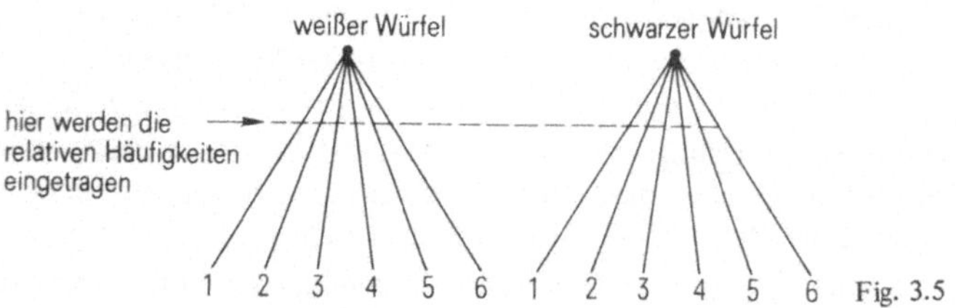


Fig. 3.5

c) Mit welcher relativen Häufigkeit z e i g t e sich beim weißen Würfel das Ereignis

   1. x < 4,    2. x gerade,    3. x > 5?

d) Mit welcher relativen Häufigkeit z e i g t e sich beim schwarzen Würfel das Ereignis

   1. x < 4,    2. x gerade,    3. x > 5?

A c h t u n g: Man soll nur Fragen zum vollzogenen Experiment stellen und keine Fragen, die Voraussagen über die Würfel betreffen (d i e s  w ä r e  S t a t i s t i k)! Man merkt leicht, daß sich auf diese Weise mannigfaltige Möglichkeiten ergeben mit den Eintrittschancen von Ereignissen praktisch zu arbeiten; zudem ergibt sich hier ein gutes Übungsfeld für die Addition von Brüchen.

Es sollen, wie in der Phase des freien Spieles beschrieben (Abschn. 1.3.3), Experimente und Spiele gemacht werden, in denen die Eintrittschancen von Ereignissen auf Grund von praktischen Experimenten quantitativ genauer charakterisiert werden. Dabei sollen die Eigenschaften der Wahrscheinlichkeiten sukzessive eingeführt werden (s. Bedingungen 1 bis 3 in Abschn. 3.1).

**Beispiel 3.9.** Man läßt die Kinder zu einem Stichprobenraum, den sie gemäß Abschn. 2.3 mit kombinatorischen Überlegungen gefunden und dargestellt haben, Experimente durchführen.

Wir beziehen uns nun auf Beispiel 1.1. Nachdem die Kinder S kennen, läßt man sie die beiden Würfel (weiß, schwarz) werfen: das 1. Mal: 20 Würfe, das 2. Mal: 40 Würfe, das 3. Mal: 60 Würfe.

Sie bestimmen die relativen Häufigkeiten der verschiedenen Resultate für jedes dieser Experimente. Dann läßt man sie sukzessive herausfinden, daß die Bedingungen 1 bis 3 immer erfüllt sind, ganz gleichgültig, welches Experiment sie betrachten.

Es ist für das Kind lehrreich, daß die 3 praktisch bestimmten Wahrscheinlichkeitsverteilungen auf S mögliche Realisationen sind. (Natürlich gibt es noch viele andere.)

So lernen die Kinder, daß ein und dasselbe Ereignis verschiedene Eintrittschancen erhalten kann, je nachdem, auf welches Experiment man sich stützt.


### 3.3.3. Arbeitsmaterialien

Um mögliche Realisationen von Wahrscheinlichkeitsverteilungen zu erhalten (im Sinne von Abschn. 1.3.3), läßt man die Schüler z. B. mit Würfeln spielen, die im Spielwarengeschäft erhältlich sind. Weitere Möglichkeiten sind:

a) Wurf von Geldstücken: Setzt man Zahl = Z, Wappen = W, so erhält man Folgen der Form (WZZW . . .), oder wenn für Zahl = 1 und für Wappen = 0 gesetzt wird (0110 . . .).

b) Wurf von Reißnägeln: Lage 1 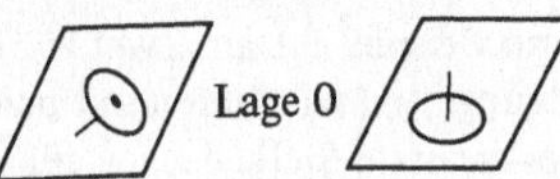 Lage 0

c) Drehen von Kreiseln und Glücksrädern, die im Spielwarengeschäft erhältlich sind. Die Scheibe des Kreisels oder des Glücksrades wird den Bedürfnissen entsprechend in eine bestimmte Anzahl Sektoren gleicher oder verschiedener Größe eingeteilt (s. z. B. Fig. 3.6). Die Eintrittschancen der Ereignisse $E_1$, $E_2$, $E_3$, $E_4$ können dann im Sinne von Abschn. 1.3 simuliert werden.

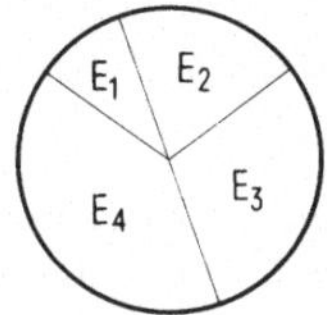


Fig. 3.6

d) Ziehen von Kugeln (rote, schwarze, gelbe) aus einer Urne mit Zurücklegen. Man legt z. B. 3 rote, 4 schwarze und 5 gelbe in die Urne. So kann man für die Ereignisse $E_1$, $E_2$, $E_3$ die Wahrscheinlichkeiten im Sinne von Abschn. 1.3 realisieren. $E_1$ ist gegeben durch: „Man zieht rot", $E_2$ durch: „man zieht schwarz", $E_3$ durch: „man zieht gelb".

# 4. Unabhängigkeit von Ereignissen und Versuchen

## A  4.1. Unabhängigkeit (empirische Behandlung)

Bei jeder empirischen Untersuchung spielt die Frage eine wichtige Rolle, ob das Eintreten eines Ereignisses die Eintrittschancen anderer Ereignisse beeinflußt oder nicht. Die Einführung der b e d i n g t e n  W a h r s c h e i n l i c h k e i t  erlaubte uns, eine derartige Beeinflussung zu messen. Schon im täglichen Sprachgebrauch pflegt man von u n a b h ä n g i g e n  E r e i g n i s s e n  zu sprechen, wenn man auszudrücken versucht, daß zwischen dem Eintritt betrachteter Ereignisse kein Zusammenhang besteht. Es ist Ziel dieses Kapitels, diese Begriffsbildung zu präzisieren und zu einer Definition der U n a b h ä n g i g k e i t  v o n  E r e i g n i s s e n  i n  b e z u g  a u f  d i e  W a h r s c h e i n l i c h k e i t  zu gelangen. Weiterhin wollen wir einen Zusammenhang zur Unabhängigkeit von Versuchen bei Experimenten, die aus mehreren Versuchen bestehen, herstellen.

### 4.1.1. Bedingte Wahrscheinlichkeit und Unabhängigkeit von Ereignissen

**Beispiel 4.1.** Wir knüpfen an Beispiel 1.1 an. Zwei Würfel, der eine weiß, der andere schwarz, stehen zur Verfügung, und wir führen mit beiden einen Wurf durch. Es sei $S = \{(i, j)/i, j \in I_6\}$, wobei die erste Stelle des jeweiligen Zahlenpaars für die Augenzahl des weißen, die zweite Stelle für die des schwarzen gewählt wird.

**a)** Wir bezeichnen mit $e_1$: „Der weiße Würfel zeigt eine gerade Augenzahl", und $e_2$: „der schwarze Würfel zeigt eine ungerade Augenzahl". Setzt man die relative Häufigkeit als Wahrscheinlichkeitsfunktion in S an, und berechnet man damit die Wahrscheinlichkeiten der Ereignisse $E_1$, $E_2$, die durch die Aussageformen $e_1$, $e_2$ gegeben sind, so gilt

$$w(E_1 \mid S) = 3 \cdot 6/36 = 1/2,$$
$$w(E_2 \mid S) = 6 \cdot 3/36 = 1/2,$$
$$w(E_1 \mid E_2) = w(E_1 \cap E_2 \mid S)/w(E_2 \mid S) = \frac{3 \cdot 3/36}{1/2} = 1/2.$$

Ob man $E_2$ oder S als sicher voraussetzt, die Wahrscheinlichkeit von $E_1$ bleibt unverändert. Das Entsprechende gilt für $E_2$ bezüglich $E_1$. Das Ergebnis ist unmittelbar einleuchtend. $E_1$ ist ja durch den weißen Würfel bestimmt, $E_2$ durch den schwarzen, und die Augenzahl des weißen Würfels kann keinen Einfluß auf die des schwarzen haben und umgekehrt. $E_1$ ist von $E_2$ unabhängig, ebenso $E_2$ von $E_1$.

**b)** Es sei nun $e_3$: „Beide Würfel zeigen gerade Augenzahl", und $e_4$: „Die Summe beider Augenzahlen ist gerade".

$$w(E_3 \mid S) = 3 \cdot 3/36 = 1/4, \qquad w(E_4 \mid S) = 6 \cdot 3/36 = 1/2,$$
$$w(E_3 \mid E_1) = 3 \cdot 3/3 \cdot 6 = 1/2, \qquad w(E_3 \mid E_2) = 0, \quad w(E_3 \mid E_4) = 1/2,$$
$$w(E_4 \mid E_1) = 3 \cdot 3/3 \cdot 6 = 1/2, \qquad w(E_4 \mid E_2) = 1/2, \quad w(E_4 \mid E_3) = 1.$$

Die Wahrscheinlichkeit von $E_3$ ändert sich, falls wir eines der Ereignisse $E_1$, $E_2$ bzw. $E_4$ **A** als sicher voraussetzen. $E_3$ ist von keinem der Ereignisse unabhängig.

Die Wahrscheinlichkeit von $E_4$ ändert sich dagegen nicht, falls wir $E_1$ bzw. $E_2$ als sicher voraussetzen. $E_4$ ist in bezug auf die Wahrscheinlichkeit unabhängig von den Ereignissen $E_1$ und $E_2$. Betrachten wir das Paar $(1, 5)$. Unter der Voraussetzung, daß S der Stichprobenraum ist, ist $(1, 5)$ ein mögliches Resultat von $E_4$. Setzen wir dagegen $E_1$ als sicheres Ereignis voraus, so ist es kein mögliches Resultat mehr. Die Resultate, bei denen $E_4$ eintritt, sind durchaus abhängig davon, ob $E_1$ ein sicheres Ereignis ist oder nicht, nur der Wahrscheinlichkeitswert von $E_4$ ändert sich nicht. Unabhängigkeit wird als eine Eigenschaft der Wahrscheinlichkeitsfunktion eingeführt.

$$
E_1 = \left\{ \begin{array}{cccccc}
(2,1) & (2,2) & (2,3) & (2,4) & (2,5) & (2,6) \\
(4,1) & (4,2) & (4,3) & (4,4) & (4,5) & (4,6) \\
(6,1) & (6,2) & (6,3) & (6,4) & (6,5) & (6,6)
\end{array} \right\}
$$

$$
E_4 = \left\{ \begin{array}{cccccc}
(1,1) & (1,3) & (1,5) & (2,2) & (2,4) & (2,6) \\
(3,1) & (3,3) & (3,5) & (4,2) & (4,4) & (4,6) \\
(5,1) & (5,3) & (5,5) & (6,2) & (6,4) & (6,6)
\end{array} \right\}
$$

Mit der relativen Häufigkeit als Wahrscheinlichkeitsfunktion werden

$$
w\,(E_1 \mid S) = \frac{18}{36} = \frac{1}{2} \quad \text{und} \quad w\,(E_4 \mid S) = \frac{18}{36} = \frac{1}{2}.
$$

Betrachten wir nun Figur 4.1. Berechnen wir $w\,(E_4 \mid S)$, so verteilt man die gesamte Summe 1 der Wahrscheinlichkeiten auf den ganzen Stichprobenraum S; berechnen wir $w\,(E_4 \mid E_1)$, so verteilt man die gesamte Summe 1 der Wahrscheinlichkeiten auf die Elementarereignisse von $E_1$, und alle Ereignisse E in $E_1'$ erhalten die Wahrscheinlichkeit 0. Somit fällt bei der Berechnung von $w\,(E_4 \mid E_1)$ nur noch die Teilmenge von $E_4$ ins Gewicht, die zugleich auch Teilmenge von $E_1$ ist, also $E_4 \cap E_1$.

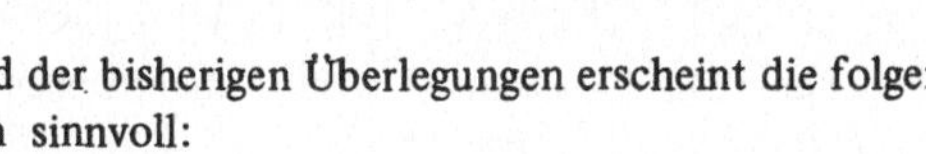

Fig. 4.1

Aufgrund der bisherigen Überlegungen erscheint die folgende v o r l ä u f i g e  D e f i n i t i o n sinnvoll:

**Definition 4.1.** Sei $(S, \mathfrak{C}, w)$ ein Wahrscheinlichkeitsraum, und seien E, F $\in \mathfrak{C}$, dann heißt E unabhängig von F (in bezug auf die Wahrscheinlichkeit), falls $w\,(E \mid S) = w\,(E \mid F)$.

Damit $w\,(E \mid F)$ definiert ist, muß $w\,(F \mid S) \neq 0$ vorausgesetzt werden (siehe Def. 3.1).

**Satz 4.1.** Ist E von F unabhängig in bezug auf w, und $w\,(E) \neq 0$, so ist auch F von E unabhängig in bezug auf w.

B e w e i s. Nach Definition 3.1 gilt, da $w\,(F \mid S) \neq 0$ und $w\,(E \mid S) \neq 0$,

A

$$w\,(E\,|\,F) = \frac{w\,(E \cap F\,|\,S)}{w\,(F\,|\,S)} \qquad \text{oder} \qquad w\,(E \cap F\,|\,S) = w\,(E\,|\,F) \cdot w\,(F\,|\,S),$$

$$w\,(F\,|\,E) = \frac{w\,(E \cap F\,|\,S)}{w\,(E\,|\,S)} \qquad \text{oder} \qquad w\,(E \cap F\,|\,S) = w\,(F\,|\,E) \cdot w\,(E\,|\,S).$$

Setzt man aus der oberen und unteren Zeile die Ausdrücke für $w\,(E \cap F/S)$ einander gleich, erhält man $w\,(F\,|\,E) \cdot w\,(E\,|\,S) = w\,(E\,|\,F) \cdot w\,(F\,|\,S)$.

Da aber nach Voraussetzung E von F unabhängig ist und also $w\,(E\,|\,F) = w\,(E\,|\,S)$ ist, ergibt sich $w\,(F\,|\,E) \cdot w\,(E\,|\,S) = w\,(E\,|\,S) \cdot w\,(F\,|\,S)$ oder $w\,(F\,|\,E) = w\,(F\,|\,S)$.

**Satz 4.2.** Sind E und F voneinander unabhängig, so gilt die Produktregel

$$w\,(E \cap F\,|\,S) = w\,(E\,|\,S) \cdot w\,(F\,|\,S).$$

B e w e i s. Nach Definition 3.1 gilt

$$w\,(E\,|\,F) = \frac{w\,(E \cap F\,|\,S)}{w\,(F\,|\,S)}.$$

Durch Multiplikation mit $w\,(F\,|\,S)$ ergibt sich $w\,(E \cap F\,|\,S) = w\,(E\,|\,F) \cdot w\,(F\,|\,S)$. Da E von F unabhängig ist und $w\,(E\,|\,F) = w\,(E\,|\,S)$ ist, folgt $w\,(E \cap F\,|\,S) = w\,(E\,|\,S) \cdot w\,(F\,|\,S)$.

**Satz 4.3.** Gilt die Produktregel $w\,(E \cap F\,|\,S) = w\,(E\,|\,S) \cdot w\,(F\,|\,S)$, und gilt $w\,(E\,|\,S) \neq 0$ und $w\,(F\,|\,S) \neq 0$, so sind E und F unabhängig in bezug auf w.

B e w e i s. $w\,(E \cap F\,|\,S) = w\,(E\,|\,S) \cdot w\,(F\,|\,S)$. Wir dividieren diese Gleichung durch $w\,(F\,|\,S)$.

$$w\,(E\,|\,S) = \frac{w\,(E \cap F\,|\,S)}{w\,(F\,|\,S)}.$$

Die rechte Seite dieser Gleichung ist nach Definition 3.1 gleich $w\,(E\,|\,F)$.

Satz 4.3 führt uns dazu, die Unabhängigkeit von Ereignissen direkt mit der Produktregel zu definieren. Gegenüber der bisherigen, vorläufigen Definition 4.1 ergeben sich die folgenden Vorteile:

a) Die Definition ist symmetrisch in E und F.

b) Es treten lediglich Wahrscheinlichkeiten in bezug auf S auf.

c) Die Definition bleibt sinnvoll, falls E oder F Wahrscheinlichkeit 0 in S haben.

**Definition 4.2** (U n a b h ä n g i g k e i t  v o n  z w e i  E r e i g n i s s e n  in S). Sei $(S, \mathfrak{E}, w)$ ein Wahrscheinlichkeitsraum und $E, F \in \mathfrak{E}$. E und F heißen unabhängige Ereignisse in bezug auf w, falls

$$w\,(E \cap F\,|\,S) = w\,(E\,|\,S) \cdot w\,(F\,|\,S).$$

**Aufgabe 4.1.** Beweisen Sie für den Wahrscheinlichkeitsraum $(S, \mathfrak{E}, w)$:

a) Ein unmögliches Ereignis ist unabhängig von allen Ereignissen aus $\mathfrak{E}$.

b) Das sichere Ereignis S ist unabhängig von allen Ereignissen aus $\mathfrak{E}$.

**Aufgabe 4.2.** Sei $S = \{\,1, 2, 3, 4\,\}$, und sei als Wahrscheinlichkeitsfunktion auf $\mathfrak{P}\,(S)$ die relative Häufigkeit gewählt. Geben Sie alle Ereignisse E, $E \in \mathfrak{P}(S)$ an, die unabhängig von $F = \{1, 2\}$ sind.    **A**

Es muß deutlich zwischen den beiden Aussagen

„Zwei Ereignisse schließen sich gegenseitig aus"

und    „zwei Ereignisse sind unabhängig"

unterschieden werden. Haben die beiden Ereignisse Wahrscheinlichkeiten $\neq 0$ in S, so sind diese beiden Aussagen sogar kontradiktorisch. Denn, falls sie sich ausschließen, ist $w(E \cap F \,|\, S) = 0$ und 0 kann nicht Produkt zweier Faktoren ungleich 0 sein. Umgekehrt falls sie unabhängig sind, ist $w(E \cap F \,|\, S) \neq 0$ (als Produkt zweier Faktoren ungleich null), woraus folgt, daß sich E und F nicht gegenseitig ausschließen. Falls mindestens eine der Wahrscheinlichkeiten von E bzw. F gleich null ist, so kann man zwar aus $E \cap F = \emptyset$ auf Unabhängigkeit schließen, aus der Unabhängigkeit jedoch nur auf $w(E \cap F \,|\, S) = 0$ und nicht auf die schärfere Aussage, daß sich E und F gegenseitig ausschließen.

Bisher haben wir uns mit der Unabhängigkeit von zwei Ereignissen befaßt. Die Frage ist nun, wann wir von der U n a b h ä n g i g k e i t   v o n   m e h r e r e n   E r e i g n i s s e n sprechen können.

Seien z. B. die Ereignisse $E_1$, $E_2$ und $E_3$ gegeben. Erinnern wir uns an die Bedeutung der Unabhängigkeit, so muß z. B. $E_1$ unabhängig vom Eintritt des Ereignisses $E_2$, des Ereignisses $E_3$, aber auch unabhängig vom gleichzeitigen Eintreten von $E_2$ und $E_3$, d. h. unabhängig vom Ereignis $E_2 \cap E_3$ sein. Unsere Überlegungen führen also zu den Bedingungen

$$w(E_1 \cap E_2 \,|\, S) = w(E_1 \,|\, S) \cdot w(E_2 \,|\, S),$$

$$w(E_1 \cap E_3 \,|\, S) = w(E_1 \,|\, S) \cdot w(E_3 \,|\, S),$$

$$w(E_1 \cap (E_2 \cap E_3) \,|\, S) = w(E_1 \,|\, S) \cdot w(E_2 \cap E_3 \,|\, S).$$

Geht man entsprechend von $E_2$ bzw. $E_3$ aus, so käme die Bedingung

$$w(E_2 \cap E_3 \,|\, S) = w(E_2 \,|\, S) \cdot w(E_3 \,|\, S)$$

hinzu, und die Bedingung für alle drei Ereignisse ließe sich schreiben als:

$$w(E_1 \cap E_2 \cap E_3 \,|\, S) = w(E_1 \,|\, S) \cdot w(E_2 \,|\, S) \cdot w(E_3 \,|\, S).$$

Nach dieser Vorüberlegung ist die folgende Definition sinnvoll.

**Definition 4.3** (U n a b h ä n g i g k e i t   v o n   d r e i   E r e i g n i s s e n). Sei $(S, \mathfrak{E}, w)$ ein Wahrscheinlichkeitsraum und E, F, $G \in \mathfrak{E}$. Dann heißen E, F und G (vollständig) u n a b h ä n g i g e   E r e i g n i s s e, falls

$$w(E \cap F) = w(E) \cdot w(F),$$

$$w(E \cap G) = w(E) \cdot w(G),$$

$$w(F \cap G) = w(F) \cdot w(G),$$

$$w(E \cap F \cap G) = w(E) \cdot w(F) \cdot w(G).$$

**A** Bei dieser Definition erhebt sich die Frage, ob wir nicht zu viele Bedingungen aufgenommen haben, d. h. ob nicht z. B. die paarweise Unabhängigkeit der Ereignisse die Produktregel für alle drei Ereignisse nach sich zieht bzw. die Produktregel für alle drei Ereignisse die entsprechende Regel für je zwei Ereignisse.

Das folgende Beispiel zeigt, daß beide Fragestellungen mit n e i n zu beantworten sind.

**Beispiel 4.2.** a) Wir greifen Beispiel 4.1 auf und betrachten die Ereignisse $E_1$, $E_2$ und $E_4$. Es gilt

$$w(E_1 \cap E_2) = w(E_1) \cdot w(E_2), \qquad \text{denn } \frac{1}{4} = \frac{1}{2} \cdot \frac{1}{2}$$

$$w(E_1 \cap E_4) = w(E_1) \cdot w(E_4), \qquad \text{denn } \frac{1}{4} = \frac{1}{2} \cdot \frac{1}{2} \ .$$

$$w(E_2 \cap E_4) = w(E_2) \cdot w(E_4), \qquad \text{denn } \frac{1}{4} = \frac{1}{2} \cdot \frac{1}{2}.$$

aber $\quad w(E_1 \cap E_2 \cap E_4) \neq w(E_1) \cdot w(E_2) \cdot w(E_4)$, denn $0 \neq 1/8$.

**b)** Sei $S = I_6$, und nehmen wir die relative Häufigkeit als Wahrscheinlichkeitsmaß.

$$w(E) = w(\{1, 2, 3\}) = 1/2,$$
$$w(F) = w(\{3, 4, 5, 6\}) = 2/3,$$
$$w(G) = w(\{3, 4, 5\}) = 1/2.$$

Es gilt $w(E \cap F \cap G) = w(E) \cdot w(F) \cdot w(G)$, denn beide Seiten sind gleich 1/6, aber je zwei der Ereignisse E, F und G sind abhängig.

**Aufgabe 4.3.** Sei $S = I_8$. Wählen Sie die relative Häufigkeit als Wahrscheinlichkeitsfunktion und geben Sie drei unabhängige Ereignisse $E_i \mathfrak{P}(S)$, $E_i \neq \emptyset$, S an.

In Abschn. 4.2 werden wir direkt die Unabhängigkeit von n Ereignissen definieren, indem wir die Produktregel für alle Produkte aus k dieser Ereignisse fordern, mit k = 2, 3, . . . , n. Die Definition dieses Abschnitts für zwei Ereignisse ergibt sich dann als Spezialfall mit n = 2, die für drei Ereignisse als Spezialfall mit n = 3.


### 4.1.2. Bedingte Wahrscheinlichkeit und Unabhängigkeit von Versuchen

Bei experimentellen Untersuchungen werden häufig bestimmte Versuche mehrmals wiederholt, und Wahrscheinlichkeitsaussagen über Versuchsfolgen angestrebt, falls man über entsprechende Aussagen für den Einzelversuch verfügt. Wir wollen jetzt auf Grund zweier Beispiele die Probleme vorführen, die sich in dieser Situation ergeben.

**Beispiel 4.3.** Wir drehen ein Glücksrad (Fig. 4.2) zweimal hintereinander, d. h., wir unterteilen das Experiment in einen 1. Versuch: 1. Mal drehen und einen 2. Versuch: 2. Mal drehen.

Die beiden Versuche sollen voneinander unabhängig sein, d. h., die Eintrittschancen der Ereignisse im 2. Versuch werden durch den 1. Versuch nicht beeinflußt und umgekehrt.

Der Stichprobenraum zeigt sich für den 1. wie für den 2. Versuch mit $S = \{0, 1, 2\}$. Wir **A**
können diese beiden Stichprobenräume als Baum (Fig. 4.3) aufzeichnen. Nehmen wir
noch Gleichwahrscheinlichkeit für die Elementarereignisse von S an, so erhält man die
Situation in Fig. 4.3[1]).

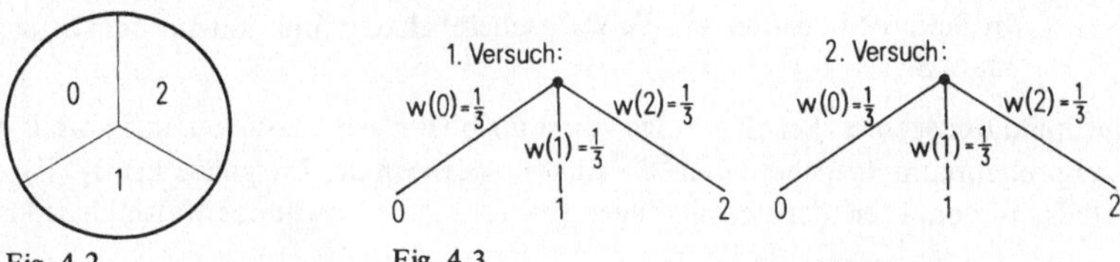

Fig. 4.2          Fig. 4.3

Interessieren wir uns nun für den Stichprobenraum $S^2$ des gesamten Experimentes, so
ist dieser bekanntlich durch $S^2 = S \times S$ gegeben. Wir wissen, daß card $(S^2) = 9$. Nehmen
wir auch auf $S^2$ sinngemäß gleich verteilte Wahrscheinlichkeiten an, so erhält jedes Elementarereignis in $S^2$ die Wahrscheinlichkeit $1/9$. Wir stellen $S^2$ als Baum dar (Fig. 4.4).

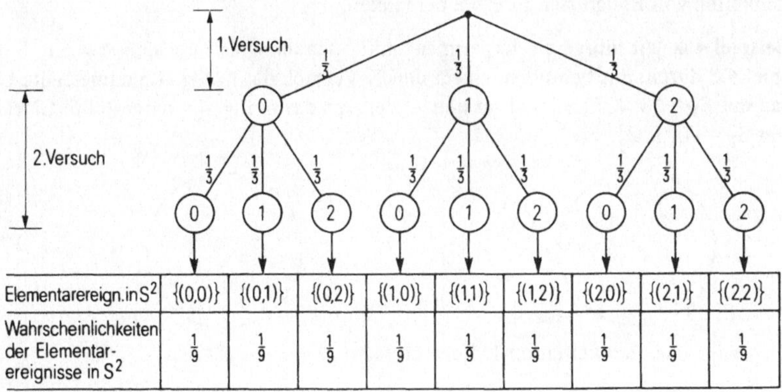

| Elementarereign. in $S^2$ | {(0,0)} | {(0,1)} | {(0,2)} | {(1,0)} | {(1,1)} | {(1,2)} | {(2,0)} | {(2,1)} | {(2,2)} |
|---|---|---|---|---|---|---|---|---|---|
| Wahrscheinlichkeiten der Elementarereignisse in $S^2$ | $\frac{1}{9}$ | $\frac{1}{9}$ | $\frac{1}{9}$ | $\frac{1}{9}$ | $\frac{1}{9}$ | $\frac{1}{9}$ | $\frac{1}{9}$ | $\frac{1}{9}$ | $\frac{1}{9}$ |

Fig. 4.4

Wir haben die Wahrscheinlichkeiten in $S^2$ so bestimmt, daß wir mit den Kenntnissen aus
dem Kapitel 2 zunächst card $(S^2)$ berechnet haben und dann Gleichwahrscheinlichkeit
der Elementarereignisse annahmen.

**Bemerkung.** Das gleiche Resultat würden wir erhalten, wenn wir in Fig. 4.4 die Wahrscheinlichkeiten entlang den Ästen miteinander multiplizieren würden. In allen Fällen
ergibt sich dann $1/3 \cdot 1/3 = 1/9$. Dies ist natürlich nur sinnvoll, wenn die Wahrscheinlichkeiten des 2. Versuches durch den 1. Versuch nicht beeinflußt werden, d. h., wenn
der 2. Versuch vom 1. Versuch unabhängig ist.

---

[1]) Falls keine Mißverständnisse auftreten können, schreiben wir in Zukunft für $w(\{x\}) =$
$w(x)$.

A Sind die Versuche in dieser Weise unabhängig, so ist es naheliegend, dieses Multiplikationsgesetz für die Berechnung der Wahrscheinlichkeiten im Produktraum zu akzeptieren, denn das Resultat stimmt mit dem Resultat überein, das auf kombinatorischem Weg berechnet wurde. Dieser Sachverhalt läßt sich auf mehrere Versuche verallgemeinern.

In Zukunft bedeutet $w^{S_i}$ die Wahrscheinlichkeitsfunktion auf dem Stichprobenraum $S_i$.

**Multiplikationsgesetz.** Sei eine Folge von n unabhängigen Versuchen mit jeweils gleichem Stichprobenraum S gegeben. Falls die Eintrittschancen der Ereignisse $E_i$: $E_1$, $E_2$, . . . , $E_n$ jeweils nur vom i-ten Versuch abhängen (i = 1, . . . , n), so gilt das Multiplikationsgesetz:

$$w^{S^n} (E_1 \text{ im 1. Versuch, } E_2 \text{ im 2. Versuch, } \ldots, E_n \text{ im n-ten Versuch})$$
$$= w^S (E_1 \mid S) \cdot w^S (E_2 \mid S) \cdot w^S (E_3 \mid S) \cdot \ldots \cdot w^S (E_n \mid S).$$

Dabei gibt $w^{S^n}$ die Wahrscheinlichkeit im Produktraum $S^n$ an.

Dieses Gesetz erlaubt auf Grund der Wahrscheinlichkeiten in S, direkt die Wahrscheinlichkeiten von Ereignissen in $S^n$ zu berechnen.

**Beispiel 4.4.** Wir führen ein Experiment mit 2 unabhängigen Versuchen wie in Beispiel 4.3 durch, nur benutzen wir für den 1. Versuch das in Fig. 4.5 dargestellte Glücksrad mit $S_1 = \{0, 1, 2, 3\}$ und für den 2. Versuch das in Fig. 4.6 dargestellte Glücksrad mit $S_2 = \{0, 1, 2\}$.

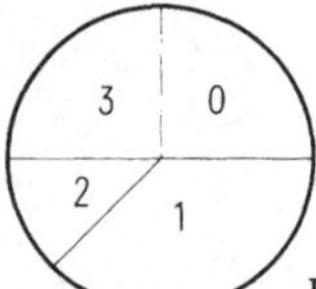

Fig. 4.5

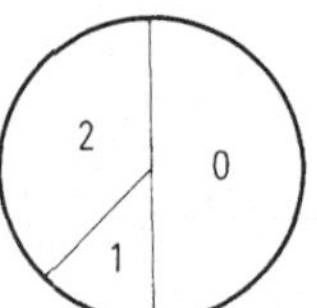

Fig. 4.6

Die Wahrscheinlichkeiten im 1. Versuch seien

$$w^{S_1} (0) = m_0, \qquad w^{S_1} (1) = m_1, \qquad w^{S_1} (2) = m_2, \qquad w^{S_1} (3) = m_3,$$

im 2. Versuch

$$w^{S_2} (0) = \ell_0, \qquad w^{S_2} (1) = \ell_1, \qquad w^{S_2} (2) = \ell_2.$$

Die zugehörigen Bäume sind in Fig. 4.7 und 4.8 abgebildet.

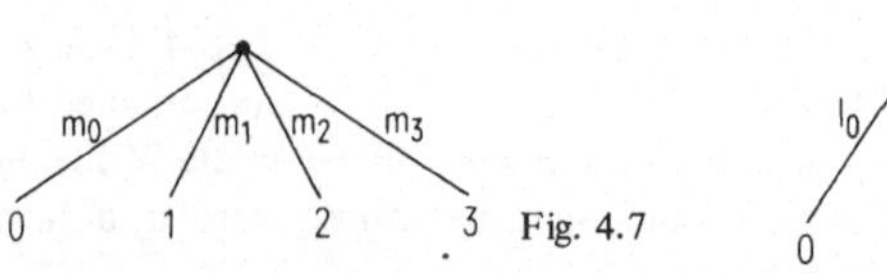


Der Stichprobenraum des Experimentes ist gemäß Kapitel 2

$$S = S_1 \times S_2 = \begin{Bmatrix} (0,0) & (0,1) & (0,2) & (1,0) & (1,1) & (1,2) \\ (2,0) & (2,1) & (2,2) & (3,0) & (3,1) & (3,2) \end{Bmatrix}.$$

Offenbar ist card $(S) = 12$. Da wir offensichtlich keine Gleichverteilung mehr voraussetzen können — weder in den einzelnen Versuchen noch im Produktraum — stehen wir vor dem Problem, auf S jedem Elementarereignis eine Wahrscheinlichkeit zuzuordnen.

Wir lassen uns durch die Erfahrung aus Beispiel 4.3 leiten und definieren für S die Wahrscheinlichkeitsfunktion folgendermaßen:

(1)     $w^S$ (k im 1. Versuch, j im 2. Versuch) $= m_k \cdot \ell_j$     für $\begin{cases} k = 0, 1, 2, 3 \\ j = 0, 1, 2 \end{cases}$.

**Aufgabe 4.4. a)** Zeigen Sie, daß die oben definierte Funktion $w^S \colon S \to \mathbf{R}^+$ eine Wahrscheinlichkeitsfunktion in $S = S_1 \times S_2$ ist (siehe auch Aufgabe 4.12 bis 4.14).
**b)** Zeigen Sie, daß dieses $w^S$ auch eine Wahrscheinlichkeitsfunktion für $S_1$ ist, falls jedes Ereignis $E_i \in S_1$ geschrieben wird als $E_i \times S_2$ und damit als Ereignis in S. (Jedes Ereignis der Form $E_i \times S_2$ mit $E_i \in S_1$ hängt nur vom 1. Versuch ab.)
**c)** Zeigen Sie, daß dieses $w^S$ eine Wahrscheinlichkeitsfunktion in $S_2$ ist, falls jedes Ereignis $F_j \in S_2$ geschrieben wird als $S_1 \times F_j$. (Jedes Ereignis der Form $S_1 \times F_j$ mit $F_j \in S_2$ hängt nur vom 2. Versuch ab.)

Damit sehen wir, daß sich diese neu definierte Funktion als Wahrscheinlichkeitsfunktion für den Produktraum S der beiden voneinander unabhängig durchgeführten Versuchen mit den Stichprobenräumen $S_1$ und $S_2$ eignet.

Diese Produktwahrscheinlichkeit, die jedem Elementarereignis in S eine Wahrscheinlichkeit zuschreibt, die proportional zu den Eintrittschancen der einzelnen beteiligten Elementarereignisse ist, entspricht damit der intuitiven Vorstellung. Wir erhalten somit das

**Multiplikationsgesetz in allgemeiner Fassung.** Gegeben sei eine Folge von n unabhängigen Versuchen mit den Stichprobenräumen $S_1, S_2, \ldots, S_n$. Weiterhin sollen die Eintrittschancen der Ereignisse $E_i \colon E_1, E_2, \ldots, E_n$ nur vom i-ten Versuch abhängen. Dann gilt das Multiplikationsgesetz:

$$w^S (E_1 \times E_2 \times \ldots \times E_n) = w^{S_1} (E_1) \cdot w^{S_2} (E_2) \cdot \ldots \cdot w^{S_n} (E_n)$$

mit     $S = S_1 \times S_2 \times S_3 \times \ldots \times S_n$.

Wir werden in Abschn. 4.2.2 sehen, welcher Zusammenhang zwischen dem Begriff der unabhängigen Versuche und demjenigen unabhängiger Ereignisse besteht.

Intuitiv gesprochen sind Experimente aus n u n a b h ä n g i g e n Versuchen solche, in denen der Experimentverlauf der Versuche $1, 2, \ldots, (i - 1)$ keinerlei Einfluß hat auf die Wahrscheinlichkeitsfunktion des i-ten Versuches (für alle $i = 2, 3, \ldots, n$).

**Aufgabe 4.5.** Ein Spieler wirft zwei gezinkte Würfel, einen weißen und einen schwarzen. Die Wahrscheinlichkeitsverteilung für die beiden Würfel ist in Fig. 4.9 angegeben. Be-

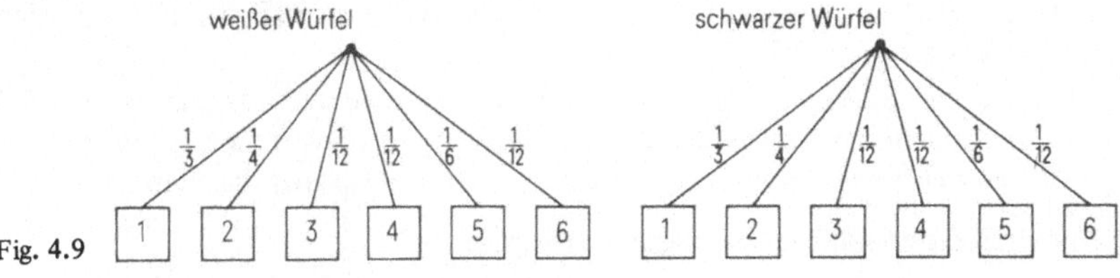

Fig. 4.9

rechnen Sie die Wahrscheinlichkeiten der Ereignisse $E_1$ bis $E_8$, die durch die Aussageformen $e_1$ bis $e_8$ aus Aufgabe 1.1 gegeben sind.

**Aufgabe 4.6.** Für das Glücksrad in Beispiel 1.5 kennen wir die Wahrscheinlichkeiten von „Grün" und „Rot" (Fig. 4.10). Berechnen Sie die Wahrscheinlichkeiten der Ereignisse $E_1$, $E_2$, $E_3$, $E_4$, die in Aufgabe 1.8 gegeben sind.

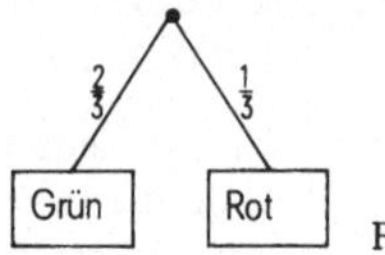

Fig. 4.10

**Aufgabe 4.7.** Berechnen Sie die Wahrscheinlichkeiten von $E_1$, $E_2$ aus Aufgabe 1.10. Dabei setzen wir voraus, daß die Wahrscheinlichkeiten für die verschiedenen Beantwortungszeiten für alle 6 Fragen gleich sind (s. nachstehende Tabelle). Wir nehmen ferner an, daß die Wahrscheinlichkeiten der Beantwortungszeit für die i-te Frage unabhängig von den Beantwortungszeiten aller übrigen Fragen ist ($i = 1, 2, \ldots, 6$).

$$w\,(t_i = 0) \quad = 0;\; w\,(t_i = 1) = w\,(t_i = 2) \ldots = w\,(t_i = 10) = \frac{1}{480}\,,$$

$$w\,(t_i = 11) \ = w\,(t_i = 12) = \ldots \ldots \ldots = w\,(t_i = 20) = \frac{1}{480}\,,$$

$$w\,(t_i = 21) \ = \ldots \ldots \ldots \ldots \ldots = w\,(t_i = 30) = \frac{1}{240}\,,$$

$$w\,(t_i = 31) \ = \ldots \ldots \ldots \ldots \ldots = w\,(t_i = 40) = \frac{1}{120}\,,$$

$$w\,(t_i = 41) \ = \ldots \ldots \ldots \ldots \ldots = w\,(t_i = 50) = \frac{1}{30}\,,$$

$$w\,(t_i = 51) \ = \ldots \ldots \ldots \ldots \ldots = w\,(t_i = 60) = \frac{1}{20}\,.$$

## 4.2. Unabhängigkeit: Definitionen und Sätze

In diesem Abschnitt werden die Überlegungen des vorangegangenen Abschnitts präzisiert und erweitert.

### 4.2.1. Unabhängige Ereignisse in S

**Definition 4.4.** Seien $(S, \mathfrak{E}, w)$ ein Wahrscheinlichkeitsraum und $E_1$, $E_2$, $\ldots$, $E_\ell$ eine Folge von Ereignissen mit $E_i \in \mathfrak{E}$ für $i = 1, \ldots, \ell$.

$E_1$, $E_2$, $\ldots$, $E_\ell$ heißen vollständig u n a b h ä n g i g dann und nur dann, wenn die Wahrscheinlichkeit des Durchschnittes beliebiger 2, 3, $\ldots$ oder $\ell$ dieser Ereignisse $E_1$, $\ldots$, $E_\ell$ gleich dem Produkt der entsprechenden Wahrscheinlichkeiten ist.

Damit ist Definition 4.3 auf $\ell$ Ereignisse übertragen.

**Satz 4.4.** Wenn $E_1$ und $E_2$ vollständig unabhängig sind und $w(E_2) \neq 0$, dann ist $w(E_1) = $ B
$w(E_1 \mid E_2)$.

B e w e i s. Da $w(E_2) \neq 0$ ist, gilt nach Definition der bedingten Wahrscheinlichkeit

$$w(E_1 \mid E_2) = \frac{w(E_1 \cap E_2)}{w(E_2)} \, .$$

Nach Multiplikation mit $w(E_2)$ erhält man

(1) $\qquad w(E_1 \cap E_2) = w(E_1 \mid E_2) \cdot w(E_2)$.

Es gilt aber wegen der Unabhängigkeit von $E_1$ und $E_2$

$$w(E_1 \cap E_2) = w(E_1) \cdot w(E_2).$$

Setzen wir diesen Ausdruck in (1) ein und dividieren die Gleichung durch $w(E_2)$, so erhalten wir

$$w(E_1) = w(E_1 \mid E_2).$$

**Satz 4.5.** Wenn $E_1$ und $E_2$ unabhängig sind, und falls

$$w.(E_1) \neq 0, \qquad w(E_2) \neq 0, \qquad w(E_1') \neq 0, \qquad w(E_2') \neq 0,$$

dann sind auch die folgenden Ereignisse unabhängig

a) $E_1$ und $E_2'$,
b) $E_1'$ und $E_2$,
c) $E_1'$ und $E_2'$.

B e w e i s. a) Da $w(E_1) \neq 0$, gilt nach der Definition der bedingten Wahrscheinlichkeit

$$w(E_1 \cap E_2') = w(E_2' \mid E_1) \cdot w(E_1).$$

Setzt man für $w(E_2' \mid E_1) = 1 - w(E_2 \mid E_1)$ im obigen Ausdruck, so wird

$$w(E_1 \cap E_2') = (1 - w(E_2 \mid E_1)) \cdot w(E_1).$$

Da $E_2$ und $E_1$ unabhängig sind, gilt nach Satz 4.4 $w(E_2 \mid E_1) = w(E_2)$, und somit wird

$$w(E_1 \cap E_2') = (1 - w(E_2)) \cdot w(E_1) = w(E_2') \cdot w(E_1).$$

b) Analog wie a).
c) Wir setzen voraus, daß $w(E_2') \neq 0$. Nach Definition der bedingten Wahrscheinlichkeit gilt

$$w(E_1' \cap E_2') = w(E_1' \mid E_2') \cdot w(E_2').$$

Man setzt für $w(E_1' \mid E_2') = 1 - w(E_1 \mid E_2')$ und erhält

$$w(E_1' \cap E_2') = (1 - w(E_1 \mid E_2')) \cdot w(E_2').$$

Wegen a) und Satz 4.4 gilt $w(E_1 \mid E_2') = w(E_1)$. Also wird

$$w(E_1' \cap E_2') = (1 - w(E_1)) \cdot w(E_2') = w(E_1') \cdot w(E_2').$$

B   Wir wollen diese Sätze an einem Beispiel illustrieren.

**Beispiel 4.5.** Bei einer wohlbestimmten Menge S von Studenten wird Seh- und Hörfähigkeit untersucht. Es sei

$$G = \{ x \mid \text{Student } x \in S \text{ hört schlecht} \},$$

$$A = \{ x \mid \text{Student } x \in S \text{ sieht schlecht} \}.$$

Zu diesen Ereignissen seien die folgenden Informationen gegeben. $w(G \cap A) = 0{,}05$; $w(A' \cap G) = 0{,}2$; $w(A \cap G') = 0{,}15$; $w(A' \cap G') = 0{,}6$.

B e h a u p t u n g. G und A sind unabhängig.

B e w e i s. Betrachten wir Fig. 4.11, so sieht man leicht, daß

$$G = G \cap (A \cup A') = (G \cap A) \cup (G \cap A'),$$

also     $w(G) = w(G \cap A) + w(G \cap A') = 0{,}05 + 0{,}2 = 0{,}25.$

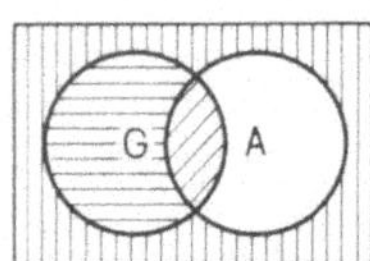

Fig. 4.11

Ebenso erhält man für $w(A) = 0{,}20$. Also ist $w(G \cap A)$ das Produkt von $w(G)$ und $w(A)$. Daraus ergibt sich $w(G \cap A) = 0{,}20 \cdot 0{,}25 = 0{,}05$.

B e h a u p t u n g. G und $A'$ sind unabhängig.

B e w e i s. Wir wissen, daß $w(A' \cap G) = 0{,}2$; $w(A') = 1 - 0{,}20 = 0{,}80$ und $w(G) = 0{,}25$; also gilt

$$w(A' \cap G) = w(A') \cdot w(G).$$

B e h a u p t u n g. A und $G'$ sind unabhängig.

B e w e i s. Es ist $w(A \cap G') = 0{,}15$; $w(A) = 0{,}20$ und $w(G') = 1 - 0{,}25 = 0{,}75$; also gilt

$$w(A \cap G') = w(A) \cdot w(G').$$

B e h a u p t u n g. $A'$ und $G'$ sind unabhängig.

B e w e i s. Es ist $w(A' \cap G') = 0{,}6$; $w(A') = 1 - 0{,}20 = 0{,}80$ und $w(G') = 1 - 0{,}25 = 0{,}75$; also gilt

$$w(A' \cap G') = w(A') \cdot w(G').$$

**Aufgabe 4.8.** Seien $E_1$, $E_2$ Ereignisse aus $(S, \mathfrak{E}, w)$, wobei $w(E_1) = 0{,}3$; $w(E_2) = 0{,}5$ und $w(E_1 \cap E_2) = 0{,}15$ sei. Zeigen Sie, daß

$$E_1 \text{ und } E_2, \qquad E_1' \text{ und } E_2,$$
$$E_1 \text{ und } E_2', \qquad E_1' \text{ und } E_2'$$

unabhängig sind.

**Aufgabe 4.9.** Seien $E_1$, $E_2$, $E_3$ Ereignisse aus $(S, \mathfrak{C}, w)$. Vorausgesetzt sei, daß

B

$$w\,(E_1) = 0{,}4; \; w\,(E_2) = 0{,}8; \; w\,(E_3) = 0{,}2;$$

$$w\,(E_1 \cap E_2 \cap E_3') = 0{,}256; \; w\,(E_1 \cap E_3 \cap E_2') = 0{,}016;$$

$$w\,(E_2 \cap E_3 \cap E_1') = 0{,}096; \; w\,(E_1 \cap E_2 \cap E_3) = 0{,}064.$$

Sind $E_1$, $E_2$, $E_3$ vollständig unabhängig? (Beweis der Antwort!)

**Aufgabe 4.10.** In der Schweiz wurde kürzlich festgestellt, daß ein verheirateter Mann in einer Abstimmung mit Wahrscheinlichkeit 0,5 seine Stimme abgibt; dafür, daß eine verheiratete Frau ihre Stimme abgibt, ist die Wahrscheinlichkeit 0,6; dafür daß eine Frau ihre Stimme abgibt, vorausgesetzt, daß ihr Gatte seine Stimme abgibt, ist die Wahrscheinlichkeit 0,9. Es sei:

$$M = \{\, x \mid x \text{ ist ein Mann, der seine Stimme abgibt} \}$$

$$F = \{\, x \mid x \text{ ist eine Frau, die ihre Stimme abgibt} \}.$$

Berechnen Sie $w\,(M \cap F)$, $w\,(M \mid F)$, $w\,(M \cup F)$.

**Aufgabe 4.11.** Es ist ein Wahrscheinlichkeitsraum $(S, \mathfrak{P}(S), w)$ gegeben durch $S = \{ x_1, x_2, x_3, x_4, x_5 \}$. Die Abbildung $w\colon \mathfrak{P}(S) \to \mathbf{R}$ ist gegeben durch

$$w\colon \{ x_1 \} \mapsto w\,(x_1) = \frac{1}{15} \qquad w\colon \{ x_4 \} \mapsto w\,(x_4) = \frac{8}{15}$$

$$\{ x_2 \} \mapsto w\,(x_2) = \frac{1}{5} \qquad \{ x_5 \} \mapsto w\,(x_5) = \frac{2}{15}$$

$$\{ x_3 \} \mapsto w\,(x_3) = \frac{1}{15}$$

Betrachten Sie

$$E_1 = \{ x_1, x_2, x_3 \}, \qquad E_2 = \{ x_3, x_4, x_5 \},$$

$$E_3 = \{ x_2, x_3, x_4 \}, \qquad E_4 = \{ x_1, x_3, x_5 \}.$$

Welche Ereignisse sind unabhängig von welchen?

### 4.2.2. Unabhängige Versuche

**Definition 4.5.** Gegeben sind $n$ Wahrscheinlichkeitsräume $(S_i, \mathfrak{P}(S_i), w^{S_i})$, $i = 1, 2, \ldots, n$. Ein Experiment bestehe aus $n$ verschiedenen Versuchen mit den zugehörigen Stichprobenräumen $S_1, S_2, \ldots, S_n$. Der Stichprobenraum $S = S_1 \times S_2 \times \ldots \times S_n$ gehöre zum Experiment.

a) E heißt in E r e i g n i s   a u s   n   V e r s u c h e n, falls es eine Folge $E_i \in \mathfrak{P}(S_i)$ ($i = 1, 2, \ldots, n$) von Ereignissen gibt, so daß E in der folgenden Weise darstellbar ist:

$$E = E_1 \times E_2 \times \ldots \times E_n.$$

B  b) Ist E ein Ereignis der Form

$$E = S_1 \times S_2 \times S_3 \times \ldots \times S_{i-1} \times E_0 \times S_{i+1} \ldots \times S_n$$

und $E_0 \in \mathfrak{P}(S_i)$, so heißt E  e i n   E r e i g n i s   a u s   n   V e r s u c h e n, das  n u r   v o m  i - t e n   V e r s u c h   a b h ä n g t.

**Definition 4.6.** Gegeben seien die Wahrscheinlichkeitsräume $(S_i, \mathfrak{P}(S_i), w^{S_i})$, i = 1, 2, ..., n und $(S, \mathfrak{P}(S), w^S)$, wobei $S = S_1 \times S_2 \times S_3 \times \ldots \times S_n$ ist. Dann ist $(S, \mathfrak{P}(S), w^S)$ der Wahrscheinlichkeitsraum  d e s   E x p e r i m e n t e s   a u s   n   u n a b - h ä n g i g e n   V e r s u c h e n, falls das Multiplikationsgesetz

$$w^S(E) = \prod_{i=1}^{n} w^{S_i}(E_i)$$

für jedes Ereignis der Form $E = E_1 \times E_2 \times \ldots \times E_n$ gilt. Es bedeutet:

$$\prod_{i=1}^{n} w^{S_i}(E_i) = w^{S_1}(E_1) \cdot w^{S_2}(E_2) \cdot \ldots \cdot w^{S_n}(E_n)$$

Man sieht, daß durch Definition 4.6 für Experimente aus n unabhängigen Versuchen eine Wahrscheinlichkeitsfunktion auf dem Produktraum derart definiert wird, daß die Wahrscheinlichkeitsfunktionen in den verschiedenen Teil-Stichprobenräumen zu Grunde gelegt werden.

Man beachte insbesondere, daß die Wahrscheinlichkeitsfunktion $w^S$ eindeutig durch die Wahrscheinlichkeitsfunktionen $w^{S_i}$ festgelegt und unabhängig von der Reihenfolge der Versuche ist. Die Wahrscheinlichkeitsfunktionen für die einzelnen Versuche sind fest vorgegeben und hängen nicht von Ereignissen irgendwelcher vorangegangener Versuche ab.

Da bei Experimenten aus n unabhängigen Versuchen das Rechnen mit Produktmengen sehr wichtig wird, sollen hier zwei Aufgaben aus der Mengenalgebra eingeschoben werden.

**Aufgabe 4.12.** Gegeben sind die in Fig. 4.12 dargestellten Mengen $S_1$, $S_2$, $E_1$, $E_2$, $F_1$, $F_2$. Stellen Sie grafisch dar:

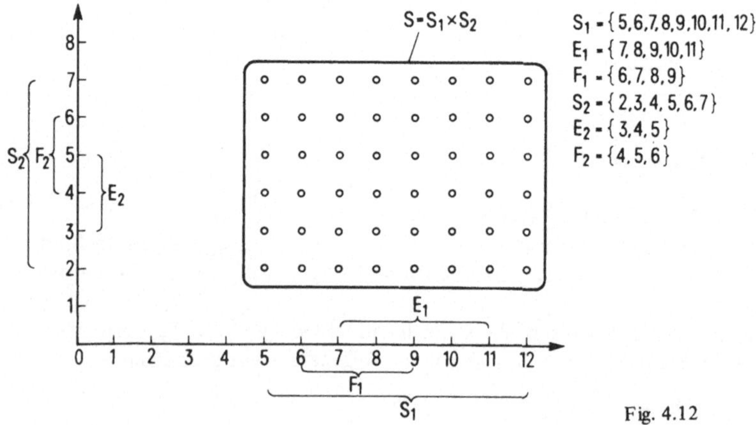


Fig. 4.12

**a)** $E = E_1 \times E_2$ und $F = F_1 \times F_2$.

**b)** $E'$, $F'$, $E \cap F$, $E \cup F$.

**c)** Was bedeutet $E \cap F = \emptyset$?

**d)** Geben Sie die Kardinalzahl für jede der Mengen aus a) und b) an.

**Aufgabe 4.13.** Gegeben seien die Mengen $S_1, S_2, \ldots, S_n, E_1, E_2, \ldots, E_n$, $F_1, F_2, \ldots, F_n$, wobei $E_i, F_i \in \mathfrak{P}(S_i)$ für alle $i = 1, \ldots, n$. Setzen Sie

$$E = E_1 \times E_2 \times E_3 \times \ldots \times E_n,$$

$$F = F_1 \times F_2 \times F_3 \times \ldots \times F_n.$$

**a)** Geben Sie eine Mengengleichung an für $E'$, $F'$.

**b)** Geben Sie eine Mengengleichung an für $E \cap F$.

**c)** Geben Sie eine Mengengleichung an für $E \cup F$.

**d)** Was bedeutet $E \cap F = \emptyset$?

**Aufgabe 4.14.** Es seien n Wahrscheinlichkeitsräume $(S_i, \mathfrak{P}(S_i), w^{S_i})$ $i = 1, \ldots, n$ gegeben, und E sei ein beliebiges Ereignis aus n unabhängigen Versuchen im Stichprobenraum $S = S_1 \times S_2 \times \ldots \times S_n$.

**a)** Beweisen Sie, daß durch $w^S(E) = \prod_{i=1}^{n} w^{S_i}(E_i)$ eine Wahrscheinlichkeitsfunktion auf S gegeben ist (Axiom 3.2).

**b)** Beweisen Sie, daß für diese Wahrscheinlichkeitsfunktion gilt: Für alle Ereignisse E, die nur vom k-ten Versuch abhängen, d. h.

$$E = S_1 \times S_2 \times \ldots \times S_{k-1} \times E_0 \times S_{k+1} \times \ldots \times S_n$$

gilt:     $w^S(E) = w^{S_k}(E_0)$.

**Satz 4.6.** In einem Experiment aus n unabhängigen Versuchen sei $S_i = S_0$ und $w^{S_i} = w^{S_0}$ für alle $i = 1, \ldots, n$. Im Stichprobenraum $S = S_0^n$ seien die Ereignisse E und F gegeben, die nur vom i-ten bzw. k-ten Versuch $i \neq k$ abhängen, d. h.

$$E = S_0 \times \ldots \times S_0 \times E_0 \times S_0 \times \ldots \times S_0, \qquad F = S_0 \times \ldots \times S_0 \times F_0 \times \ldots \times S_0$$

$$\text{i-ter Faktor} \qquad\qquad\qquad \text{k-ter Faktor}$$

Dann gilt $w^S(E \cap F) = w^{S_0}(E_0) \cdot w^{S_0}(F_0)$.

B e w e i s.

$$w^S(E \cap F) = w^S(S_0 \times S_0 \times \ldots \times E_0 \times \ldots \times F_0 \times \ldots \times S_0)$$

$$\text{i-ter} \qquad \text{k-ter} \qquad \text{n-ter}$$
$$\underline{\qquad\qquad\qquad\qquad\qquad}$$
$$\text{Versuch}$$

$$= [w^{S_0}(S_0)]^{n-2} \cdot w^{S_0}(E_0) \cdot w^{S_0}(F_0) \quad = 1 \cdot w^{S_0}(E_0) \cdot w^{S_0}(F_0)$$
$$\qquad\qquad\qquad\qquad\qquad\qquad\qquad\qquad = w^{S_0}(E_0) \cdot w^{S_0}(F_0)$$

**wegen Definition 4.6**

**B**  **Bemerkung.** Die Aussage des Satzes erinnert stark an die Definition der Unabhängigkeit von Ereignissen in $S_0$. Dies ist mit ein Grund dafür, daß wir in Definition 4.6 von einem Experiment aus n **u n a b h ä n g i g e n** Versuchen sprechen.

Man muß sich aber klar darüber sein, daß $E_0$ und $F_0$ im Satz 4.6 durchaus auch abhängig sein können bezüglich $S_0$, d. h. daß $w^{S_0}(E_0 \cap F_0) \neq w^{S_0}(E_0) \cdot w^{S_0}(F_0)$. Es gilt aber trotzdem nach Satz 4.6 $w^S(E \cap F) = w^{S_0}(E_0) \cdot w^{S_0}(F_0)$, falls S der Stichprobenraum von n unabhängigen Versuchen ist.

**Beispiel 4.6.** Wir beziehen uns hier auf das Beispiel 1.2, in dem ein Geldstück dreimal hintereinander geworfen wurde (Experiment aus 3 unabhängigen Versuchen). Es ist

$$S_0 = \{W, Z\} \quad \text{mit} \quad \mathfrak{P}(S_0) = \{\emptyset, S_0, \{W\}, \{Z\}\},$$
$$w^{S_0} : \{W\} \mapsto w_0$$
$$\{Z\} \mapsto 1 - w_0.$$

Es sollen die Wahrscheinlichkeiten der Ereignisse von Aufgabe 1.3 in $S = S_0 \times S_0 \times S_0$ berechnet werden.

**a)** Mindestens einmal bei drei Würfen tritt Zahl auf.

$$E_1 = \{(Z, W, W) \quad (W, Z, W) \quad (W, W, Z) \quad (Z, Z, W) \quad (Z, W, Z) \quad (W, Z, Z)$$
$$(Z, Z, Z)\}$$

und    $E_1' = \{W, W, W\}$

Da $E_1'$ einfacher zu handhaben ist als $E_1$, berechnen wir $w^S(E_1) = 1 - w^S(E_1')$.

$$w^S(E_1') = w^{S_0}(W) \cdot w^{S_0}(W) \cdot w^{S_0}(W) = w_0 \cdot w_0 \cdot w_0 = w_0^3$$
$$w^S(E_1) = 1 - w^S(E_1') = 1 - w_0^3$$

**b)** $E_2 = \{(Z, W, W), (W, Z, W), (W, W, Z)\}$.

$$w^S(E_2) = (1 - w_0) \cdot w_0 \cdot w_0 + w_0 \cdot (1 - w_0) \cdot w_0 + w_0 \cdot w_0 (1 - w_0)$$
$$= 3 \cdot (1 - w_0) \cdot w_0^2.$$

**c)** Wir betrachten wieder $E_3' = \{(Z, Z, Z), (W, W, W)\}$ und erhalten

$$w^S(E_3) = 1 - w^S(E_3') = 1 - [(1 - w_0)^3 + w_0^3]$$
$$= 1 - [1 - 3w_0 + 3w_0^2 - w_0^3 + w_0^3]$$
$$= 3w_0 - 3w_0^2 = 3w_0(1 - w_0^2).$$

**Aufgabe 4.15.** Wir nehmen Bezug auf das Beispiel 1.4 und Aufgabe 1.6. Berechnen Sie die Wahrscheinlichkeiten für die Ereignisse von Aufgabe 1.6, indem Sie jeder Kugel in der Urne die gleiche Wahrscheinlichkeit zuordnen, herausgegriffen zu werden.

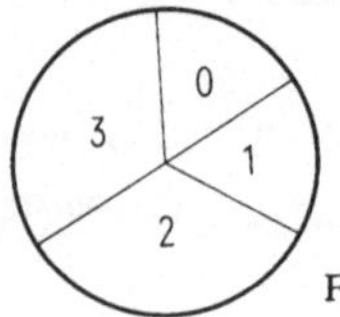

Fig. 4.13

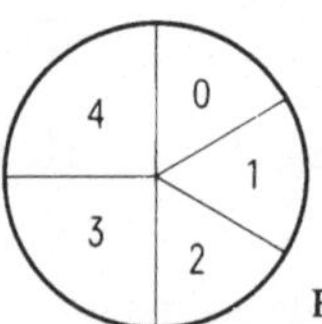

Fig. 4.14

**Beispiel 4.7.** Wir drehen im 1. Versuch das Glücksrad 1 (Fig. 4.13) e i n m a l, und im  **B**
2. Versuch das Glücksrad 2 (Fig. 4.14) e i n m a l.

Es ist $S_1 = \{0, 1, 2, 3\}$, $S_2 = \{0, 1, 2, 3, 4\}$ mit

$$w^{S_1}: \{0\} \longmapsto \frac{3}{20} \qquad w^{S_2}: \{0\} \longmapsto \frac{5}{30}$$

$$\{1\} \longmapsto \frac{4}{20} \qquad \{1\} \longmapsto \frac{6}{30}$$

$$\{2\} \longmapsto \frac{5}{20} \qquad \{2\} \longmapsto \frac{7}{30}$$

$$\{3\} \longmapsto \frac{8}{20} \qquad \{3\} \longmapsto \frac{8}{30}$$

$$\{4\} \longmapsto \frac{4}{30}$$

Wir betrachten das Ereignis $E = \{(x, y) \mid x \in S_1, y \in S_2 \text{ mit } x + y = 5\}$ in $S = S_1 \times S_2$.

$$E = \{(1, 4), (2, 3), (3, 2)\}$$

$$w^S(E) = w^S[\{(1, 4)\} \cup \{(2, 3)\} \cup \{(3, 2)\}] = w^S(1, 4) + w^S(2, 3) + w^S(3, 2)$$

$$= w^{S_1}(1) \cdot w^{S_2}(4) + w^{S_1}(2) \cdot w^{S_2}(3) + w^{S_1}(3) \cdot w^{S_2}(2)$$

$$= \frac{4}{20} \cdot \frac{4}{30} + \frac{5}{20} \cdot \frac{8}{30} + \frac{8}{20} \cdot \frac{7}{30}$$

$$= \frac{1}{5} \cdot \frac{2}{15} + \frac{1}{4} \cdot \frac{4}{15} + \frac{2}{5} \cdot \frac{7}{30} = \frac{2}{75} + \frac{4}{60} + \frac{14}{150}$$

$$= \frac{8 + 20 + 28}{300} = \frac{56}{300} = \frac{14}{75}.$$

**Beispiel 4.8.** Eine Münze wird n mal geworfen, die Wahrscheinlichkeit von Wappen sei $w(W) = w_0$, die Wahrscheinlichkeit von Zahl sei $w(Z) = 1 - w_0$. Dann besteht das Experiment aus n unabhängigen Versuchen, die alle den gleichen Wahrscheinlichkeitsraum $(S_0, \mathfrak{P}(S_0), w^{S_0})$ haben mit

$$S_0 = \{W, Z\}.$$

$$\mathfrak{P}(S_0) = \{\emptyset, \{W\}, \{Z\}, \{W, Z\}\},$$

$$w^{S_0}: \{W\} \longmapsto w_0$$

$$\{Z\} \longmapsto 1 - w_0$$

Der Stichprobenraum des Experimentes ist $S = S_0^n$

$$S = \{(x_1, x_2, \ldots, x_n) \mid x_i \in S_0, i \in I_n\}.$$

Wie groß ist die Wahrscheinlichkeit des Ereignisses $E_k$, das beschrieben wird durch $e_k$:
„W tritt genau in k der n-Versuche auf"?

Aus der Kombinatorik wissen wir, daß $\text{card}(E_k) = \binom{n}{k}$ ist.

B  Betrachten wir eines der Resultate aus $E_k$:

$$(W, W, W, \ldots, Z, Z, \ldots, W).$$

$$\underbrace{\phantom{(W, W, W, \ldots, Z, Z, \ldots, W)}}_{\text{k mal W und (n − k) mal Z}}$$

Da das Experiment aus n unabhängigen Versuchen besteht, gilt für jedes Elementarereignis aus $E_k$

$$w^S \underbrace{[(W, W, W, \ldots, Z, Z, \ldots, W)]}_{\text{k mal W}} = w_0^k \cdot (1 - w_0)^{n-k}.$$

Also ist

$$w^S (E_k) = \binom{n}{k} \cdot w_0^k \cdot (1 - w_0)^{n-k}.$$

**Beispiel 4.9** (S t i c h p r o b e n - E n t n a h m e   o h n e   Z u r ü c k l e g e n). In einer Urne liegen n numerierte Kugeln 1, 2, …, n. Wie groß ist die Wahrscheinlichkeit dafür, daß, bei zufälligem Ziehen von k Kugeln ohne Zurücklegen, eine vorgegebene Reihenfolge von k Elementen herausgegriffen wird?

Es gibt offenbar $\binom{n}{k}$ verschiedene Kombinationen von k vorgegebenen Elementen. Ist jede gleichwahrscheinlich, so kommt einer ganz bestimmten Kombination die Wahrscheinlichkeit

$$\frac{1}{\binom{n}{k}} = \binom{n}{k}^{-1}$$

zu. Dieses Ergebnis können wir auch auf einem anderen Weg erhalten:

Beim ersten Zug sind n Kugeln in der Urne. Wollen wir eine ganz bestimmte Kugel herausgreifen, so ist die Wahrscheinlichkeit dafür $1/n$. Wollen wir beim 2. Zug eine bestimmte der verbleibenden Kugeln ziehen, so besteht dafür die Wahrscheinlichkeit $1/(n - 1)$; beim 3. Zug die Wahrscheinlichkeit $1/(n - 2)$ usw., beim k-ten Zug die Wahrscheinlichkeit $1/(n - k + 1)$. Natürlich haben wir für die verschiedenen Reihenfolgen $k!$ Möglichkeiten, diese k Kugeln zu ziehen.

Damit ergibt sich die gesuchte Wahrscheinlichkeit zu

$$\frac{k!}{n\,(n - 1)\,(n - 2) \ldots (n - k + 1)} = \binom{n}{k}^{-1}.$$

**Beispiel 4.10** (S t i c h p r o b e n - E n t n a h m e   m i t   Z u r ü c k l e g e n). In einer Urne liegen n Kugeln, und zwar m rote und (n − m) blaue. Es ist also die Wahrscheinlichkeit, eine rote Kugel zu ziehen $w(R) = m/n = w_0$, eine blaue zu ziehen $w(B) = (n - m)/n = 1 - w_0$.

Wir nehmen r Kugeln mit Zurücklegen aus der Urne. Wie groß ist die Wahrscheinlichkeit des Ereignisses E, gegeben durch e: „Unter den r gezogenen Kugeln sind k rote“. Wir haben hier einen zu Beispiel 4.8 analogen Fall:

$$S_0 = \{ B, R \},$$
$$w^{S_0}: \{ B \} \longmapsto 1 - w_0,$$
$$\{ R \} \longmapsto w_0.$$

Der Stichprobenraum des Experimentes ist $S = S_0^r$.

Wie in Beispiel 4.8 ergibt sich sofort

$$w^S (E) = \binom{r}{k} w_0^k \cdot (1 - w_0)^{r-k} = \binom{r}{k} \cdot \left(\frac{m}{n}\right)^k \cdot (1 - \frac{m}{n})^{r-k}.$$

Damit der U n t e r s c h i e d zwischen Experimenten aus u n a b h ä n g i g e n bzw. a b h ä n g i g e n Versuchen klar wird, betrachten wir zwei Beispiele, in denen die einzelnen Versuche n i c h t unabhängig, sondern a b h ä n g i g sind.

**Beispiel 4.11.** In einer Urne befinden sich 5 weiße und 2 rote Kugeln. Wir ziehen im 1. Versuch eine Kugel aus der Urne, legen diese n i c h t zurück und ziehen dann eine 2. Kugel. Es ist

$$S_1 = \{R, W\} \quad \text{und} \quad S_2 = \{R, W\}.$$

Betrachten wir das Ereignis E in $S = S_1 \times S_2$, beschrieben durch e: „Mindestens eine der Kugeln ist weiß"

$$E = \{(W, R), (R, W), (W, W)\}.$$

Den Baum des Experimentes aus diesen 2 Versuchen zeigt Fig. 4.15.

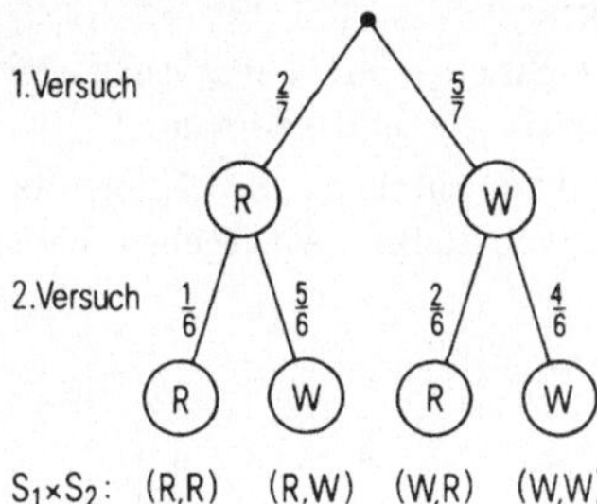


Fig. 4.15

Offensichtlich sind auf $S_2$ zwei verschiedene Wahrscheinlichkeitsfunktionen definiert, die jeweils vom Ausgang des 1. Versuches abhängen.

Da es auf $S_i$ verschiedene Wahrscheinlichkeitsfunktionen gibt, werden wir in Zukunft mit $w_B^{S_i}$ die Wahrscheinlichkeitsfunktion im Stichprobenraum $S_i$ bezeichnen, die durch das Ereignis B eindeutig bestimmt ist, wobei B ein Ereignis in $S_1 \times S_2 \times \ldots \times S_{i-1}$ ist. $w_B^{S_i}$ ist bedingt durch B.

Also ist $w_R^{S_2}$ die Wahrscheinlichkeitsfunktion auf $S_2$, falls im 1. Versuch R stattgefunden hat, d. h.

B

$$w^{S_2}_R: \{R\} \mapsto \frac{1}{6} \quad \text{und} \quad w^{S_2}_W: \{R\} \mapsto \frac{2}{6}$$

$$\{W\} \mapsto \frac{5}{6} \quad \text{und} \quad \{W\} \mapsto \frac{4}{6}.$$

Multiplizieren wir wie im unabhängigen Fall entlang den Ästen des Baumes, so erhalten wir auf $S_1 \times S_2$ eine Wahrscheinlichkeitsfunktion (ohne Beweis).

$$w^S: \quad \{R, R\} \longmapsto \frac{2}{42} \quad \{W, R\} \longmapsto \frac{10}{42}$$

$$\{R, W\} \longmapsto \frac{10}{42} \quad \{W, W\} \longmapsto \frac{20}{42}$$

$$w^S(E) = w^S\left[\{(W, R)\} \cup \{(R, W)\} \cup \{(W, W)\}\right]$$

$$= w^S(W, R) + w^S(R, W) + w^S(W, W)$$

$$= w^{S_1}(W) \cdot w^{S_2}_W(R) + w^{S_1}(R) \cdot w^{S_2}_R(W) + w^{S_1}(W) \cdot w^{S_2}_W(W)$$

$$= \frac{5}{7} \cdot \frac{2}{6} + \frac{2}{7} \cdot \frac{5}{6} + \frac{5}{7} \cdot \frac{4}{6} = \frac{40}{42} = \frac{20}{21}.$$

Durch die Funktion $w^S$ werden den verschiedenen Elementarereignissen in $S_1 \times S_2$ Wahrscheinlichkeiten zugeordnet, die proportional zu den Wahrscheinlichkeiten in den Teilräumen $S_1$ bzw. $S_2$ sind.

**Beispiel 4.12.** In einer Urne befinden sich 3 rote und 5 weiße Kugeln. Man zieht 3mal hintereinander je eine Kugel o h n e  Zurücklegen.

Das in $S_1 \times S_2 \times S_3$ betrachtete Ereignis E ist beschrieben durch e: „Genau eine der 3 gezogenen Kugeln ist weiß". Wie groß ist die Wahrscheinlichkeit von E?

In den Figuren 4.16 bis 4.18 sind die Baumdarstellungen für $S_1$, $S_2$, $S_3$ und die zugehörigen verschiedenen möglichen Wahrscheinlichkeitsfunktionen gegeben. Wir stellen zusammen:

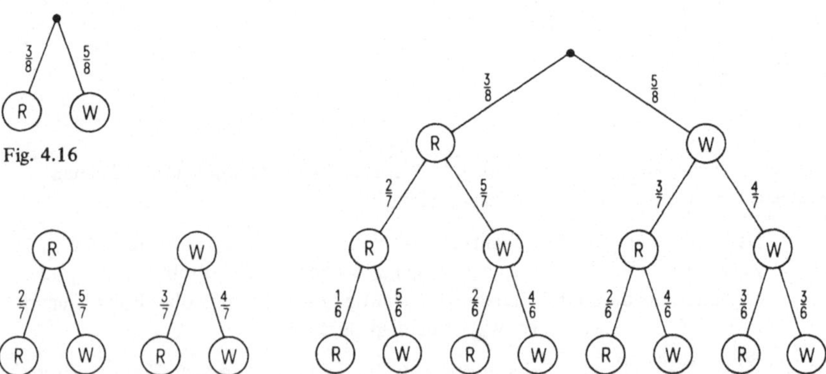

Fig. 4.16

Fig. 4.17

Fig. 4.18

**1. Versuch**

$$w^{S_1}: \quad \{R\} \mapsto \frac{3}{8}$$

$$\{W\} \mapsto \frac{5}{8}$$

**2. Versuch**

$$w^{S_2}_R: \quad \{R\} \mapsto \frac{2}{7} \quad \{W\} \mapsto \frac{5}{7}$$

$$w^{S_2}_W: \quad \{R\} \mapsto \frac{3}{7} \quad \{W\} \mapsto \frac{4}{7}$$

**3. Versuch**

$$w^{S_3}_{(R,R)}: \quad \{R\} \mapsto \frac{1}{6} \qquad w^{S_3}_{(W,R)}: \{R\} \mapsto \frac{2}{6}$$

$$\{W\} \mapsto \frac{5}{6} \qquad\qquad \{W\} \mapsto \frac{4}{6}$$

$$w^{S_3}_{(R,W)}: \quad \{R\} \mapsto \frac{2}{6} \qquad w^{S_3}_{(W,W)}: \{R\} \mapsto \frac{3}{6}$$

$$\{W\} \mapsto \frac{4}{6} \qquad\qquad \{W\} \mapsto \frac{3}{6}$$

Damit ist nun für $S_1 \times S_2 \times S_3$ eine Wahrscheinlichkeitsfunktion definiert (ohne Beweis). Das betrachtete Ereignis $E$ in $S_i \times S_2 \times S_3$ ist:

$$E = \{(W, R, R), (R, W, R), (R, R, W)\}$$

und
$$w^S(E) = w^S\{(W, R, R), (R, W, R), (R, R, W)\}$$
$$= w^S(W, R, R) + w^S(R, W, R) + w^S(R, R, W).$$

Wir berechnen die einzelnen Summanden getrennt.

$$w^S(W, R, R) = w^{S_1 \times S_2}(W, R) \cdot w^{S_3}_{(W,R)}(R)$$

$$= w^{S_1}(W) \cdot w^{S_2}_W(R) \cdot w^{S_3}_{(W,R)}(R) = \frac{5}{8} \cdot \frac{3}{7} \cdot \frac{2}{6}.$$

$$w^S(R, W, R) = w^{S_1 \times S_2}(R, W) \cdot w^{S_3}_{(R,W)}(R)$$

$$= w^{S_1}(R) \cdot w^{S_2}_R(W) \cdot w^{S_3}_{(R,W)}(R) = \frac{3}{8} \cdot \frac{5}{7} \cdot \frac{2}{6}.$$

$$w^S(R, R, W) = w^{S_1 \times S_2}(R, R) \cdot w^{S_3}_{(R,R)}(W)$$

$$= w^{S_1}(R) \cdot w^{S_2}_R(R) \cdot w^{S_3}_{(R,R)}(W) = \frac{3}{8} \cdot \frac{2}{7} \cdot \frac{5}{6}.$$

Damit wird

$$w^S(E) = \frac{5 \cdot 3 \cdot 2 + 3 \cdot 5 \cdot 2 + 3 \cdot 2 \cdot 5}{8 \cdot 7 \cdot 6} = \frac{15}{56}.$$

**B**  **Aufgabe 4.16.** 2 Spieler führen mit den in Fig. 4.19 abgebildeten Glücksrädern ein Geldspiel durch. Jeder hat pro Runde Anrecht auf 3 Drehungen. Begonnen wird immer mit Glücksrad „0". Zeigt dieses die Endstellung j (j = 1, 2), so fährt man mit Glücksrad „j" fort und notiert zugleich „j Pluspunkte" für sich. Zeigt Glücksrad „j" die Zahl i (i = 0, 1, 2), so fährt man mit Glücksrad i fort und notiert „i Pluspunkte". Ebenso verfährt man bei der 3. Drehung und notiert davon die „k Pluspunkte". Der Spieler kann also in seiner Runde (i + j + k) Pluspunkte erhalten. Sein Gegenspieler zahlt ihm diese in DM aus und umgekehrt. Dabei gilt für die Glücksräder:

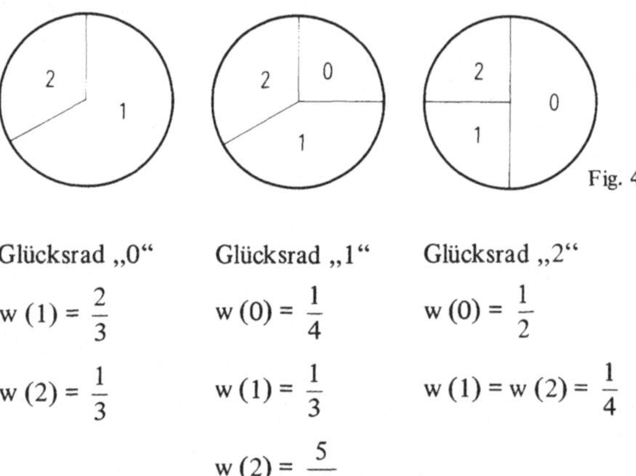


Glücksrad „0"          Glücksrad „1"          Glücksrad „2"

$w(1) = \dfrac{2}{3}$        $w(0) = \dfrac{1}{4}$        $w(0) = \dfrac{1}{2}$

$w(2) = \dfrac{1}{3}$        $w(1) = \dfrac{1}{3}$        $w(1) = w(2) = \dfrac{1}{4}$

$w(2) = \dfrac{5}{12}$

**a)** Wie groß ist die Wahrscheinlichkeit, daß ein Spieler die maximal mögliche Summe erhält?

**b)** Berechnen Sie die Wahrscheinlichkeiten dafür, daß ein Spieler die Punktesumme 0, 1, ..., max. Summe erhält.

**c)** Wie groß ist die Wahrscheinlichkeit, mindestens einmal eine 2 zu drehen?

**d)** Zeichnen Sie den Baum für dieses Spiel, samt eingetragenen Wahrscheinlichkeiten.

**Aufgaben**

**4.17** (vgl. hierzu Aufgabe 3.11). Ein Glücksrad läßt die Ziffern 0 bis 9 mit verschiedenen Wahrscheinlichkeiten erscheinen, nämlich mit

$$w(0) = \frac{1}{10}, \qquad w(4) = \frac{6}{50}, \qquad w(8) = \frac{2}{50},$$

$$w(1) = \frac{9}{50}, \qquad w(5) = \frac{1}{10}, \qquad w(9) = \frac{1}{50}.$$

$$w(2) = \frac{8}{50}, \qquad w(6) = \frac{4}{50},$$

$$w(3) = \frac{7}{50}, \qquad w(7) = \frac{3}{50},$$

Berechnen Sie auch für diesen Fall die Wahrscheinlichkeiten der in Aufgabe 3.11 gegebenen Ereignisse.

**4.18.** In Aufgabe 1.12 werden die Ereignisse $E_1$, $E_2$, $E_3$ betrachtet. Berechnen Sie die zugehörigen Wahrscheinlichkeiten von $E_1$, $E_2$, $E_3$, wenn die Wahrscheinlichkeitsfunktion auf dem Stichprobenraum durch das Schema in Fig. 4.20 gegeben ist (vgl. dazu auch Aufgabe 1.13).

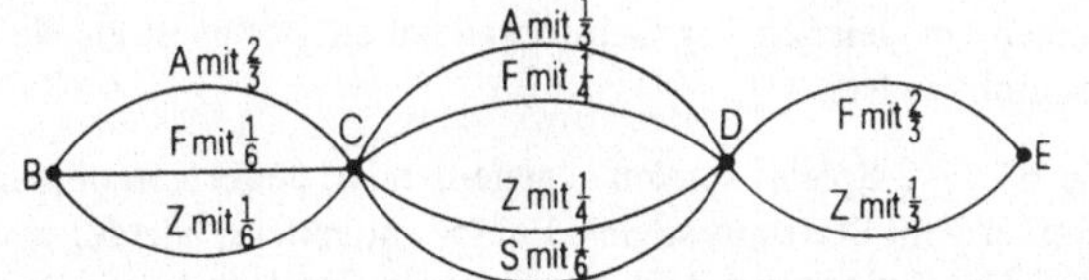


Fig. 4.20

**4.19.** In Aufgabe 1.14 werden die Ereignisse $E_1$, $E_2$, $E_3$ betrachtet. Berechnen Sie die Wahrscheinlichkeiten von $E_1$, $E_2$, $E_3$, wenn für die Geburt jedes Kindes gilt: w (m) = 0,52; w (w) = 0,48.

**4.20.** In Aufgabe 1.29 werden zwei Experimente und dazu gehörige Ereignisse betrachtet. Berechnen Sie die Wahrscheinlichkeiten aller in der Aufgabe erwähnten Ereignisse unter der Annahme, daß die Karten jedesmal vor dem Ziehen eines Kärtchens so durchgemischt werden, daß jedes Kärtchen in der Urne gleiche Chance hat, gezogen zu werden.

**4.21.** Mit einem Würfel wird 6mal geworfen. Wie groß ist die Wahrscheinlichkeit,
**a)** daß die Punktsumme der ersten beiden Würfe größer ist als diejenige der letzten 4 Würfe zusammen?
**b)** daß bei jedem Wurf mehr geworfen wird, als im vorangegangenen.

**4.22.** Ein Schütze trifft in 95% aller Fälle das Ziel. Bei wieviel unmittelbar nacheinander abgegebenen Schüssen ist die Wahrscheinlichkeit, daß alle Schüsse Treffer sind nur 1/2?

**4.23.** Ein Schütze trifft im Durchschnitt mit 7 von 10 Schüssen das Ziel, ein anderer Schütze trifft im Durchschnitt mit 8 von 10 Schüssen das Ziel. Wie groß ist die Wahrscheinlichkeit, daß beide Schützen, wenn sie je einen Schuß abfeuern, das Ziel treffen?

**4.24.** Ein Arbeiter überwacht 3 Werkzeugmaschinen. Die Wahrscheinlichkeit, daß eine Maschine eine Stunde ungestört läuft, ist für die 1. Maschine $W_1$ : 0,9; für die 2. Maschine $W_2$ : 0,8 und für die 3. Maschine $W_3$ : 0,85.
**a)** Wie groß ist die Wahrscheinlichkeit, daß alle 3 Maschinen eine Stunde lang ungestört arbeiten?
**b)** Wie groß ist die Wahrscheinlichkeit, daß alle 3 Maschinen zugleich blockiert sind?
**c)** Wie groß ist die Wahrscheinlichkeit, daß wenigstens eine der 3 Maschinen läuft?
**d)** Wie groß ist die Wahrscheinlichkeit, daß wenigstens eine der 3 Maschinen die Aufmerksamkeit des Arbeiters erfordert?

**4.25.** Lotto: Von den natürlichen Zahlen 1, 2, . . . , 48, 49 müssen 6 Zahlen richtig erraten werden, um im 1. Rang zu gewinnen; 5 Zahlen richtig erraten werden, um im 2. Rang zu gewinnen; usw. Die Reihenfolge spielt keine Rolle.

**B** Wie groß ist die Wahrscheinlichkeit, daß man im Zahlenlotto gewinnt?

a) Im 1. Rang (alle 6 Zahlen richtig),
b) im 2. Rang (5 Zahlen richtig),
c) im 3. Rang (4 Zahlen richtig).

**4.26.** Die Geburtstage von r Personen werden betrachtet. Wir nehmen an, das Jahr habe 365 Tage und jede Geburtstagsverteilung der r Personen auf die 365 Tage habe gleiche Eintrittschance. Wieviele Personen müssen zusammen sein, damit die Wahrscheinlichkeit, daß mindestens 2 Personen am gleichen Tag Geburtstag haben größer ist als die Wahrscheinlichkeit, daß dies nicht so ist?

**4.27.** Leiterspiel (s. Fig. 4.21). 2 Spieler spielen gegeneinander. Jeder von beiden hat einen Spielstein, mit dem er vom Start aus soviele Felder zurücklegt, wie der geworfene Würfel zeigt. Dieser Würfel hat jedoch auf 3 Flächen jeweils eine 1 und auf 3 Flächen jeweils eine 2. Wer als erster im Ziel anlangt, erhält vom Gegenspieler 2 DM, wer als erster im Gefängnis anlangt, zahlt dem Gegenspieler 3 DM. Dann beginnt eine neue Runde.

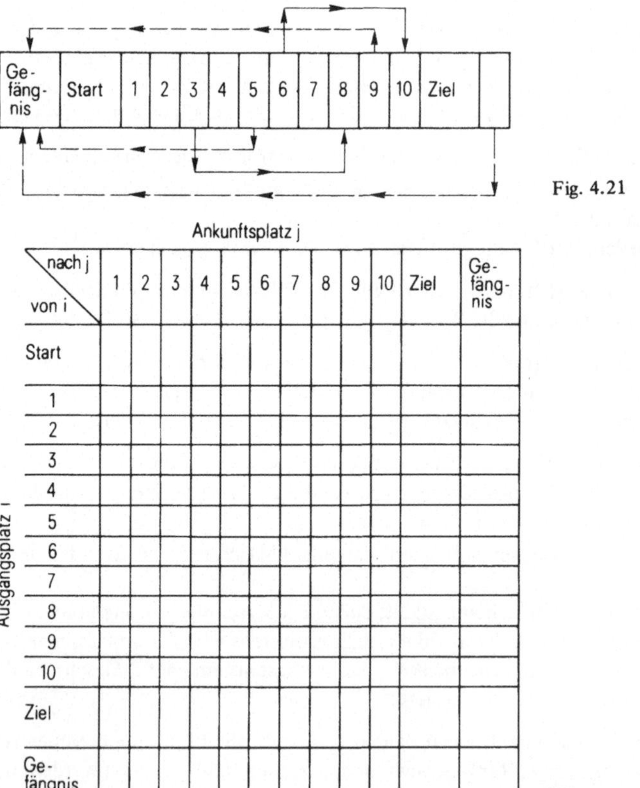


Fig. 4.21



Fig. 4.22

Gelangt ein Spieler mit seinem Spielstein auf ein Feld, von dem ein Pfeil weggeht, so
geht er direkt, ohne nochmals zu würfeln den Pfeil entlang zu dem Feld, wo der Pfeil
endet.

Berechnen Sie die Wahrscheinlichkeiten

**a)** daß ein Spieler ans Ziel kommt,
**b)** daß ein Spieler ins Gefängnis kommt,
**c)** daß ein Spieler nur auf geradzahlige Felder kommt,
**d)** daß ein Spieler mit möglichst wenig Würfeln ins Ziel kommt,
**e)** daß ein Spieler nie rückwärts springen muß,
**f)** daß ein Spieler vorwärts springt,
**g)** daß ein Spieler, der auf 4 steht, nach 10 kommt.
**h)** Berechnen Sie die Wahrscheinlichkeiten w (i, j), mit denen der Spieler von Platz i
nach Platz j gelangt und tragen Sie diese in Fig. 4.22 ein.

## 4.3. Didaktische Hinweise zur Unabhängigkeit von Versuchen

In der 5. und 6. Klasse sollen einige der in Kapitel 4 erhaltenen Kenntnisse empirisch
erarbeitet werden, so vor allem das Multiplikationsgesetz für Wahrscheinlichkeiten von
unabhängigen Versuchen.

### 4.3.1. Multiplikationsgesetz

Als Darstellungsmittel benutzen wir Bäume. Zu den ein- und mehrstufigen Experimenten werden die zugehörigen Bäume samt absoluten Häufigkeiten gezeichnet und be-
schriftet.

**Beispiel 4.13** (D r e i m a l i g e r   M ü n z e n w u r f). Das Experiment: „Eine Münze
wird 3mal geworfen" wiederholt man 12mal und zeichnet in Fig. 4.23 die absoluten
Häufigkeiten der verschiedenen Experimentverläufe ein. Erscheint z. B. das Resultat
(W, W, Z), so markiert man je einen Strich in W-Richtung bei den Versuchen 1 und 2,
einen Strich in Z-Richtung im 3. Versuch.

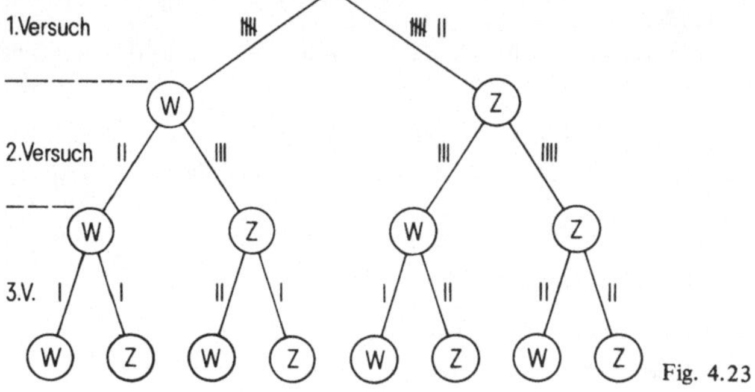


Fig. 4.23

C    Die relativen Häufigkeiten ergeben sich dann wie folgt:

$$w^{S_1}(W) \;=\; \frac{5}{12}, \qquad w^{S_1}(Z) \;=\; \frac{7}{12},$$

$$w^{S_2}_{W}(W) \;=\; \frac{2}{5}, \qquad w^{S_2}_{W}(Z) \;=\; \frac{3}{5},$$

$$w^{S_2}_{Z}(W) \;=\; \frac{3}{7}, \qquad w^{S_2}_{Z}(Z) \;=\; \frac{4}{7},$$

$$w^{S_3}_{(W,\,W)}(W) = \frac{1}{2}, \qquad w^{S_3}_{(W,\,W)}(Z) = \frac{1}{2},$$

$$w^{S_3}_{(W,\,Z)}(W) = \frac{2}{3}, \qquad w^{S_3}_{(W,\,Z)}(Z) = \frac{1}{3},$$

usw.

Die Schüler zeichnen sich nun den Baum noch einmal und tragen hier die relativen Häufigkeiten ein (Fig. 4.24).

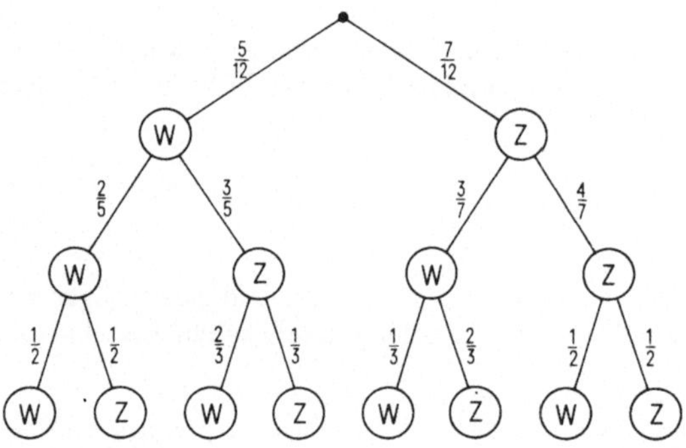


Fig. 4.24

Jetzt werden Fragen gestellt:

a) Wie groß ist die Wahrscheinlichkeit auf Grund von Fig. 4.24, daß das Wappen mindestens 2mal erscheint.

b) Wie groß ist die Wahrscheinlichkeit, daß im zweiten Wurf eine Zahl erscheint?

usw.

Die Antwort kann immer auf 2 Arten gefunden werden.

1. Absolute Häufigkeiten in Fig. 4.23 bestimmen und dann daraus die relativen Häufigkeiten berechnen.

2. Durch Multiplikation der relativen Häufigkeiten entlang den Ästen in Fig. 4.24.

Die beiden Lösungswege ergeben das gleiche Resultat.

Für die Wahrscheinlichkeit von (ZZW) könnte sich z. B. ergeben:

1. Zwei von 12 Experimenten zeigten den Ausgang

$$w\,(ZZW) = \frac{2}{12} = \frac{1}{6}\,.$$

2.  $$w\,(ZZW) = \frac{7}{12} \cdot \frac{4}{7} \cdot \frac{1}{2} = \frac{1}{3} \cdot \frac{1}{2} = \frac{1}{6}\,.$$

So lernen die Kinder in experimenteller Weise das Wesen von „Zufallsvorgängen aus mehreren Versuchen" kennen. Sie stellen auch fest, daß es verschiedene Realisationen von Häufigkeitsverteilungen gibt (Vergleich mit Klassenkameraden). Es soll wie in Abschn. 3.3.1 nochmals daran erinnert werden, daß diese in Fig. 4.24 bestimmte Wahrscheinlichkeit  n i c h t  als Schätzung der wirklichen Wahrscheinlichkeitsverteilung aufgefaßt werden soll.

Die Schüler gewöhnen sich sukzessive daran, Aussagen zu machen, die genau in ihrem Modell, d. h. hier in ihrem Wahrscheinlichkeitsraum $(S_1 \times S_2 \times S_3, \mathfrak{P}(S_1 \times S_2 \times S_3),$ $w^{S_1 \times S_2 \times S_3})$ richtig sind und im Modell des Nachbarn nicht mehr zutreffen; die relative Häufigkeit von Erscheinungen und deren Einfluß auf die Entscheidungsbildung wird erlebt.

### 4.3.2. Charakterisierung von Zufallsvorgängen

Den Kindern soll auch gezeigt werden, daß gewisse Zufallsexperimente, die äußerlich ganz verschieden sind, gleiche Struktur haben, z. B.:

1. Gleichzeitiges Werfen dreier Würfel ergibt den gleichen Stichprobenraum wie dreimaliges Ziehen (mit Zurücklegen) einer Kugel aus der Urne, in der sich die 6 gleichfarbigen Kugeln

$$\textcircled{1},\ \textcircled{2},\ \textcircled{3},\ \textcircled{4},\ \textcircled{5},\ \textcircled{6}$$

befinden. Zieht man zuerst aus Urne 1 (Fig. 4.25) und dann aus Urne 2 je eine Kugel, so ist dies ein Experiment, das die gleiche Struktur hat wie das folgende: „Man dreht zuerst das Glücksrad 1 und dann das Glücksrad 2 je einmal."

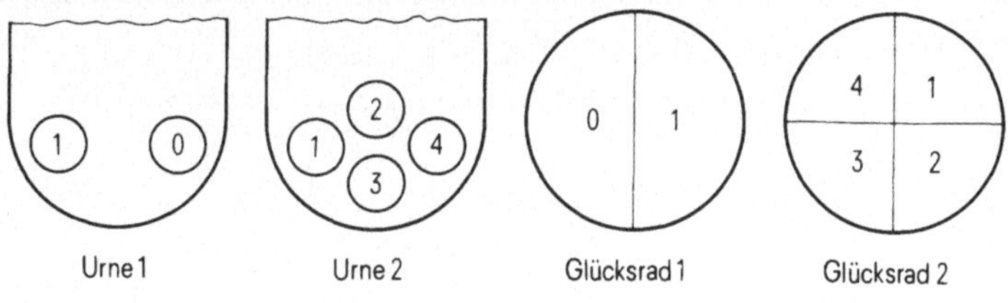


Fig. 4.25

Die Gleichartigkeit der Struktur von Experimenten kann am einfachsten durch die Darstellung am zugehörigen Baum gezeigt werden.

## 5. Die Begriffe Zufallsvariable, Wahrscheinlichkeitsdichte, Wahrscheinlichkeitsverteilungsfunktionen, Erwartungswert, Varianz, Standardabweichung

A **5.1. Beispiele zu den Begriffen Zufallsvariable, Wahrscheinlichkeitsdichte und Wahrscheinlichkeitsverteilungen**

Wenn Zufallsvorgänge betrachtet werden, so spielen sehr oft die den Vorgängen zugeordneten „Gewinn- oder Verlustzahlen", die Hauptrolle.

**Beispiel 5.1.** Zwei Freunde A und B führen ein Wettspiel durch. Sie drehen jeder das in Fig. 5.1 dargestellte Glücksrad 4mal. Jeder erhält die Punktsumme, die er erreicht vom Gegenspieler als Gewinn in DM ausbezahlt.

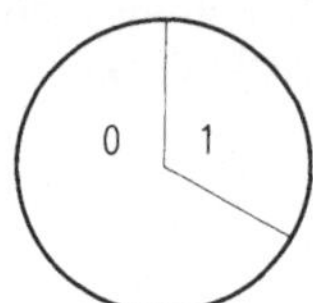


Fig. 5.1

Offenbar sind den Resultaten des Stichprobenraumes

$$S = \left\{ \begin{array}{l} (0000), (0001), (0010), (0100), (1000), (1100), \\ (1001), (1010), (0110), (0101), (0011), (1011), \\ (1101), (1110), (0111), (1111) \end{array} \right\}$$

verschiedene Zahlenwerte (Gewinne „i") zugeordnet.

Das Glücksrad ist so gebaut, daß die Ziffer 0 mit Wahrscheinlichkeit p und die Ziffer 1 mit Wahrscheinlichkeit $1 - p = q$ erscheint. Daraus kann man für jedes Resultat in S die zugehörige Wahrscheinlichkeit berechnen, denn die 4 Versuche unseres Experiments sind vollständig unabhängig. Die Gewinne i liegen in der Menge $\widetilde{S} = \{ 0, 1, 2, 3, 4 \}$. Diesen Gewinnen sind durch die Wahrscheinlichkeitsfunktion $w^S$ auf S indirekt Wahrscheinlichkeiten $w^{\widetilde{S}}(i)$ im Raum $\widetilde{S}$ zugeordnet (s. Fig. 5.2).

Nehmen wir als Zahlenbeispiel für $p = 2/3$ und $q = 1/3$, so erhalten wir

$$w^{\widetilde{S}}(0) = \frac{16}{81} ; \quad w^{\widetilde{S}}(1) = \frac{32}{81} ; \quad w^{\widetilde{S}}(2) = \frac{24}{81} ; \quad w^{\widetilde{S}}(3) = \frac{8}{81} ; \quad w^{\widetilde{S}}(4) = \frac{1}{81} .$$

Für die Wahrscheinlichkeiten auf $\widetilde{S}$ hat sich eine spezielle Namensgebung eingebürgert.

Man setzt

$$w^{\widetilde{S}}(i) = f_G(i) \qquad \text{für } i = 0, 1, 2, 3, 4$$

und nennt $f_G$ die W a h r s c h e i n l i c h k e i t s d i c h t e f u n k t i o n   d e s   G e w i n n e s   G.

Fig. 5.2

| Wahrscheinlichkeiten $w^S(r)$ für die Resultate $r \in S$ | Ereignisse in S | Gewinn $i \in \widetilde{S}$, der dem Ereignis in S zugeordnet ist | Wahrscheinlichkeiten $w^{\widetilde{S}}(i)$ für die Gewinne i in $\widetilde{S}$ |
|---|---|---|---|
| $w^S(0000) = p \cdot p \cdot p \cdot p = p^4$ | $\{0000\}$ | 0 | $w^{\widetilde{S}}(0) = p^4$ |
| $w^S(0001) = p \cdot p \cdot p \cdot q = p^3(1-p)$ <br> $w^S(0010) = p \cdot p \cdot q \cdot p = p^3(1-p)$ <br> $w^S(0100) = p \cdot q \cdot p \cdot p = p^3(1-p)$ <br> $w^S(1000) = q \cdot p \cdot p \cdot p = p^3(1-p)$ | $\left\{ \begin{array}{l} (0001), (0010) \\ (0100), (1000) \end{array} \right\}$ | 1 | $w^{\widetilde{S}}(1) = 4 \cdot p^3(1-p)$ |
| $w^S(1100) = q \cdot q \cdot p \cdot p = q^2 \cdot p^2$ <br> $w^S(1001) = q \cdot p \cdot p \cdot q = q^2 \cdot p^2$ <br> $w^S(1010) = q \cdot p \cdot q \cdot p = q^2 \cdot p^2$ <br> $w^S(0110) = p \cdot q \cdot q \cdot p = q^2 \cdot p^2$ <br> $w^S(0101) = p \cdot q \cdot p \cdot q = q^2 \cdot p^2$ <br> $w^S(0011) = p \cdot p \cdot q \cdot q = p^2 \cdot q^2$ | $\left\{ \begin{array}{l} (1100), (1001), (1010) \\ (0110), (0101), (0011) \end{array} \right\}$ | 2 | $w^{\widetilde{S}}(2) = 6 \cdot p^2 \cdot q^2 = 6 \cdot p^2(1-p)^2$ |
| $w^S(1011) = q \cdot p \cdot q \cdot q = q^3 \cdot p$ <br> $w^S(1101) = q \cdot q \cdot p \cdot q = q^3 \cdot p$ <br> $w^S(1110) = q \cdot q \cdot q \cdot p = q^3 \cdot p$ <br> $w^S(0111) = p \cdot q \cdot q \cdot q = q^3 \cdot p$ | $\left\{ \begin{array}{l} (1011), (1101) \\ (1110), (0111) \end{array} \right\}$ | 3 | $w^{\widetilde{S}}(3) = 4 q^3 \cdot p = 4 \cdot (1-p)^3 \cdot p$ |
| $w^S(1111) = q \cdot q \cdot q \cdot q = q^4$ | $\{(1111)\}$ | 4 | $w^{\widetilde{S}}(4) = q^4 = (1-p)^4$ |

A In Fig. 5.3 wird die Wahrscheinlichkeitsdichte $f_G$ als „Strichdiagramm" dargestellt. Jedem Gewinn wird eine Wahrscheinlichkeit zugeordnet, in unserem Fall

$$f_G(0) = \frac{16}{81}\,;\quad f_G(1) = \frac{32}{81}\,;\quad f_G(2) = \frac{24}{81}\,;\quad f_G(3) = \frac{8}{81}\,;\quad f_G(4) = \frac{1}{81}\,.$$

Oft interessiert uns bei solchen Problemen auch die Fragestellung:

Wie groß ist die Wahrscheinlichkeit dafür, daß der Gewinn $\leqslant i$ ist?

Natürlich erhalten wir diese Wahrscheinlichkeit $F_G(i)$ folgendermaßen:

$$F_G(i) = \sum_{k \leqslant i} f_G(k), \qquad \text{wobei } k \in \widetilde{S}.$$

Offenbar ergibt sich auch hier für jeden Wert i eine bestimmte Wahrscheinlichkeit $F_G(i)$. $F_G$ ist die sog. W a h r s c h e i n l i c h k e i t s v e r t e i l u n g des Gewinnes. In Fig. 5.4 wird die Wahrscheinlichkeitsverteilung, die zur Dichte aus Fig. 5.3 gehört, wiederum als „Strichdiagramm" dargestellt.

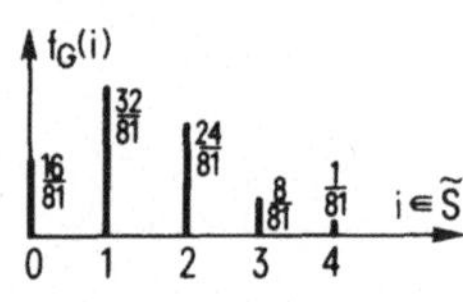

Fig. 5.3

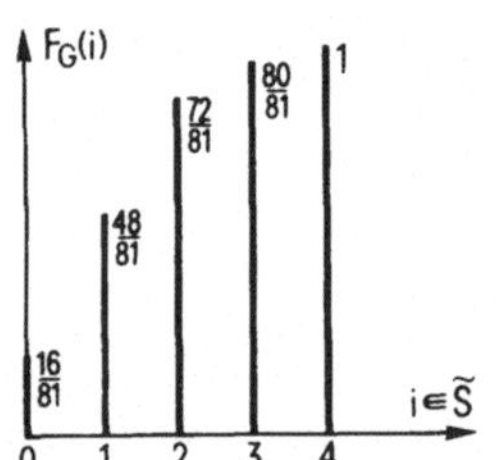

Fig. 5.4

**Beispiel 5.2.** Im folgenden werden weitere Varianten zu Beispiel 5.1 gegeben. Es werden die Glücksräder aus Fig. 5.5 und Fig. 5.6 benutzt.

Für das Glücksrad aus Fig. 5.5 soll gelten:

1 erscheint mit Wahrscheinlichkeit $w_1$,
2 erscheint mit Wahrscheinlichkeit $w_2$,
3 erscheint mit Wahrscheinlichkeit $w_3$,
4 erscheint mit Wahrscheinlichkeit $w_4$.

Für das Glücksrad aus Fig. 5.6 soll gelten:

1 erscheint mit Wahrscheinlichkeit $v_1$,
2 erscheint mit Wahrscheinlichkeit $v_2$,
3 erscheint mit Wahrscheinlichkeit $v_3$.

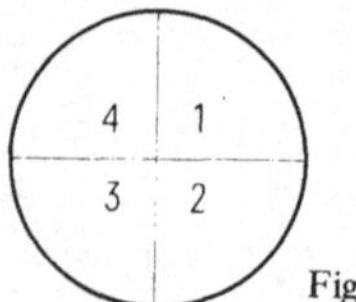

Fig. 5.5

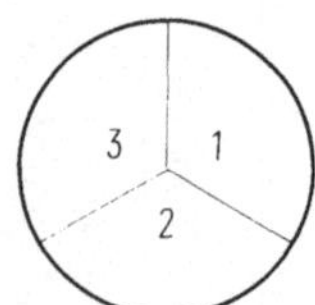

Fig. 5.6

Jedes Glücksrad wird je einmal gedreht. Die Punktezahl des Glücksrades in Fig. 5.5 nennen wir X, diejenige des Glücksrades in Fig. 5.6 nennen wir Y.

1. S p i e l v a r i a n t e. Der eine Spieler dreht die Glücksräder und erhält vom Gegenspieler $X + Y = G_1$ als Gewinn ausbezahlt.

2. S p i e l v a r i a n t e. Der eine Spieler dreht die Glücksräder und erhält vom Gegenspieler $|X - Y| = G_2$ als Gewinn ausbezahlt.

3. S p i e l v a r i a n t e. Der eine Spieler dreht die Glücksräder und erhält vom Gegenspieler $X \cdot Y = G_3$ als Gewinn ausbezahlt.

X kann die Werte $x_1 = 1$, $x_2 = 2$, $x_3 = 3$, $x_4 = 4$ annehmen, Y kann die Werte $y_1 = 1$, $y_2 = 2$, $y_3 = 3$ annehmen:

$$S = \left\{ (x_i, y_j) \mid x_i = 1, 2, 3, 4; \; y_j = 1, 2, 3 \right\}.$$

Wir geben im folgenden in Fig. 5.7, 5.8, 5.9 für die 1. Spielvariante die zu den Fig. 5.2, 5.3, 5.4 analogen Diagramme an. Dabei ist $\tilde S = \left\{ 2, 3, 4, 5, 6, 7 \right\}$.

| $w^S(r)$ | $r \in S$ | Gewinne $i \in S$ | $w^{\tilde S}(i) = f_{G_1}(i)$, wobei $i \in \tilde S$ |
|---|---|---|---|
| $w_1 v_1$ | $(1, 1)$ | $2$ | $w_1 v_1$ |
| $w_1 v_2$ | $(1, 2)$ | | |
| $w_1 v_3$ | $(1, 3)$ | $3$ | $w_1 v_2 + w_2 v_1$ |
| $w_2 v_1$ | $(2, 1)$ | | |
| $w_2 v_2$ | $(2, 2)$ | $4$ | $w_1 v_3 + w_2 v_2 + w_3 v_1$ |
| $w_2 v_3$ | $(2, 3)$ | | |
| $w_3 v_1$ | $(3, 1)$ | | |
| $w_3 v_2$ | $(3, 2)$ | $5$ | $w_2 v_3 + w_3 v_2 + w_4 v_1$ |
| $w_3 v_3$ | $(3, 3)$ | | |
| $w_4 v_1$ | $(4, 1)$ | $6$ | $w_3 v_3 + w_4 v_2$ |
| $w_4 v_2$ | $(4, 2)$ | | |
| $w_4 v_3$ | $(4, 3)$ | $7$ | $w_4 v_3$ |

Fig. 5.7

Als Zahlenbeispiel nehmen wir der Einfachheit halber $w_1 = w_2 = w_3 = w_4 = 1/4$ und $v_1 = v_2 = v_3 = 1/3$.

Das Strichdiagramm der Wahrscheinlichkeitsdichtefunktion $f_{G_1}$ ist in Fig. 5.8 dargestellt. Das Strichdiagramm in Fig. 5.9 zeigt die Wahrscheinlichkeitsverteilung $F_{G_1}$; dabei ist $F_{G_1}(i)$ die Wahrscheinlichkeit, daß der Gewinn höchstens $G_1$ ist

$$F_{G_1}(i) = \sum_{j \leqslant i} f_G(j).$$

A **Aufgabe 5.1.** Zeichnen Sie die Strichdiagramme für Wahrscheinlichkeitsdichte- bzw. Wahrscheinlichkeitsverteilungsfunktion zu den Gewinnfunktionen

a) $G_2 : S \to \widetilde{S}$,
b) $G_3 : S \to \widetilde{S}$.

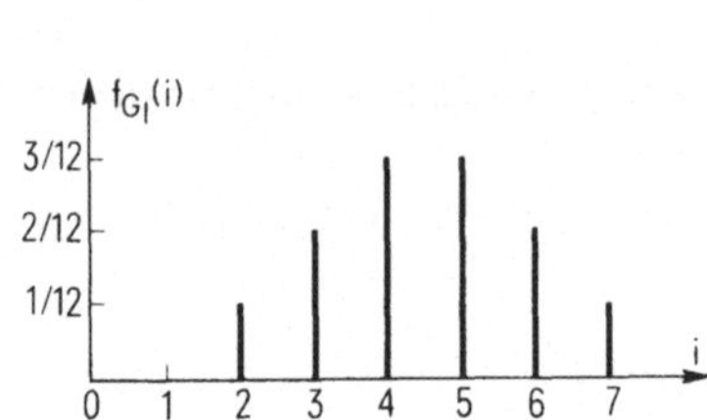
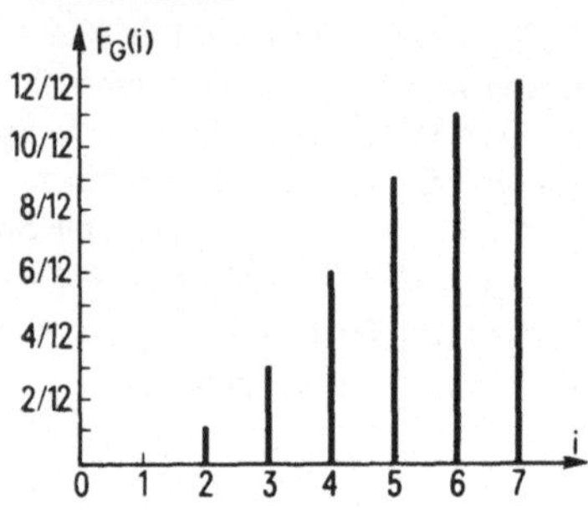

Fig. 5.8                          Fig. 5.9

Die Gewinnfunktionen, die wir in Beispiel 5.1 und 5.2 betrachtet haben, sind sogenannte Z u f a l l s v a r i a b l e oder Zufallsfunktionen. Das Wesentliche an ihnen ist, daß sie als Funktionen eine gewisse Menge $S$ in oder auf eine andere Menge $\widetilde{S} \subset \mathbf{R}$ abbilden, wobei die Werte in $\widetilde{S}$ mit gewissen Wahrscheinlichkeiten angenommen werden. Die Angabe der Zufallsvariablen allein genügt nicht. Die zugehörige Wahrscheinlichkeitsdichte, die angibt, mit welchen Wahrscheinlichkeiten die Zufallsvariable ihre Werte annimmt, muß ebenfalls bekannt sein.

Zufallsvariablen treten in vielfältiger Form auf. Wir wollen nur einige wenige Beispiele nennen.

Die Anzahl der kosmischen Teilchen, die im Verlaufe eines bestimmten Zeitabschnitts auf einen bestimmten Teil der Erde auftreffen, ist in Abhängigkeit von vielen zufälligen Faktoren merklichen Schwankungen unterworfen.

Die Zahl der Kunden, die innerhalb eines bestimmten Zeitintervalls an einem Postschalter erscheinen, hängt vom Zufall ab.

Wenn jemand in einem Lottospiel ein Los kauft, wobei ein Gewinn von DM 40000.— bei 10000 Losen versprochen wird, so hängt der faktische Gewinn der Person vom Zufall ab.

Werden in einem Produktionsbetrieb Gegenstände mit vorgegebenen Normen für Länge, Qualität, Gewicht usw. fabriziert, so ist die Abweichung von der Norm, die die einzelnen fabrizierten Stücke zeigen, eine Zufallsvariable.

Die Körperlänge von Menschen, die Wachstumszunahme bei Pflanzen und Tieren, die Anzahl Unfälle pro Population usw. sind Zufallsvariable.

**Beispiel 5.3.** Betrachten wir einmal das Beispiel des Postschalters genauer.

Es sei aus der Erfahrung bekannt, daß am betrachteten Postschalter jeweils zwischen 9 und 10 Uhr morgens mindestens 10 aber höchstens 25 Kunden erscheinen. Damit wissen wir, daß der Wertebereich $\widetilde{S}$ der Zufallsvariablen X: „Anzahl Postkunden zwischen 9 und 10 Uhr morgens" aus den Zahlen, 10, 11, 12, 13, 14, 15, 16, 17, 18, 19, 20, 21, 22, 23, 24, 25 besteht.

Wollen wir nun wahrscheinlichkeitstheoretische Aussagen über diese Zufallsvariable X  **A**
machen, so muß auch noch bekannt sein, mit welchen Wahrscheinlichkeiten diese
Werte angenommen werden. Wir geben einmal eine  w i l l k ü r l i c h e  Dichte für diese
Werte an: $w(10) = w(25) = 1/20$; $w(11) = w(24) = 1/15$; $w(12) = w(13) = w(23) =$
$w(22) = 0$; $w(14) = w(15) = w(16) = w(21) = w(20) = w(19) = 1/12$; $w(17) =$
$w(18) = 2/15$.

Diese Dichte muß natürlich so gewählt sein, daß die Summe aller Wahrscheinlichkeiten 1 ergibt. Aus dieser Dichte läßt sich sofort ablesen, daß am ehesten 17 oder
18 Personen am Schalter zu erwarten sind, während der Besuch von 12, 13, 22, 23
Kunden unwahrscheinlich ist.

Durch die gegebenen Wahrscheinlichkeiten für die Werte 10 bis 25 ist die Zufallsvariable X
hinreichend beschrieben.


**Aufgabe 5.2.** Eine Münze wird 3mal hintereinander geworfen. Zeigt das Geldstück Zahl
(Z), dann notieren wir 1; zeigt es Wappen (W), dann schreiben wir 2.

Wappen erscheine mit der Wahrscheinlichkeit $w_0$ und Zahl mit der Wahrscheinlichkeit
$1 - w_0$. Wir betrachten die beiden Zufallsvariablen

$\qquad$ X: „Punktesumme in den drei Würfen",

$\qquad$ Y: $|$ Anzahl W − Anzahl Z $|$

Gesucht sind

a) S und $\widetilde{S}$ für X sowie S und $\widetilde{\widetilde{S}}$ für Y,
b) graphische Darstellung von $f_X$, $f_Y$, $F_X$, $F_Y$,
c) S und $\widetilde{S}$ für die Variable Z, wobei $Z = X + Y$,
d) graphische Darstellung von $f_Z$ sowie von $F_Z$.


## 5.2. Erwartungswert und Varianz einer Zufallsvariablen


**Beispiel 5.4.** Wir wollen auf Beispiel 5.2 zurückgreifen. Die Spieler A und B benutzen
die dort erwähnten zwei Glücksräder (vgl. Fig. 5.5 und Fig. 5.6) und die dort genannten
Gewinnfunktionen $G_1$ und $G_3$: Wenn A dreht, dann zahlt ihm B den Betrag $G_1$ gemäß
dem von A erreichten Resultat. Wenn B dreht, dann zahlt ihm A den Betrag $G_3$.

F r a g e: Welcher Spieler darf bei längerem Spiel den größeren Gewinn erwarten?

Offenbar handelt es sich darum, den mittleren Gewinn zu bestimmen, der pro Spiel zu
erwarten ist.

In Fig. 5.10 sind für A und B die Gewinntabellen aufgestellt, die sich auf Grund des
dortigen Zahlenbeispiels ergeben.

Spielen die beiden längere Zeit, dann erreichen beide gemäß ihrer Gewinntabelle verschiedene Gewinnzahlen. Der erwartete Gewinn von A kann intuitiv folgendermaßen
berechnet werden:

**A**

Gewinntabelle für A

| Der Gewinn $G_1$ ist gleich i | $i=2$ | $i=3$ | $i=4$ | $i=5$ | $i=6$ | $i=7$ |
|---|---|---|---|---|---|---|
| i wird mit folgenden Wahrscheinlichkeiten angenommen | $\frac{1}{12}$ | $\frac{2}{12}$ | $\frac{3}{12}$ | $\frac{3}{12}$ | $\frac{2}{12}$ | $\frac{1}{12}$ |

Gewinntabelle für B

| Der Gewinn $G_3$ ist gleich i | $i=1$ | $i=2$ | $i=3$ | $i=4$ | $i=6$ | $i=8$ | $i=9$ | $i=12$ |
|---|---|---|---|---|---|---|---|---|
| i wird mit folgenden Wahrscheinlichkeiten angenommen | $\frac{1}{12}$ | $\frac{2}{12}$ | $\frac{2}{12}$ | $\frac{2}{12}$ | $\frac{2}{12}$ | $\frac{1}{12}$ | $\frac{1}{12}$ | $\frac{1}{12}$ |

Fig. 5.10

Theoretischer Gewinnverlauf von A in 12 Runden:

$$\text{in } \frac{1}{12} \text{ der Fälle, d. h. 1mal 2 DM ergibt } \quad 2 \text{ DM}$$

$$\text{in } \frac{2}{12} \text{ der Fälle, d. h. 2mal 3 DM ergibt } \quad 6 \text{ DM}$$

$$\text{in } \frac{3}{12} \text{ der Fälle, d. h. 3mal 4 DM ergibt } 12 \text{ DM}$$

$$\text{in } \frac{3}{12} \text{ der Fälle, d. h. 3mal 5 DM ergibt } 15 \text{ DM}$$

$$\text{in } \frac{2}{12} \text{ der Fälle, d. h. 2mal 6 DM ergibt } 12 \text{ DM}$$

$$\text{in } \frac{1}{12} \text{ der Fälle, d. h. 1mal 7 DM ergibt } \quad \underline{7 \text{ DM}}$$

$$\text{Totaler Gewinn pro 12 Runden } \quad 54 \text{ DM}$$

Dies bedeutet, daß A im Durchschnitt p r o  R u n d e 54 DM : 12 = 4,50 DM gewinnt. Diesen Betrag, den wir e r w a r t e t e n  G e w i n n oder m i t t l e r e n  G e w i n n pro Runde nennen wollen, erhalten wir auch, indem wir die Summe über alle Produkte aus Gewinn und zugehörigen Wahrscheinlichkeiten bilden.

Erwarteter Gewinn:

$$E(G_1) = 2 \cdot \frac{1}{12} + 3 \cdot \frac{2}{12} + 4 \cdot \frac{3}{12} + 5 \cdot \frac{3}{12} +$$

$$(1) \qquad + 6 \cdot \frac{2}{12} + 7 \cdot \frac{1}{12} = \frac{54}{12} = 4 \frac{1}{2}.$$

Den erwarteten Gewinn von B pro Runde errechnen wir zu

$$E\,(G_3) = 1 \cdot \frac{1}{12} + 2 \cdot \frac{2}{12} + 3 \cdot \frac{2}{12} + 4 \cdot \frac{2}{12} + 6 \cdot \frac{2}{12} + 8 \cdot \frac{1}{12} +$$

$$(2) \qquad + 9 \cdot \frac{1}{12} + 12 \cdot \frac{1}{12} = \frac{60}{12} = 5.$$

B gewinnt also im Mittel 5 DM pro Runde, diese 5 DM verliert natürlich A gleichzeitig im Mittel. A gewinnt im Mittel 4,50 DM pro Runde, diese 4,50 DM verliert B gleichzeitig im Mittel. Wir schließen daraus, daß das Spiel für B über längere Zeit hinweg gespielt, einen zu erwartenden Totalgewinn von 0,50 DM pro D o p p e l r u n d e abwirft.

Entsprechend hat Spieler A über längere Zeit hinweg gespielt einen mittleren Totalverlust von 0,50 DM pro Doppelrunde.

Aus der Mechanik kennen wir eine physikalische Interpretation des E r w a r t u n g s -w e r t e s: Nehmen wir die oben erwähnte Gewinnfunktion $G_1$ und hängen an eine, im Punkt 0 festmontierte Stange (vgl. Fig. 5.11) die Gewichte

$$\frac{1}{12}, \frac{2}{12}, \frac{3}{12}, \frac{3}{12}, \frac{2}{12}, \frac{1}{12},$$

so bewirken diese Gewichte ein Drehmoment, das gerade $E\,(G_1)$ beträgt.

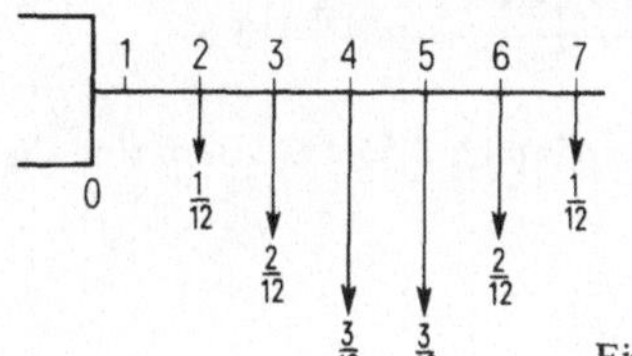

Fig. 5.11

Wir sehen, daß der Erwartungswert einer Zufallsvariablen eine zusätzliche Information zu dem Paar (Zufallsvariable, zugehörige Wahrscheinlichkeitsdichte) gibt.

Der Erwartungswert kann auch als Schwerpunkt der Verteilung interpretiert werden. Vergleichen Sie dazu das in Fig. 5.12 dargestellte physikalische Problem.

Falls wir die in Fig. 5.12 gezeichnete Stange mit den daran hängenden Gewichten im Punkt $E\,(G_1)$, den wir in (1) berechnet haben, unterstützen, so stellen wir fest, daß nach dem Hebelgesetz der Mechanik Gleichgewicht herrscht.

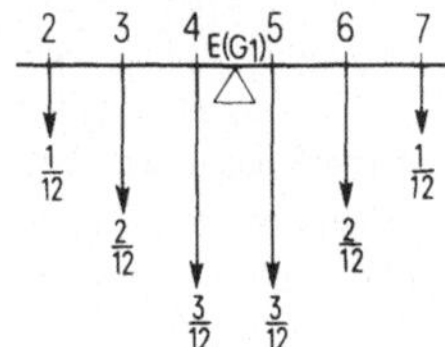

Fig. 5.12

A

$$(E(G_1) - 2) \cdot \frac{1}{12} + (E(G_1) - 3) \cdot \frac{2}{12} + (E(G_1) - 4) \cdot \frac{3}{12}$$

$$= (5 - E(G_1)) \cdot \frac{3}{12} + (6 - E(G_1)) \cdot \frac{2}{12} + (7 - E(G_1)) \cdot \frac{1}{12}.$$

Durch Auflösung nach $E(G_1)$ erhalten wir

$$E(G_1) \cdot \underbrace{\left[ \frac{1}{12} + \frac{2}{12} + \frac{3}{12} + \frac{3}{12} + \frac{2}{12} + \frac{1}{12} \right]}_{= 1} = \frac{54}{12} \quad \Rightarrow \quad E(G_1) = \frac{54}{12}.$$

Diese Überlegungen machen es plausibel, warum manchmal $E(G_1)$ „Schwerpunkt oder Zentrum der Wahrscheinlichkeitsverteilung von $G_1$" genannt wird.

**Beispiel 5.5.** Eine Zufallsvariable X nehme die Werte 1, 2, 3, 4, 5, 6 je mit der Wahrscheinlichkeit 1/6 an. Offenbar ist der Erwartungswert

$$E(X) = (1 + 2 + 3 + 4 + 5 + 6) \cdot \frac{1}{6} = 3{,}5.$$

Eine zweite Zufallsvariable Y nehme die Werte 0, 6, 8, 9 mit den Wahrscheinlichkeiten $w(0) = 13/24$; $w(6) = 1/8$; $w(8) = 1/4$; $w(9) = 1/12$ an. Hier ist der Erwartungswert

$$E(Y) = 6 \cdot \frac{1}{8} + 8 \cdot \frac{1}{4} + 9 \cdot \frac{1}{12} = \frac{18 + 48 + 18}{24} = \frac{84}{24} = 3{,}5.$$

X und Y haben den gleichen Erwartungswert (nämlich 3,5), trotzdem sind die beiden Variablen völlig verschieden (Fig. 5.13).

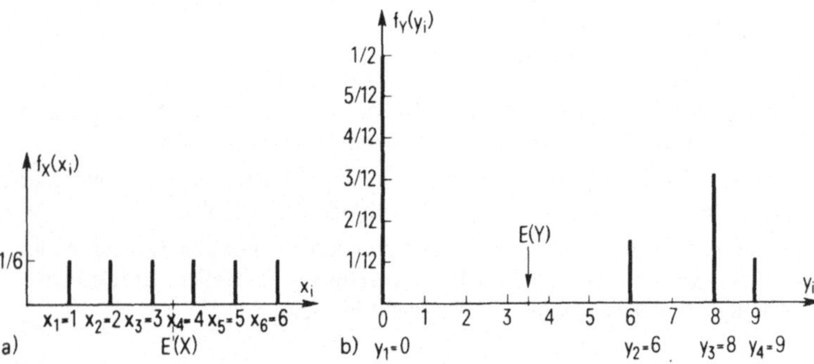


Fig. 5.13

Bei der Variablen X häufen sich die Wahrscheinlichkeiten regelmäßig um den Erwartungswert $E(X)$ und liegen in einem Intervall von 5 Einheiten, bei der Variablen Y hingegen liegt $E(Y)$ weit entfernt vom nächsten „Wahrscheinlichkeitsgewicht", zudem erstreckt sich die Verteilung über 9 Einheiten.

Um solche Unterschiede von Wahrscheinlichkeitsdichtefunktionen zu kennzeichnen, **A**
betrachtet man die Quadrate der Abstände $[x_i - E(X)]$ bzw. $[y_j - E(Y)]$, nämlich
$[x_i - E(X)]^2$ bzw. $[y_j - E(Y)]^2$.

Diese Quadrate kennzeichnen die Entfernung der Werte von X bzw. Y vom E r w a r -
t u n g s w e r t (Zentrum) der zugehörigen Wahrscheinlichkeitsverteilung.

Berechnet man nun für diese Abstandsquadrate den Erwartungswert, so erhält man eine
Größe $E[(X - E(X))^2]$ bzw. $E[(Y - E(Y)^2]$, die in plausibler Weise die zu erwartende
(mittlere) Distanz der einzelnen Werte der Variablen von ihrem Mittelwert (Erwartungswert) charakterisiert.

Berechnen wir für die Zahlenwerte des Beispiels diesen Wert:

$$E[(X - E(X))^2] = \sum_{i=1}^{6} (x_i - E(X))^2 \cdot \frac{1}{6} = (1 - 3{,}5)^2 \cdot \frac{1}{6} + (2 - 3{,}5)^2 \cdot \frac{1}{6} +$$

$$+ (3 - 3{,}5)^2 \cdot \frac{1}{6} + (4 - 3{,}5)^2 \cdot \frac{1}{6} + (5 - 3{,}5)^2 \cdot \frac{1}{6} + (6 - 3{,}5)^2 \cdot \frac{1}{6}$$

$$= (2{,}5^2 + 1{,}5^2 + 0{,}5^2 + 0{,}5^2 + 1{,}5^2 + 2{,}5^2) \cdot \frac{1}{6}$$

$$= (2{,}5^2 + 1{,}5^2 + 0{,}5^2) \frac{1}{3} = (6{,}25 + 2{,}25 + 0{,}25) \cdot \frac{1}{3} \approx 2{,}92.$$

Der Wert $E[(X - E(X))^2]$ heißt V a r i a n z der Wahrscheinlichkeitsverteilung von X,
oder kurz Varianz von X. Die Varianz charakterisiert den Erwartungswert der Abstandsquadrate $(x_i - E(X))^2$ der Variablen X.

Die Quadratwurzel aus der Varianz wird S t a n d a r d a b w e i c h u n g $\sigma_X$ der Wahrscheinlichkeitsverteilung von X genannt, kurz Standardabweichung von X. Es gilt

$$\sigma_X = \sqrt{E[(X - E(X))^2]}.$$

Diese Standardabweichung charakterisiert ebenso den Mittelwert der Differenzen zwischen dem Erwartungswert von X und den einzelnen Werten von X.

Für unser Beispiel ist die Standardabweichung $\sigma_X = \sqrt{2{,}92} \approx 1{,}716$, d. h., die mittlere
Abweichung zwischen den Werten X und E(X) ist ca. 1,7.

Berechnen wir nun für die Variable Y ebenfalls die Varianz $\sigma_Y^2$ bzw. die Standardabweichung $\sigma_Y$, so ergibt sich

$$\sigma_Y^2 = E[(Y - E(Y))^2] = \sum_{j=1}^{4} (y_j - E(Y))^2 \cdot w(y_j)$$

$$= (0 - 3{,}5)^2 \cdot \frac{13}{24} + (6 - 3{,}5)^2 \cdot \frac{1}{8} + (8 - 3{,}5)^2 \cdot \frac{1}{4} + (9 - 3{,}5)^2 \cdot \frac{1}{12}$$

$$= 6{,}63 + 1{,}53 + 5{,}06 + 2{,}52 = 15{,}74.$$

$$\sigma_Y \approx \sqrt{15{,}74} \approx 3{,}96.$$

Unsere Vermutung bestätigt sich: Bei der Variablen Y ist die Standardabweichung
(mittlere Abweichung vom Erwartungswert) viel größer als bei X, d. h., die Wahrschein-

A  lichkeiten der Verteilung von Y sind viel stärker g e s t r e u t  bezüglich des Erwartungswertes E (Y) als dies bei der Variablen X der Fall ist.

Berechnen wir noch den Anteil der Wahrscheinlichkeiten der Verteilung von X, der innerhalb des Intervalles $[E(X) - \sigma_X; E(X) + \sigma_X]$ liegt, so erhalten wir 2/3. Bei der Variablen Y liegen ebenfalls 2/3 innerhalb des Intervalls $[E(Y) - \sigma_Y; E(Y) + \sigma_Y]$. Auf diese Eigenschaft kommen wir in Satz 5.13 nochmals zurück.

**Beispiel 5.6.** Wir würfeln mit einem grünen Spielwürfel die Augenzahl (x) und mit einem roten Würfel die Augenzahl (y).

Der Stichprobenraum ist

$$S = \{ (x, y) \mid x = 1, 2, \ldots, 6; y = 1, 2, \ldots, 6 \}.$$

Jedem Elementarereignis $\{(x, y)\} \in \mathfrak{P}(S)$ kommt die Wahrscheinlichkeit 1/36 zu.

Auf S definieren wir die Zufallsvariablen $Z_1, Z_2, Z_3, Z_4$ durch

$$Z_1 : (x, y) \in S \longmapsto Z_1 (x, y) = (x - y), \quad \text{wobei die Werte von } Z_1 \in \widetilde{S} \subset \mathbf{R},$$

$$Z_2 : (x, y) \in S \longmapsto Z_2 (x, y) = |x - y|, \quad \text{wobei die Werte von } Z_2 \in \widetilde{S} \subset \mathbf{R},$$

$$Z_3 : (x, y) \in S \longmapsto Z_3 (x, y) = x \cdot y, \quad \text{wobei die Werte von } Z_3 \in \widetilde{S} \subset \mathbf{R},$$

$$Z_4 : (x, y) \in S \longmapsto Z_4 (x, y) = |x - y| \cdot (x + y),$$

$$\text{wobei die Werte von } Z_4 \in \widetilde{S} \subset \mathbf{R}.$$

Für jede Variable soll Erwartungswert, Varianz und Standardabweichung ihrer Wahrscheinlichkeitsverteilung berechnet werden.

a) Die Daten für die Variable $Z_1$ sind in Fig. 5.14a zusammengestellt.

Man sieht leicht, daß für den Erwartungswert

$$E (Z_1) = \sum_{z=-5}^{5} z \cdot f_{Z_1} (z) = 0$$

gilt. Varianz und Standardabweichung der Wahrscheinlichkeitsverteilung von $Z_1$ sind:

$$\text{Varianz: } \sigma_{Z_1}^2 = \sum_{z=-5}^{5} (z - 0)^2 \cdot f_{Z_1} (z) = 2 \left[ 25 \cdot \frac{1}{36} + 16 \cdot \frac{2}{36} + 9 \cdot \frac{3}{36} + 4 \cdot \frac{4}{36} + \frac{5}{36} \right]$$

$$= 5 \frac{5}{6} \approx 5{,}83,$$

Standardabweichung:

$$\sigma_{Z_1} \approx \sqrt{5{,}83} \approx 2{,}42.$$

Die Dichtefunktion $f_{Z_1} (z)$ und die Verteilungsfunktion $F_{Z_1}$ von $Z_1$ sind in Fig. 5.14b grafisch dargestellt.

b) Betrachten wir in Fig. 5.14a den Wertebereich $\widetilde{S}_1$ von $Z_1$ und die Werte von $f_{Z_1}$, so können wir leicht den Wertebereich $\widetilde{S}_2$ von $Z_2$ sowie die Werte der Wahrscheinlichkeitsdichte $f_{Z_2}$ angeben (Fig. 5.15).

| Ereignisse in S | Wertebereich $\widetilde{S}_1$ von $Z_1$ | Wahrscheinlichkeitsdichten $f_{Z_1}(z)$ der Variablen $Z_1$ | A |
|---|---|---|---|
| $\{(1, 6)\}$ | $-5$ | $f_{Z_1}: -5 \longmapsto f_{Z_1}(-5) = \dfrac{1}{36}$ | |
| $\{(1, 5), (2, 6)\}$ | $-4$ | $f_{Z_1}: -4 \longmapsto f_{Z_1}(-4) = \dfrac{2}{36}$ | |
| $\{(1, 4), (2, 5), (3, 6)\}$ | $-3$ | $f_{Z_1}: -3 \longmapsto f_{Z_1}(-3) = \dfrac{3}{36}$ | |
| $\{(1, 3), (2, 4), (3, 5), (4, 6)\}$ | $-2$ | $f_{Z_1}: -2 \longmapsto f_{Z_1}(-2) = \dfrac{4}{36}$ | |
| $\{(1, 2), (2, 3), (3, 4), (4, 5), (5, 6)\}$ | $-1$ | $f_{Z_1}: -1 \longmapsto f_{Z_1}(-1) = \dfrac{5}{36}$ | |
| $\{(1, 1), (2, 2), (3, 3), (4, 4), (5, 5), (6, 6)\}$ | $0$ | $f_{Z_1}:\ \ 0 \longmapsto f_{Z_1}(0)\ \ = \dfrac{6}{36}$ | |
| $\{(2, 1), (3, 2), (4, 3), (5, 4), (6, 5)\}$ | $1$ | $f_{Z_1}:\ \ 1 \longmapsto f_{Z_1}(1)\ \ = \dfrac{5}{36}$ | |
| $\{(3, 1), (4, 2), (5, 3), (6, 4)\}$ | $2$ | $f_{Z_1}:\ \ 2 \longmapsto f_{Z_1}(2)\ \ = \dfrac{4}{36}$ | |
| $\{(4, 1), (5, 2), (6, 3)\}$ | $3$ | $f_{Z_1}:\ \ 3 \longmapsto f_{Z_1}(3)\ \ = \dfrac{3}{36}$ | |
| $\{(5, 1), (6, 2)\}$ | $4$ | $f_{Z_1}:\ \ 4 \longmapsto f_{Z_1}(4)\ \ = \dfrac{2}{36}$ | |
| $\{(6, 1)\}$ | $5$ | $f_{Z_1}:\ \ 5 \longmapsto f_{Z_1}(5)\ \ = \dfrac{1}{36}$ | |

Fig. 5.14a

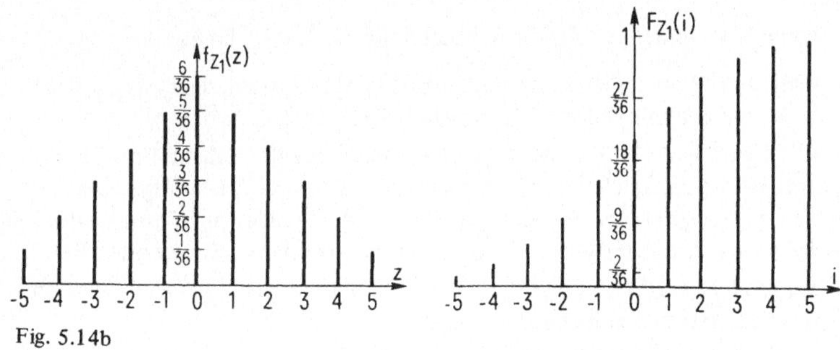


Fig. 5.14b

Es gilt $\quad E(Z_2) = \displaystyle\sum_{z=0}^{5} z \cdot f_{Z_2}(z) = 5 \cdot \dfrac{2}{36} + 4 \cdot \dfrac{4}{36} + 3 \cdot \dfrac{6}{36} + 2 \cdot \dfrac{8}{36} + \dfrac{10}{36} = \dfrac{70}{36} \approx 1{,}94.$

| Wertebereich $\widetilde{S}_2$ von $Z_2$ | Wahrscheinlichkeitsdichten $f_{Z_2}(z)$ der Variablen $Z_2$ |
|---|---|
| 5 | $f_{Z_2}: 5 \longmapsto f_{Z_2}(5) = \dfrac{2}{36}$ |
| 4 | $f_{Z_2}: 4 \longmapsto f_{Z_2}(4) = \dfrac{4}{36}$ |
| 3 | $f_{Z_2}: 3 \longmapsto f_{Z_2}(3) = \dfrac{6}{36}$ |
| 2 | $f_{Z_2}: 2 \longmapsto f_{Z_2}(2) = \dfrac{8}{36}$ |
| 1 | $f_{Z_2}: 1 \longmapsto f_{Z_2}(1) = \dfrac{10}{36}$ |
| 0 | $f_{Z_2}: 0 \longmapsto f_{Z_2}(0) = \dfrac{6}{36}$ |

Fig. 5.15

$$\text{Varianz:}\ \sigma_{Z_2}^2 = \sum_{z=0}^{5}\left(z - \frac{70}{36}\right)^2 \cdot f_{Z_2}(z) = \left(\frac{70}{36}\right)^2 \cdot \frac{6}{36} + \left(\frac{34}{36}\right)^2 \cdot \frac{10}{36} +$$

$$+ \left(\frac{2}{36}\right)^2 \cdot \frac{8}{36} + \left(\frac{38}{36}\right)^2 \cdot \frac{6}{36} + \left(\frac{74}{36}\right)^2 \cdot \frac{4}{36} + \left(\frac{110}{36}\right)^2 \cdot \frac{2}{36} \approx 2{,}05,$$

Standardabweichung:

$$\sigma_{Z_2} \approx \sqrt{2{,}05} \approx 1{,}43$$

Man sieht an den Standardabweichungen $\sigma_{Z_1}$ und $\sigma_{Z_2}$, daß die Verteilung von $Z_2$ viel weniger gestreut ist als diejenige von $Z_1$. Dies ist plausibel, denn das Werteintervall von $Z_1$ ist $[-5, +5]$, dasjenige von $Z_2$ hingegen nur $[0,5]$.

**Aufgabe 5.3**: Berechnen Sie für Beispiel 5.6 $E(Z_3)$, $\sigma_{Z_3}$, $E(Z_4)$ und $\sigma_{Z_4}$.

**Aufgabe 5.4.** Beim üblichen Roulette-Spiel in Spielkasinos zeigt das Spielrad die Zahlen 0 bis 36, die alle mit gleicher Wahrscheinlichkeit auftreten.

Das Rad wird gedreht, und der Spieler setzt auf eine der Zahlen 1 bis 36. Der gesetzte Einsatz wird dem Spieler 36fach ausbezahlt, falls er auf die richtige Zahl setzt, sonst verliert er den gesetzten Betrag an die Spielbank. Der Gewinn (Verlust) des Spielers ist eine Zufallsvariable. Erscheint 0, so behält die Spielbank alle gesetzten Beträge.

a) Wie groß ist der Erwartungswert dieser Zufallsvariablen? (Gewinn des Spielers)
b) Was bedeutet dieses Resultat in der Praxis?
c) Wie groß ist die Standardabweichung der Wahrscheinlichkeitsverteilung des Gewinnes?

**Aufgabe 5.5.** Aus einem Bridge-Kartenspiel (52 Karten: As, König, Dame, Bube, 10, 9, 8, 7, 6, 5, 4, 3, 2 in je vier verschiedenen Farben) soll eine Karten gezogen werden.

Ist es ein As, werden 5 DM ausbezahlt, handelt es sich um König, Dame oder Buben, so **A**
gibt es 2 DM. Bei jeder anderen Karte muß dagegen 1 DM einbezahlt werden.
Wie groß ist die Standardabweichung der Gewinn-Verteilungsfunktion?

## 5.3. Theorie der Zufallsvariablen (Zufallsveränderlichen)     **B**

**Definition 5.1.** Gegeben ist der Wahrscheinlichkeitsraum $(S, \mathfrak{P}(S), w^S)$ mit den Resultaten $r \in S$. Eine Z u f a l l s v a r i a b l e $X$ auf dem gegebenen Wahrscheinlichkeitsraum ist eine reellwertige Funktion auf $S$, die für alle $r \in S$ definiert ist.

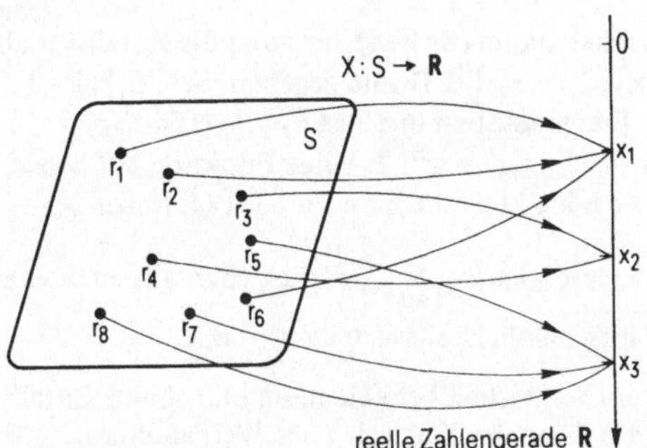


Fig. 5.16

In Fig. 5.16 stellen wir eine solche Zufallsvariable $X$ graphisch dar. In Ergänzung zu
Fig. 5.16 muß jedoch bemerkt werden, daß durch die Wahrscheinlichkeitsfunktion $w^S$
des gegebenen Wahrscheinlichkeitsraumes $(S, \mathfrak{P}(S), w^S)$ und durch die Zufallsvariable $X$
den Werten $x_1, x_2, x_3 \in$ R indirekt Wahrscheinlichkeiten zugeordnet sind, nämlich

$$w^S(\{r_1, r_2, r_6\}) = w^R(x_1)$$

$$w^S(\{r_3, r_4\}) \quad = w^R(x_2)$$

$$w^S(\{r_5, r_7, r_8\}) = w^R(x_3)$$

$w^R$ bezeichnet dabei eine Wahrscheinlichkeitsdichte, die auf einer endlichen Teilmenge
$\widetilde{S}$ von R definiert ist. In Fig. 5.16 ist $\widetilde{S} = \{x_1, x_2, x_3\} \subset$ R.

**Satz 5.1.** Ist $X$ eine Zufallsvariable auf $(S, \mathfrak{P}(S), w^S)$ und $\widetilde{S} \subset$ R der Wertebereich von $X$
mit $\widetilde{S} = \{x_1, x_2, \ldots, x_n\}$, so läßt sich $X$ ein vollständiges Ereignissystem (in S) zuordnen.

B e w e i s. Ist $E_i = \{r \in S \mid X(r) = x_i\}$ für $x_i \in \widetilde{S}$, so gehört $E_i$ zu $\mathfrak{P}(S)$. Es gilt $E_m \cap E_j =$
$\emptyset$ für $m \neq j$ und $m, j \in \{1, 2, \ldots, n\}$. Zudem gilt $\overset{n}{\underset{i=1}{\cup}} E_i = S$, da $X$ für alle $r \in S$ definiert
ist und $\widetilde{S}$ der Wertebereich von $X$ ist. Weiterhin gilt

$$\sum_{i=1}^{n} w^S(E_i) = 1.$$

**B** **Satz 5.2.** Einem vollständigen Ereignissystem $\{E_n\}$ in S können derart Zufallsvariable zugeordnet werden, daß bei Eintreten des Ereignisses $E_i \in \{E_n\}$, der Wert von X nur vom Index i abhängt.

B e w e i s. Wir setzen z. B. X so fest, daß für alle $r \in E_i$ X (r) = i ist, i = 1, 2, . . . , n. Damit ist eine Zufallsvariable definiert. Weitere Zufallsvariablen erhält man, indem X (r) = f (i) statt X (r) = i gesetzt wird, wobei f eine auf $I_n$ definierte Funktion ist mit f (i) $\neq$ f (j) für i $\neq$ j.

**Bemerkung.** Das einer Zufallsvariablen zugeordnete vollständige Ereignissystem besteht also aus denjenigen Teilmengen des Stichprobenraumes S, auf denen die Zufallsvariable denselben Wert annimmt.

**Definition 5.2.** Der Wahrscheinlichkeitsraum $(S, \mathfrak{P}(S), w^S)$ und die Zufallsvariable X mit dem Wertebereich $\tilde{S} = \{ x_1, x_2, . . . , x_n \} \subset \mathbf{R}$ sind gegeben. Sei $\{E_i\}$, i = 1, . . . , n, das zu X zugehörige vollständige Ereignissystem in S mit $E_i = \{ r \in S | X(r) = x_i \}$ und $i \in I_n$, dann ist durch $f_X : x_i \in \tilde{S} \mapsto f_X(x_i) = w^S(E_i)$ eine Funktion auf $\tilde{S}$ gegeben. $f_X$ heißt die W a h r s c h e i n l i c h k e i t s d i c h t e f u n k t i o n  von X.

Durch die Vorschrift $F_X : x_i \in \tilde{S} \longmapsto F_X(x_i) = \sum\limits_{j=1}^{i} f_X(x_j)$ ist ebenfalls eine reellwertige

Funktion bestimmt, $F_X$ heißt Wahrscheinlichkeitsverteilung von X.

**Vereinbarung.** Sei $(S, \mathfrak{P}(S), w^S)$ ein Wahrscheinlichkeitsraum und X eine Zufallsvariable auf S. Für die Menge der Resultate in S, auf der X den gleichen Wert annimmt, $\{ r \in S | X(r) = x_j \}$, schreiben wir in Zukunft $\{ X = x_j \}$, und damit wird $w^S(X = x_j) = f_X(x_j)$.

**Satz 5.3.** Gegeben sei $(S, \mathfrak{P}(S), w^S)$ mit $S = \{ R_1, R_2, . . . , R_n \}$. Die Verteilungsfunktion $F_X$ jeder Zufallsvariablen X auf S steigt monoton, d. h. $F_X(x) \geqslant F_X(y)$ für $x \geqslant y$, sofern x, y aus dem Wertebereich von X stammen.

B e w e i s. Sei $x \geqslant y$, dann gilt

$$\begin{aligned}
F_X(x) &= w^S(\{ R_i | X(R_i) \leqslant x \}) \\
&= w^S(\{ R_i | X(R_i) \leqslant y \} \cup \{ R_i | y < X(R_i) \leqslant x \}) \\
&= w^S[\{ R_i | X(R_i) \leqslant y \}] + \underbrace{w^S\{ R_i | y < X(R_i) \leqslant x \}]}_{= \epsilon \geqslant 0} \\
&\geqslant w^S[\{ R_i | X(R_i) \leqslant y \}] = F_x(y).
\end{aligned}$$

**Beispiel 5.7** B i n o m i a l v e r t e i l u n g (s. auch Beispiel 4.8). Für ein Experiment aus n unabhängigen Versuchen, in denen das Ereignis E mit Wahrscheinlichkeit w (E) = $w_0$ und E' mit w (E') = $1 - w_0$ auftritt, besteht S aus der Menge aller n-Tupel aus den Elementen E und E'

$$S = \{ s = (x_1, x_2, . . . , x_n) | x_i \in \{ E, E' \}, i \in I_n \}.$$

Es gilt card (S) = $2^n$. Wir definieren nun die Zufallsvariable X durch: X (s) = $x_s$, wobei $x_s$ die Anzahl der auftretenden E in s ist.

Man sieht leicht, daß der Wertebereich von X aus den Zahlen 0, 1, 2, . . . , n besteht. Die **B**
Abbildung X kann also gegeben werden durch

$$X: S \to \widetilde{S}, \text{ mit } \widetilde{S} = \{0, 1, \ldots, n\}.$$

Wir wissen, daß die Anzahl der n-Tupel in S, die genau i-mal das Element E enthalten,
gleich $\binom{n}{i}$ ist (Satz 2.6). Also enthält jede Teilmenge $E_i$ des X zugeordneten vollständigen Ereignissystems, auf der X den Wert i annimmt, genau $\binom{n}{i}$ Elemente.

Das Ereignis $E_i = \{s \mid X(s) = i\}$ hat nach Beispiel 4.8 die Wahrscheinlichkeit

$$w^S(E_i) = \binom{n}{i} \cdot w_0^i \cdot (1 - w_0)^{n-i}.$$

Damit ergibt sich

$$w^S(X = i) = \binom{n}{i} \cdot w_0^i (1 - w_0)^{n-i} \qquad \text{für } i = 0, 1, 2, \ldots, n.$$

Durch

$$w^S(X = i) = \binom{n}{i} w_0^i (1 - w_0)^{n-i}$$

ist auf $\widetilde{S}$ für X eine Wahrscheinlichkeitsdichte $f_X$ gegeben, man nennt sie Dichte der
B i n o m i a l v e r t e i l u n g.

$$f_X(i) = b(n, i, w_0) = \binom{n}{i} \cdot w_0^i (1 - w_0)^{n-i}, \text{ wobei } i = 0, 1, 2, \ldots, n.$$

In Fig. 5.17 ist die Dichtefunktion der Binomialverteilung b (9, i, 1/4) grafisch dargestellt, d. h. für n = 9 und $w_0$ = 1/4.

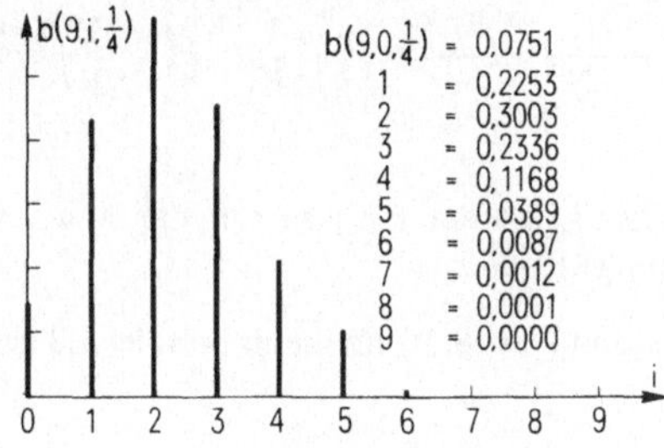


Fig. 5.17

**Aufgabe 5.6.** Stellen Sie die Verteilungsfunktion der Binomialverteilung von Fig. 5.17
grafisch dar.

**Beispiel 5.8.** Wir verteilen n gleiche Kugeln in N verschiedene Urnen. Wie groß ist die
Wahrscheinlichkeit, daß in einer bestimmten Urne genau k Kugeln liegen?

Um S zu beschreiben, ordnen wir die N Urnen in der Weise an, daß die 1. Urne auf dem
ersten Platz, die 2. Urne auf dem 2. Platz usw. auftritt.

$$( \cdot \quad , \quad \cdot \quad , \quad \cdot \quad , \ldots, \quad \cdot )$$
$$\downarrow \qquad \downarrow \qquad \downarrow \qquad \downarrow$$
1. Urne,    2. Urne,    3. Urne,    N-te Urne

**B** Die Anzahl der Kugeln pro Urne schreiben wir dann an die entsprechenden Stellen. Es bedeutet also $(3, 2, 5, 0, \ldots, 0, n - 10)$: In der 1. Urne sind 3, in der 2. Urne 2, in der 3. Urne 5 Kugeln, in den folgenden Urnen keine, aber in der N-ten Urne $(n - 10)$ Kugeln.

Der Stichprobenraum S ist die Menge aller N-Tupel aus ganzen Zahlen deren Summe gleich n ist.

S besteht aus $N^n$ Resultaten $R_i$. Wir wollen auf S Gleichverteilung annehmen. Somit ist die Wahrscheinlichkeit

$$w^S (R_i) = \frac{1}{N^n} \qquad \text{für } i = 1, \ldots, N^n.$$

Wir definieren eine Zufallsvariable X auf S durch X: „In einer bestimmten Urne liegen genau k Kugeln". Im obigen Stichprobenraum bedeutet dies, daß an der Stelle des N-Tupels, die der gewählten Urne entspricht, die Zahl k auftritt.

$\widetilde{S}$, der Wertebereich von X, wird gegeben durch $\widetilde{S} = \{ 0, 1, \ldots, n \}$.

Wieviele N-Tupel in S gibt es, bei denen in der ausgewählten Urne i genau k Kugeln liegen? Da sich die k Kugeln für Urne i auf $\binom{n}{k}$ verschiedene Arten aus n Kugeln zusammenstellen lassen und für die Verteilung der übrigen $(n - k)$ Kugeln in $(N - 1)$ Urnen $(N - 1)^{n-k}$ Möglichkeiten bestehen, gibt es offenbar $\binom{n}{k} \cdot (N - 1)^{n-k}$ N-Tupel, die an der i-ten Stelle k Kugeln zeigen. Damit ergibt sich:

$$w^S (k \text{ Kugeln in einer bestimmten Urne}) = \frac{\binom{n}{k} \cdot (N - 1)^{n-k}}{N^n}$$

und 
$$f_X (k, n, N) = w^S (X = k) = \frac{\binom{n}{k} \cdot (N - 1)^{n-k}}{N^n} = \binom{n}{k} \left( \frac{1}{N} \right)^k \left( 1 - \frac{1}{N} \right)^{n-k},$$

wobei $k = 0, 1, \ldots, n$.

Diese Verteilung $f_X$ spielt in der s t a t i s t i s c h e n  P h y s i k, in der M a x w e l l - B o l z m a n n - S t a t i s t i k, eine wichtige Rolle.

**Aufgabe 5.7.** Stellen Sie die Dichtefunktion $f_X (k, 8, 9)$ für die in Beispiel 5.8 genannte Verteilungsfunktion $f_X$ grafisch dar.

Für Berechnungen in der Praxis benutzt man selten die Formeln der Dichtefunktion. Vielmehr benutzt man Tabellen, die für die wichtigsten X-Werte alle Funktionswerte enthalten. Für die Binomialverteilung ist im Anhang eine solche Tabelle angegeben.

**Aufgabe 5.8.** Für die Binomialverteilung gilt $b (n, i, w_0) = b (n, n - i, 1 - w_0)$. Beweisen Sie diese Behauptung.

**Bemerkung.** Die Tabelle im Anhang gibt die Werte für $b (n, i, w_0)$ für $n = 1$ bis $n = 20$ und $w_0 = 0{,}05; 0{,}1; 0{,}15; \ldots; 0{,}5$.

Für Werte $w_0$, die größer als 0,5 sind, benutzt man, unter Ausnützung der in Aufgabe 5.8 bewiesenen Identität, ebenfalls diese Tabelle.

**Aufgabe 5.9.** Berechnen Sie die Wahrscheinlichkeit dafür, daß Sie mit einem normalen

Spielwürfel in 7 Würfen 2mal die Sechs werfen; ebenso die Wahrscheinlichkeit, daß diese B in 7 Würfen höchstens 2mal auftritt.

**Aufgabe 5.10.** Wie groß ist die Wahrscheinlichkeit, aus einem Skatspiel beim Herausgreifen von 5 Karten (ohne Zurücklegen) 3 Könige zu erhalten?

**Aufgabe 5.11.** In einem 24stöckigen Haus steigen im Erdgeschoß 17 Personen in den Fahrstuhl. Wie groß ist die Wahrscheinlichkeit, daß in einem der Stockwerke 7 Personen aussteigen?

**Aufgabe 5.12.** Ein Klub hat 25 Mitglieder. Davon sind 14 Männer auf 11 Frauen. Ein 5köpfiger Vorstand soll durch Los bestimmt werden. Wie groß ist die Wahrscheinlichkeit,
a) daß 3 Männer und 2 Frauen den Vorstand bilden?
b) daß in dem Vorstand mindestens 3 Männer sind?

## 5.4. Mathematischer Erwartungswert

**Definition 5.3.** Die Zufallsvariable X hat als Wertebereich $\{x_1, x_2, \ldots, x_n\}$, dessen Werte mit den Wahrscheinlichkeiten $f_X(x_i)$, $i = 1, \ldots, n$ angenommen werden. Der mathematische E r w a r t u n g s w e r t von X (erwarteter Wert von X) ist definiert als

$$E(X) = \sum_{i=1}^{n} x_i \cdot f_X(x_i).$$

**Satz 5.4.** Gegeben sei die auf **R** definierte reellwertige Funktion g und die Zufallsvariable X mit dem Wertebereich $\widetilde{S} = \{x_1, \ldots, x_n\} \subset \mathbf{R}$. Die Variable X nimmt ihre Werte $x_i$ mit den Wahrscheinlichkeiten $f_X(x_i)$ an für $i = 1, \ldots, n$. Dann ist g (X) auch eine Zufallsvariable und die mathematische Erwartung von g (X) ist:

$$E(g(X)) = \sum_{i=1}^{n} g(x_i) \cdot f_X(x_i).$$

B e w e i s. Es ist X eine Zufallsvariable und g eine reellwertige Funktion, also ist g (X) eine Zufallsvariable (s. Fig. 5.18), denn g (X) ist reellwertig und für alle Resultate in S definiert (s. Definition 5.1).

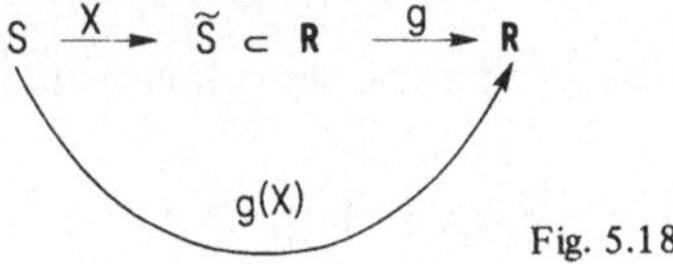


Fig. 5.18

Der Wertebereich von g ist $\widetilde{\widetilde{S}} = \{g_1, g_2, \ldots, g_m\}$, wobei $m \leqslant n$ ist. Da $w^{\widetilde{\widetilde{S}}}(g_k) = w^{\widetilde{S}}(g(X) = g_k)$ erhält man

$$E(g(X) = \sum_{k=1}^{m} g_K \cdot w^{\widetilde{\widetilde{S}}}(g(X) = g_k) = \sum_{k=1}^{m} g_k \cdot \left[ \sum_{x_i \in \{x_i \mid g(x_i) = g_k\}} f_X(x_i) \right]$$

$$= \sum_{j=1}^{n} g(x_j) \cdot f_X(x_j).$$

**Satz 5.5.** Ist $X = C =$ Konstante, so ist $E(X) = C$.

B e w e i s. Für alle Resultate $R_i$ im Stichprobenraum S, der n Elemente enthält, gilt $X(R_i) = C$. Also gilt

$$E(X) = \sum_{i=i}^{n} X(R_i) \cdot w^S(R_i) = C \cdot \sum_{i=1}^{n} w^S(R_i) = C \cdot 1 = C.$$

**Satz 5.6.** Ist C eine Konstante und X eine Zufallsvariable, dann ist

$$E(C \cdot g(X)) = C \cdot E(g(X)).$$

**Aufgabe 5.13.** Beweisen Sie Satz 5.6.

**Satz 5.7.** Seien $g_j, j = 1, 2, \ldots, \ell$ reellwertige Funktionen definiert auf **R** und X eine Zufallsvariable, dann ist

$$E\left(\sum_{j=1}^{\ell} g_j(X)\right) = \sum_{j=1}^{\ell} E(g_j(X)).$$

B e w e i s.

$$E\left(\sum_{j=1}^{\ell} g_j(X)\right) = E[g_1(X) + g_2(X) + \ldots + g_\ell(X)]$$

$$= [g_1(x_1) + g_2(x_1) + \ldots + g_\ell(x_1)] \cdot f_X(x_1) + \ldots +$$

$$+ [g_1(x_n) + g_2(x_n) + \ldots + g_\ell(x_n)] \cdot f_X(x_n)$$

$$= \underbrace{g_1(x_1) \cdot f_X(x_1) + g_1(x_2) \cdot f_X(x_2) + \ldots + g_1(x_n) \cdot f_X(x_n) +}_{= E(g_1(X))}$$

$$+ \underbrace{g_2(x_1) \cdot f_X(x_1) + \ldots + g_\ell(x_1) \cdot f_X(x_1) + \ldots + g_\ell(x_n) \cdot f_X(x_n)}_{= E(g_\ell(X))}$$

$$= \sum_{j=1}^{\ell} E(g_j(X)).$$

**Satz 5.8.** Seien a, b konstante reelle Zahlen und X eine Zufallsvariable, dann gilt

$$E(a \cdot X + b) = a \cdot E(X) + b.$$

B e w e i s. Wir setzen in Satz 5.7 $g_1(X) = a \cdot X$ und $g_2(X) = b =$ Konstante ein; dann erhält man

$$E(a \cdot X + b) = E(g_1(X) + g_2(X)) = E(g_1(X)) + E(g_2(X))$$

$$= E(a \cdot X) + E(b) = \underbrace{a \cdot E(X)}_{\text{nach Satz 5.6}} + \underbrace{b}_{\text{nach Satz 5.5}} .$$

**Satz 5.9.** Ist X eine Zufallsvariable und $E(X)$ ihr Erwartungswert, dann gilt für die Zufallsvariable $Y = X - E(X)$

$$E(Y) = 0.$$

B e w e i s. Nach Satz 5.7 gilt

**B**

$$E(Y) = E(X) + E((-1) \cdot E(X)) = E(X) + \underbrace{(-1) \cdot E(X)}_{\text{nach Satz 5.6}}$$

**Beispiel 5.9. a)** Gegeben sei $(S_0, \mathfrak{P}(S_0), w)$ mit $S_0 = \{E, E'\}$ und $w(E) = w_0$, $w(E') = 1 - w_0$. Die Zufallsvariable $X_E$ heißt I n d i k a t o r von E, falls

$$X_E = \begin{cases} 1, \text{ wenn E eintritt} \\ 0, \text{ wenn E' eintritt} \end{cases}$$

Es ist $E(X_E) = 1 \cdot w_0 + 0 \cdot (1 - w_0) = w_0$.

**b)** Betrachten wir ein Experiment aus n unabhängigen Versuchen mit $S = S_0^n$. Wir betrachten die Folge der Zufallsvariablen $(X_1, X_2, \ldots, X_n)$ für dieses Experiment mit

$$X_i = \begin{cases} 1, \text{ wenn im i-ten Versuch E auftritt}, w^{S_0}(X_i = 1) = w_0, \\ 0, \text{ wenn im i-ten Versuch E' eintritt}, w^{S_0}(X_i = 0) = 1 - w_0. \end{cases}$$

($X_i$ hängt nur vom i-ten Versuch ab); die auf S definierte Zufallsvariable

$$Z = \sum_{i=1}^{n} X_i.$$

zählt offenbar die Anzahl j der Ereignisse E, die bei den n Versuchen auftreten. Wie wir in Beispiel 5.7 gesehen haben, ist Z binomial verteilt mit $b(n, j, w_0)$.

Als Anwendung von Satz 5.7 erhalten wir

$$E\left(\sum_{i=1}^{n} X_i\right) = \sum_{i=1}^{n} E(X_i) = n \cdot E(X_E) = n \cdot w_0.$$

Verwenden wir wieder Beispiel 5.7, so wird also

$$E(Z) = \sum_{i=0}^{n} i \cdot \binom{n}{i} w_0^i (1 - w_0)^{n-i} = E\left(\sum_{i=1}^{n} X_i\right) = n \cdot w_0.$$

Der Erwartungswert von Z oder anders gesagt der Erwartungswert der Binomialverteilung konnte so sehr einfach mittels Satz 5.7 berechnet werden (s. auch Beweis von Satz 5.14).

## 5.5. Varianz und Standardabweichung

**Definition 5.4.** Gegeben sei auf dem Wahrscheinlichkeitsraum $(S, \mathfrak{P}(S), w)$ die Zufallsvariable X und die reellwertigen Funktionen

$$g: x \in \mathbf{R} \longmapsto (x - c)^r \in \mathbf{R} \qquad \text{für } r = 1, 2, \ldots, M; c = \text{const},$$

dann nennt man den Erwartungswert

$$E(g(X)) = E((x - c)^r)$$

das r-te Moment der Verteilung von X bezüglich c, oder kurz das r - t e  M o m e n t
d e r  Z u f a l l s v a r i a b l e n  X bezüglich c.

**Definition 5.5.** Das 2. Moment der Verteilung der Zufallsvariablen X bezüglich ihres
Erwartungswertes E (X) heißt  V a r i a n z  der Verteilung von X, oder kurz Varianz
von X,

$$E\left[(x - E(X))^2\right] = \sigma_x^2.$$

**Definition 5.6.** Die Standardabweichung der Verteilung von X, kurz die Standardabweichung von X ist gegeben durch

$$\sigma_x = \sqrt{E\left[(X - E(X)\right]}.$$

**Satz 5.10.** Die Varianz $\sigma_x^2$ der Verteilung von X kann wie folgt berechnet werden:

$$\sigma_x^2 = E(X^2) - E^2(X).$$

B e w e i s.  $E\left[(X - E(X))^2\right] = E\left[X^2 - (2 \cdot X \cdot E(X)) + (E(X))^2\right]$

$$= E[X^2] + E\left\{-2 \cdot X \cdot E(X)\right\} + E\left\{(E(X))^2\right\}$$

$\uparrow$
nach Satz 5.7

$$= E[X^2] - 2 \cdot \underbrace{E(X) \cdot E(X)}_{\text{nach Satz 5.6}} + \underbrace{[E(X)]^2}_{\text{nach Satz 5.5}} = E(X^2) - [E(X)]^2$$

**Satz 5.11.** Seien $(S, \mathfrak{P}(S), w)$ und X, Y als Zufallsvariable auf S gegeben mit den
Wertebereichen $\widetilde{S}_x = \left\{x_1, \ldots, x_n\right\}$ und $\widetilde{S}_y = \left\{y_1, \ldots, y_m\right\}$, dann gilt (mit a = const)

a)          $\sigma_{X+a} = \sigma_X,$

b)          $\sigma_{a \cdot X} = a^2 \cdot \sigma_X.$

c)          $\sigma_{X+Y} = \sigma_X + \sigma_Y.$

**Aufgabe 5.14.** Beweisen Sie Satz 5.11.

**Satz 5.12.** Sei $X_E$ die Indikatorvariable des Ereignisses E mit

$$X_E = \begin{cases} 1 \text{ mit Wahrscheinlichkeit } w_0, \\ 0 \text{ mit Wahrscheinlichkeit } (1 - w_0). \end{cases}$$

Dann gilt $E(X_E) = w_0$ und

$$\sigma_{X_E} = w_0 \cdot (1 - w_0).$$

**Aufgabe 5.15.** Beweisen Sie Satz 5.12.

**Satz 5.13** (T s c h e b y s c h e f f s c h e  U n g l e i c h u n g). Gegeben sei $(S, \mathfrak{P}(S), w)$
mit $S = \left\{R_1, R_2, \ldots, R_m\right\}$ und die Zufallsvariable X: $S \longrightarrow \widetilde{S} = \left\{x_1, x_2, x_3, \ldots, x_n\right\}$
mit Erwartungswert E (X) sowie mit Standardabweichung $\sigma_X$. Dann gilt für jede positive
Konstante k, daß die Wahrscheinlichkeit, daß X einen Wert kleiner als $E(X) - k \cdot \sigma_X$
oder größer als $E(X) + k \cdot \sigma_X$ annimmt, kleiner als $1/k^2$ ist. In Zeichen:

$$w^S\left[\left\{R_i \mid \; |X(R_i) - E(X)| > k \cdot \sigma_X\right\}\right] < \frac{1}{k^2}$$

B

B e w e i s: Wir führen zunächst die folgende Abkürzung ein:

$$A = \left\{ x_i \mid x_i < E(x) - k \cdot \sigma_X \right\},$$
$$B = \left\{ x_i \mid E(x) - k \cdot \sigma_X \leqslant x_i \leqslant E(x) + k \cdot \sigma_X \right\},$$
$$C = \left\{ x_i \mid x_i > E(x) + k \cdot \sigma_X \right\}.$$

Es gilt

$$\sigma_X^2 = \sum_{x_i \in A} [x_i - E(X)]^2 \cdot f_X(x_i) + \sum_{x_i \in B} [x_i - E(X)]^2 \cdot f_X(x_i) +$$
$$+ \sum_{x_i \in C} [x_i - E(X)]^2 \cdot f_X(x_i).$$

Da alle Summanden $(x_i - E(X))^2 \cdot f_X(x_i)$ nicht negativ sind, gilt

$$\sigma_X^2 \geqslant \sum_{x_i \in A} (x_i - E(X))^2 \cdot f_X(x_i) + \sum_{x_i \in C} [x_i - E(X)]^2 \cdot f_X(x_i).$$

Da für alle $x_i$ in den Bereichen A oder C gilt, daß die absoluten Differenzen zu $E(X)$ größer als $k \cdot \sigma$ sind, gilt

$$\sigma_X^2 > \sum_{x_i \in A} k^2 \cdot \sigma_X^2 \cdot f_X(x_i) + \sum_{x_i \in C} k^2 \cdot \sigma_X^2 \cdot f_X(x_i).$$

Dividiert man diese Ungleichung durch $k^2 \cdot \sigma_X^2$ (wobei $\sigma_X \neq 0$), so erhält man

$$\frac{1}{k^2} > \sum_{x_i \in A} f_X(x_i) + \sum_{x_i \in C} f_X(x_i) = w^S\left[\left\{R_i \mid \; |X(R_i) - E(X)| > k \cdot \sigma_X\right\}\right]$$

**Beispiel 5.10.** Nehmen wir $k = \sqrt{3}$, so erhält man aus Satz 5.13

$$w^S\left(x_i \mid \; |x_i - E(X)| > \sqrt{3} \cdot \sigma\right) < \frac{1}{3},$$

d. h., daß die Wahrscheinlichkeit für die $x_i$, die innerhalb des in Fig. 5.19 abgebildeten Intervalls liegen, größer als 2/3 ist.

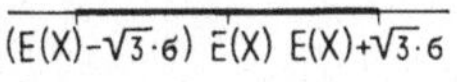

(E(X)-√3·6) E(X) E(X)+√3·6        E(X)-36    E(X)    E(X)+36

Fig. 5.19 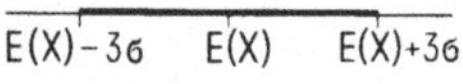                              Fig. 5.20

Wählen wir für $k = 3$, dann gehört zum Intervall $[E(X) - 3\sigma, E(X) + 3\sigma]$ in Fig. 5.20 sogar mehr als 8/9, d. h. mehr als ungefähr 88% der gesamten Wahrscheinlichkeit.

**Satz 5.14.** Erwartungswert und Varianz einer Zufallsvariablen X, die gemäß der Dichtefunktion b (n, i, w) binomial verteilt ist, sind

a) $E(X) = n \cdot w$,

b) $\sigma_X^2 = n \cdot w \cdot (1 - w)$.

**B** B e w e i s. a) Es ist

$$E(X) = \sum_{i=0}^{n} i \cdot \binom{n}{i} \cdot w^i \cdot (1-w)^{n-i}$$

$$= 0 + \sum_{i=1}^{n} \frac{n! \cdot i}{i(i-1)!(n-i)!} \, w^i \cdot (1-w)^{n-i}$$

$$= n \cdot w \cdot \sum_{i=1}^{n} \binom{n-1}{i-1} \cdot (1-w)^{n-i} \cdot w^{i-1}.$$

Jetzt setzen wir für $i - 1 = \ell$ und für $n - 1 = m$, dann wird

$$E(X) = n \cdot w \cdot \sum_{\ell=0}^{m} \binom{m}{\ell} \cdot w^\ell \cdot (1-w)^{m-\ell};$$

da aber

$$b(m, \ell, w) = \sum_{\ell=0}^{m} \binom{m}{\ell} w^\ell \cdot (1-w)^{m-\ell} = 1,$$

folgt $E(X) = n \cdot w$.

b) Wir wissen aus Satz 5.10, daß $\sigma_X^2 = E(X^2) - E^2(X)$ ist. In der nachfolgenden Beweisführung gehen wir so vor: Wir berechnen $E(X(X-1)) = E(X^2) - E(X)$, addieren $E(X)$ und erhalten $E(X^2)$. Anschließend berechnen wir dann $\sigma_X^2 = E(X^2) - E^2(X)$. Es ist

$$E(X(X-1)) = \sum_{i=0}^{n} i(i-1) \cdot \binom{n}{i} \, w^i \cdot (1-w)^{n-i}$$

$$= \sum_{i=2}^{n} \frac{n!}{(i-2)!(n-i)!} \, w^i (1-w)^{n-i}$$

$$= n(n-1) \cdot w^2 \cdot \sum_{i=2}^{n} \binom{n-2}{i-2} w^{i-2} \cdot (1-w)^2.$$

Setzen wir $\ell = i - 2$ und $m = n - 2$, so wird

$$E[X(X-1)] = n(n-1) w^2 \sum_{\ell=0}^{m} \binom{m}{\ell} \cdot w^\ell (1-w)^{m-\ell} = n \cdot (n-1) \cdot w^2,$$

$$E[X(X-1)] = E(X^2) - E(X) = n^2 w^2 - n \cdot w^2.$$

Also ist

$$E(X^2) = E[X(X-1)] + E(X) = n^2 w^2 - n \cdot w^2 + nw,$$

$$E(X^2) - E^2(X) = n^2 w^2 - n \cdot w^2 + nw - (nw)^2 = nw - n \cdot w^2,$$

$$\sigma_X^2 = E(X^2) - E^2(X) = nw \cdot (1-w).$$

**Definition 5.7.** Die auf $(S_0, \mathfrak{P}(S_0), w)$ definierten Zufallsvariablen X und Y mit den Wertebereichen $\tilde{S}_X = \{x_1, \ldots, x_\ell\}$ bzw. $\tilde{S}_Y = \{y_1, \ldots, y_m\}$ heißen u n a b h ä n g i g, wenn gilt

$$w^{S_0}[\{X = x_i\} \cap \{Y = y_j\}] = w^{S_0}(X = x_i) \cdot w^{S_0}(Y = y_j)$$

oder mit anderen Worten, wenn

$$f_{X,Y} (x_i, y_j) = f_X (x_i) \cdot f_Y (y_j)$$

für alle $(x_i, y_j) \in \tilde{S}_X \times \tilde{S}_Y$ gilt.

**B e m e r k u n g.** Vergleichen Sie den Inhalt von Definition 4.4 mit der Definition 5.7.

**Satz 5.15.** Seien X und Y unabhängige Zufallsvariablen, definiert auf $(S_0, \mathfrak{P}(S_0), w)$, wobei $\tilde{S}_X$ der Wertebereich von X und $\tilde{S}_Y$ derjenige von Y ist, mit $\tilde{S}_X = \{x_1, \ldots, x_\ell\}$, $\tilde{S}_Y = \{y_1, \ldots, y_m\}$. Dann ist

$$E (X \cdot Y) = E (X) \cdot E (Y).$$

**B e w e i s.** Die Zufallsvariable $X \cdot Y$ nimmt die $\ell \cdot m$ Werte $x_i \cdot y_j$ an; dabei ist nach Voraussetzung

$$w^{S_0} (X = x_i, Y = y_j) = w^{S_0} (X = x_i) \cdot w^{S_0} (Y = y_j)$$

für alle $(i, j)$ mit $i = 1, \ldots, \ell$ und $j = 1, \ldots, m$. Es ist dann

$$E (X \cdot Y) = \sum_{(i, j)} (x_i \cdot y_j) \cdot w^{S_0} (X = x_i, Y = y_j) = \sum_{i=1}^{\ell} \sum_{j=1}^{m} (x_i \cdot y_j)\, w^{S_0} (X = x_i, Y = y_i)$$

$$\uparrow$$
summiert über alle $m \cdot \ell$ Paare

$$= \sum_{i=1}^{\ell} \sum_{j=1}^{m} x_i \cdot y_j \cdot f_X (x_i) \cdot f_Y (y_j)$$

$$= \left( \sum_{i=1}^{\ell} x_i \cdot f_X (x_i) \right) \cdot \left( \sum_{j=1}^{m} y_j \cdot f_Y (y_i) \right) = E (X) \cdot E (Y).$$

**Aufgabe 5.16.** A und B werfen eine Münze, die gezinkt ist. A behauptet, die Wahrscheinlichkeit von $Z =$ Zahl sei $w (Z) = 0,4$. B behauptet, $w (Z)$ sei gleich 0,3. A und B testen ihre beiden Behauptungen mit der folgenden Regel: Wenn in 10 Würfen mehr als 5mal Z auftritt, hat A Recht, kommt Z hingegen weniger als 3mal vor, dann hat B Recht.
**a)** Wie groß ist die Wahrscheinlichkeit, daß man die Behauptung von A zu Recht verwirft?
**b)** Wie groß ist die Wahrscheinlichkeit, daß man die Behauptung von B zu Recht bzw. zu Unrecht verworfen wird?

### Aufgaben

**5.17.** Durch Drehen des Glücksrades in Fig. 5.21 erhält man die Resultate von X: 1, 2, 5, 6. Es sei $w (1) = 1/6$, $w (2) = 1/3$, $w (5) = 1/5$ und $w (6) = 3/10$. Berechnen Sie $E (X)$, $\sigma_X^2$ und $\sigma_X$.

**5.18.** Aus der Urne in Fig. 5.22 wird zufällig ein Wort gezogen:

**B**    L: Anzahl Buchstaben des Wortes,

V: Anzahl Vokale im Wort,

E: Der Wert dieser Variablen: = 1, wenn das Wort an letzter Stelle den Buchstaben r aufweist,

= 2, wenn an letzter Stelle ein Vokal steht.

**a)** Zeichnen Sie die Dichtefunktion von L, V, E.
**b)** Berechnen Sie die Erwartungswerte von L, V, E.
**c)** Berechnen Sie die Standardabweichungen von L, V, E.

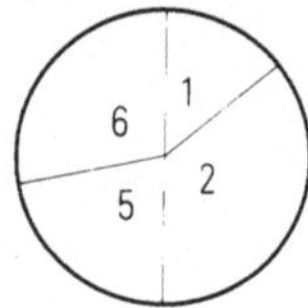

Fig. 5.21

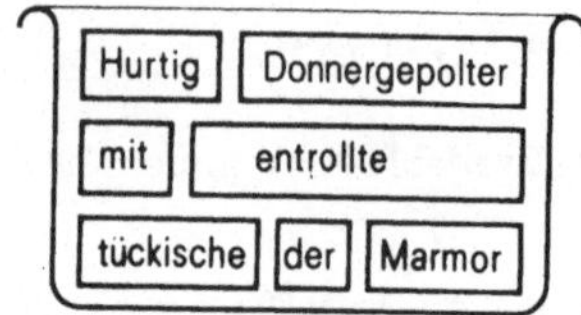

Fig. 5.22

**5.19.** Fig. 5.23 zeigt ein Glücksspiel mit 2 Gewinnmöglichkeiten. Man dreht das Glücksrad und greift anschließend eine Kugel aus Urne ($U_1$) oder Urne ($U_2$) je nach Resultat, dabei ist w ($U_1$) = 2/3 und w ($U_2$) = 1/3. Die aus der so bestimmten Urne zufällig gezogene Kugel gibt den Gewinn des Spielers.

**a)** Zeichnen Sie das Diagramm der Dichtefunktion des Gewinns.
**b)** Berechnen Sie Erwartungswert und Varianz des Gewinns.

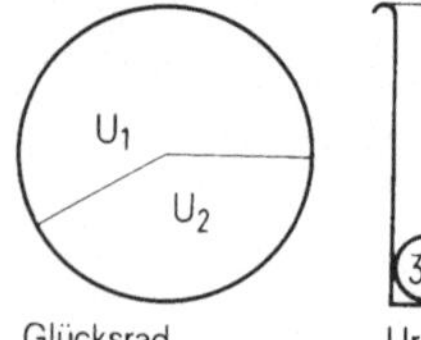


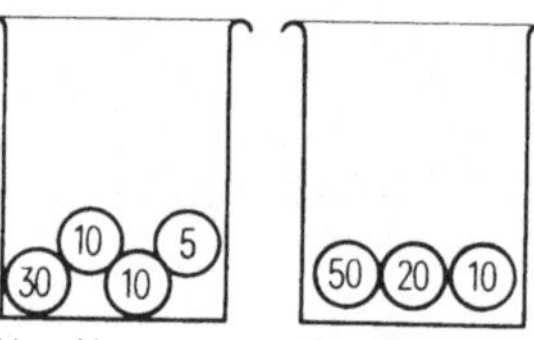


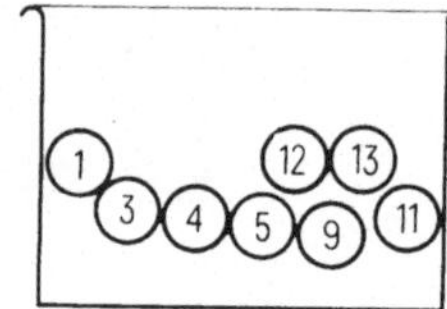


Fig. 5.23

Fig. 5.24

**5.20.** Aus der Urne in Fig. 5.24 wird eine Kugel gezogen. Das Ereignis E sei beschrieben durch: e: „gezogene Kugel zeigt eine Zahl größer als 3"

$$X_E = \begin{cases} 1, \text{ wenn E eintritt,} \\ 0, \text{ wenn E' eintritt.} \end{cases}$$

Berechnen Sie den Erwartungswert und die Varianz von $X_E$.

**5.21.** Das Experiment von Aufgabe 5.20 wird 15mal wiederholt, jedesmal wird die gezogene Kugel zurückgelegt.

X gebe an, wie oft E in 15 Versuchen eintritt. (Benutzen Sie die Tabelle im Anhang.)
**a)** Berechnen Sie w ($X < 12$); w ($X = 3$)
**b)** Berechnen Sie E (X) und $\sigma_X$.
**c)** Der Gewinn des Spielers, der 15 Kugeln zieht, ist gegeben durch $X^2 + X - 8$. Berechnen Sie den Erwartungswert des Gewinnes.

**5.22.** In einer Schulklasse mit 20 Mädchen und 15 Jungen werden 6 Geschenke zufällig **B** verteilt, und zwar kann der gleiche Schüler auch mehr als ein Geschenk erhalten, da jedes der Geschenke jeweils durch Auslosung auf alle 35 Schüler verteilt wird. Wie groß ist die Wahrscheinlichkeit, daß 4 Geschenke an Mädchen gehen und 2 Geschenke an Jungen?

**5.23.** Ein Gemeinderat hat 7 Mitglieder, jedes Mitglied ist mit der Wahrscheinlichkeit 2/3 anwesend. Wie groß ist die Wahrscheinlichkeit, daß mehr als 5 Gemeinderäte an der Sitzung teilnehmen?

**5.24.** Wie groß ist die Wahrscheinlichkeit, daß von 10 Schülern mindestens 6 eine Frage richtig beantworten, wenn jeder Schüler mit der Wahrscheinlichkeit 0,7 eine richtige Antwort gibt?

**5.25.** Ein Wirt behauptet, daß der Gast A jeden Tag um 18.00 Uhr mit der Wahrscheinlichkeit 0,6 im Wirtshaus anzutreffen ist. Seine Frau behauptet sogar, diese Wahrscheinlichkeit sei 0,7. Beide testen ihre Behauptung mit der folgenden Regel: Man zählt, wie oft A an 10 aufeinanderfolgenden Tagen um 18.00 Uhr im Wirtshaus ist. Ist diese Zahl 8 oder größer, hat die Wirtin Recht, ist die Zahl 5 oder kleiner, hat der Wirt Recht.
**a)** Wie groß ist die Wahrscheinlichkeit, daß die Behauptung des Wirts zu Recht bzw. zu Unrecht verworfen wird?
**b)** Wie groß ist die Wahrscheinlichkeit, daß die Behauptung der Wirtin zu Recht bzw. zu Unrecht verworfen wird?

# 6. Das schwache Gesetz der großen Zahlen

## 6.1. Empirische Behandlung    **A**

Wir haben im letzten Kapitel die Eigenschaften von Experimenten aus unabhängigen Versuchen kennengelernt.
Wir wollen uns nochmals eingehender den Experimenten widmen, die aus einer Folge von Indikatoren bestehen, d. h. einer Folge von Zufallsvariablen, die den Eintritt eines bestimmten Ereignisses im i-ten Versuch angeben.
Gegeben ist der Wahrscheinlichkeitsraum $(S_0, \mathfrak{P}(S_0), w^{S_0})$ eines Versuches und der Indikator $X_E$ für das Ereignis $E \in \mathfrak{P}(S_0)$.
Wird der Versuch nun n-mal unabhängig ausgeführt und interessieren wir uns jedesmal dafür, ob E eintritt oder nicht, so ist $X_i$ der Indikator des Ereignisses E im i-ten Versuch.

$$X_i = \begin{cases} 1, & \text{E tritt im i-ten Versuch ein mit Wahrscheinlichkeit } w_0 \\ 0, & \text{E' tritt im i-ten Versuch ein mit Wahrscheinlichkeit } (1 - w_0) \end{cases}$$

Setzen wir $Z = X_1 + X_2 + \ldots + X_n$, wobei Z die Anzahl der Erfolge in n Versuchen zählt, so ist Z auf dem Produktraum $S = S_0^n$ definiert und binomial verteilt mit

A
$$f_Z(i) = \binom{n}{i} \cdot w_0^i \cdot (1 - w_0)^{n-i} = b(n, i, w_0) \qquad i = 0, 1, 2, \ldots, n.$$

(s. Beispiel 5.7 und Beispiel 5.9).

Unter Benutzung der Tabelle im Anhang stellen wir b (10; i; 0, 3) in Fig. 6.1 und b (9; i; 0, 3) in Fig. 6.2 dar.

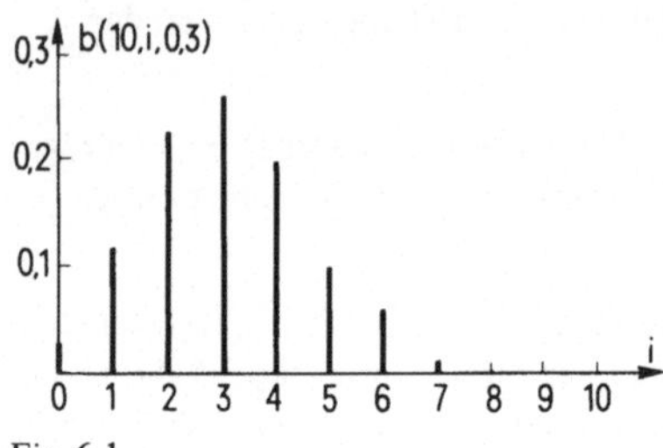

Fig. 6.1
Fig. 6.2 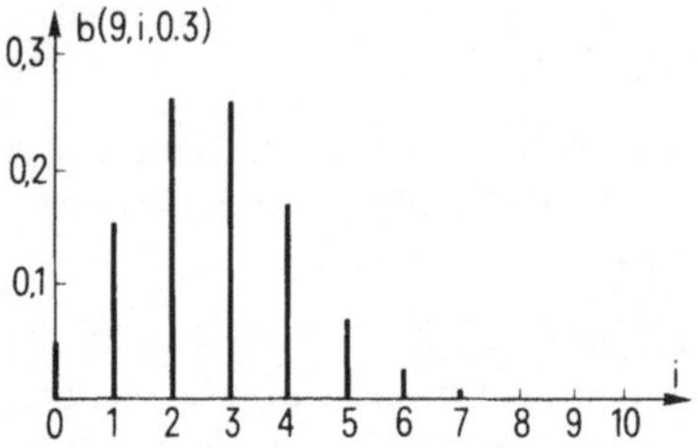

In der Fig. 6.1 steigen die Werte von b (10; i; 0, 3) bis zu einem Maximum bei i = 3 und fallen dann wieder. In Fig. 6.2 steigen die Werte von b (9; i; 0, 3) bis zu einem Maximum bei i = 2, haben den gleichen Wert bei i = 3 und fallen dann wieder.

Diese zwei Beispiele sind von allgemeiner Bedeutung.

Betrachten wir den Quotienten der Wahrscheinlichkeit von (i + 1) Erfolgen in n Versuchen gegenüber der Wahrscheinlichkeit von i Erfolgen in n Versuchen. Dieser Quotient ist gegeben durch

$$(1) \qquad \frac{\binom{n}{i+1} \cdot w_0^{i+1} \cdot (1 - w_0)^{n-i-1}}{\binom{n}{i} w_0^i \cdot (1 - w_0)^{n-i}} = \frac{(n-i)}{(i+1)} \cdot \frac{w_0}{(1 - w_0)}$$

(1) wird größer als 1 sein, falls $(n - i) \cdot w_0 > (i + 1) \cdot (1 - w_0)$ oder solange (2) erfüllt ist:

$$(2) \qquad i < n \cdot w_0 - (1 - w_0).$$

F a l l 1. Wenn $i = n \cdot w_0 - (1 - w_0)$ keine ganze Zahl ist, so steigt $\binom{n}{i} w_0^i (1 - w_0)^{n-1}$ bis zu einem Maximum, das bei der nächsten ganzen Zahl angenommen wird, die auf $n \cdot w_0 - (1 - w_0)$ folgt. Dann fällt $b(n, i, w_0)$ wieder (Fig. 6.3).

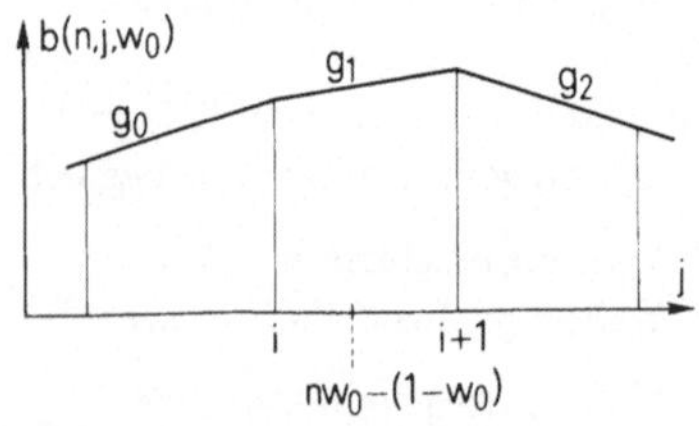
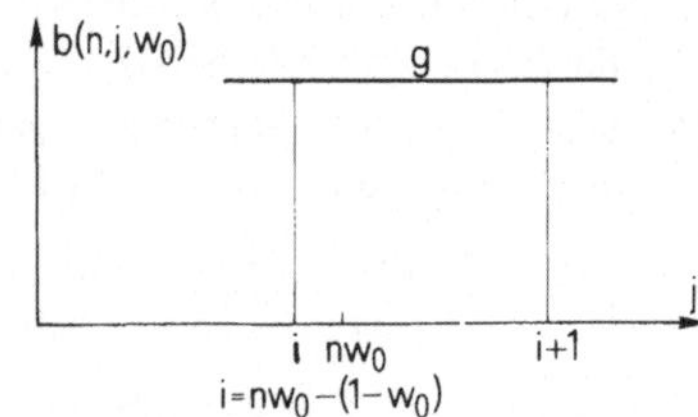

Fig. 6.3
Fig. 6.4

**F a l l 2.** Wenn $n \cdot w_0 - (1 - w_0)$ eine ganze Zahl ist, steigt $\binom{n}{i} w_0^i (1 - w_0)^{n-i}$ bis zu einem Maximum bei $i = n \cdot w_0 - (1 - w_0)$. Weiter hat $\binom{n}{j} w_0^j (1 - w_0)^{n-j}$ bei $n \cdot w_0 - (1 - w_0)$ und bei $n \cdot w_0 - (1 - w_0) + 1$, d. h. bei $i$ und $i + 1$, den gleichen Wert und fällt dann wieder (Fig. 6.4).

Wir sehen, daß in beiden Fällen den Werten der Variablen $Z$ in der Nähe von $n \cdot w_0$ größte Wahrscheinlichkeiten zugeordnet sind, denn $n \cdot w_0 - (1 - w_0)$ hat von $n \cdot w_0$ höchstens den Abstand 1, weil ja $1 - w_0$ höchstens 1 sein kann. Die $Z$-Werte in der Nähe von $n \cdot w_0$ haben größere Wahrscheinlichkeiten als andere $Z$-Werte. Es stimmt aber  n i c h t , daß ein ganz bestimmter Wert in der Nähe von $n \cdot w_0$ besonders wahrscheinlich ist, sondern nur, daß  d i e  G e s a m t h e i t  d e r  W e r t e  „nahe" $n \cdot w_0$ mit  g r ö ß e r e n  W a h r s c h e i n l i c h k e i t e n  versehen ist als Werte von $Z$, die „weit entfernt" sind von $n \cdot w_0$.

**Beispiel 6.1.** Wir betrachten ein Experiment aus 20 Versuchen (20 Münzenwürfe, $Z$ = Anzahl der Würfe, bei denen Zahl geworfen wird). Es ist $w$ (Zahl) = 0,5 pro Wurf. Die Wahrscheinlichkeit für $Z = 10$ ist 0,1762, hingegen haben die Zahlen $Z = 5$ bzw. $Z = 15$, die weit entfernt von $Z = 10$ sind nur je eine Wahrscheinlichkeit von 0,0148. Diese Wahrscheinlichkeit ist rund 12mal kleiner als die Wahrscheinlichkeit für $Z = 10$ ($Z = 10$ $= n \cdot w_0$).

**Bemerkung.** Dies ist − grob gesprochen − der Inhalt des  s c h w a c h e n  G e s e t z e s  der  g r o ß e n  Z a h l e n : Die $Z$-Werte, die in der Nähe des Erwartungswertes von $Z$ liegen, haben wesentlich größere Wahrscheinlichkeiten als diejenigen, die weiter entfernt vom Erwartungswert liegen. Diese Aussage stimmt immer besser, je mehr Versuche ausgeführt werden.

Betrachtet man statt der Zufallsvariablen $Z$ die Zufallsvariable $Z_1 = Z/n$, so überträgt sich die obige Bemerkung auf $Z_1$. Der Erwartungswert, in dessen Nähe die wahrscheinlichsten $Z_1$-Werte liegen, ist

$$E(Z_1) = E\left(\frac{Z}{n}\right) = \frac{1}{n} E(Z) = \frac{1}{n} \cdot n \cdot w_0 = w_0.$$

N o c h  e i n m a l : Die wahrscheinlichsten Werte von $Z_1 = \dfrac{X_1 + X_2 + \ldots + X_n}{n}$ liegen in der Nähe von $w_0$.

Damit ist nun eine Möglichkeit gegeben, $w_0$ experimentell anzunähern. Man zählt alle Erfolge für das Ereignis $E$ in den $n$ Versuchen, dividiert diese Zahl durch $n$ und weiß, daß der berechnete Wert mit großer Wahrscheinlichkeit in der Nähe von $w_0$ liegt.

**6.2. Theoretische Herleitung des schwachen Gesetzes der großen Zahlen**

**Satz 6.1.** Sei $(S_0, \mathfrak{P}(S_0), w^{S_0})$ der Wahrscheinlichkeitsraum eines Versuches und $E \in \mathfrak{P}(S_0)$ ein bestimmtes Ereignis mit $w^{S_0}(E) = w_0$.

**B**  Betrachtet man das Experiment, das aus n unabhängigen Versuchen mit $S = S_0^n$ besteht sowie die Zufallsvariablen $X_i$ und $Z$ mit

$$X_i = \begin{cases} 1, \text{ wenn E im i-ten Versuch eintritt,} \\ 0, \text{ wenn E im i-ten Versuch nicht eintritt} \end{cases}$$

und
$$Z = \frac{\sum\limits_{i=1}^{n} X_i}{n},$$

dann gilt

$$E(Z) = w_0 \qquad \text{und} \qquad \sigma_Z^2 = \frac{w_0 (1 - w_0)}{n}.$$

B e w e i s. Durch $(S_0, \mathfrak{P}(S_0), w^{S_0})$ ist auf S eine Wahrscheinlichkeitsverteilung gegeben.

Durch diese wird sowohl der Zufallsvariablen $Z_0 = \sum\limits_{i=1}^{n} X_i$, wie auch der Zufallsvariablen $Z = 1/n \cdot Z_0$ eine Wahrscheinlichkeitsdichtefunktion auf ihrem Wertebereich zugeordnet. Wir wissen aus Beispiel 5.9 und Satz 5.14, daß $Z_0$ binomial verteilt ist, mit $E(Z_0) = n \cdot w_0$ und $\sigma_{Z_0}^2 = n \cdot w_0 (1 - w_0)$. Nach Satz 5.8 bzw. Satz 5.11b erhalten wir für Z:

$$E(Z) = \frac{1}{n} \cdot E(Z_0) = w_0,$$

$$\sigma_Z^2 = \left(\frac{1}{n}\right)^2 \cdot \sigma_{Z_0}^2 = \frac{w_0 (1 - w_0)}{n}.$$

**Satz 6.2** (Schwaches Gesetz der großen Zahlen). Ist Z die in Satz 6.1 definierte Zufallsvariable, dann gilt

$$w^S (|Z - w_0| > c) < \frac{w_0 (1 - w_0)}{n \cdot c^2},$$

wobei c eine beliebige positive Konstante ist.

B e w e i s. Nach Satz 5.13 gilt

$$w^S (|Z - w_0| > k \cdot \sigma_Z) < \frac{1}{k^2}.$$

Setzen wir für $k \cdot \sigma_Z = c$, so wird $k = c/\sigma_Z$. Damit lautet Satz 5.13:

$$w^S (|Z - w_0| > c) < \frac{\sigma_Z^2}{c^2} = \frac{w_0 (1 - w_0)}{n \cdot c^2}.$$

Das letzte Gleichheitszeichen folgt nach Satz 6.1.

Satz 6.2 sagt uns, daß mit zunehmender Größe der Versuchszahl die Wahrscheinlichkeit, daß der Abstand zwischen Z und $w_0$ größer als c ist, immer kleiner wird, wie klein auch c gewählt wird. Mit anderen Worten, je größer n wird, desto größer wird die Wahrscheinlichkeit, daß der Wert Z im Intervall von $[w_0 - c, w_0 + c]$ von Fig. 6.5 liegt.

**Beispiel 6.2.** Ist die Wahrscheinlichkeit $w_0$ eines bestimmten Ereignisses $E \in \mathfrak{P}(S_0)$ unbekannt, so führt man den Versuch beispielsweise 20mal durch und schätzt $w_0$, indem man

$$Z = \frac{\sum\limits_{i=1}^{20} X_i}{20}$$

berechnet und als Schätzung von $w_0$ nimmt. Diese Schätzung ist plausibel, da man weiß, daß im Mittel der Erwartungswert von $Z$ gleich $w_0$ ist.

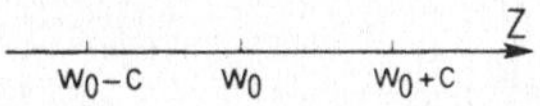

Fig. 6.5

Hat man beispielsweise für $Z = 0{,}4$ berechnet (und somit eine Schätzung von $w_0$), so berechnet man

$$\frac{w_0 \cdot (1 - w_0)}{20 \cdot c^2},$$

d. h. die Wahrscheinlichkeit dafür, daß $|Z - w_0| > c$ ist. Nehmen wir z. B. $c = 1/5$ an, so erhält man für

$$\frac{w_0 \cdot (1 - w_0) \cdot 25}{20 \cdot 1} = 0{,}3.$$

d. h. mit $1 - 0{,}30 = 70\%$ Wahrscheinlichkeit liegen der wahre Wert von $w_0$ und der gemessene Wert $Z = 0{,}4$ nicht mehr als $1/5$ auseinander. Die Wahrscheinlichkeit $70\%$ ist nicht hoch und $1/5$ Abstand ist nicht klein, so daß die Werte von $Z$ und $w_0$ mit relativ großer Wahrscheinlichkeit ($30\%$) mehr als $1/5$ voneinander abweichen.

Dieser Nachteil kann behoben werden, indem die Anzahl $n$ der Versuche erhöht wird, z. B. auf $n = 1000$, dann kann auch $c$ noch verkleinert werden, z. B. auf $c = 1/20$. Dann gilt nach Satz 6.2

$$w^S\left(|Z - w_0| > \frac{1}{20}\right) < \frac{w_0 (1 - w_0) \cdot 400}{1000 \cdot 1} = 0{,}096.$$

Man sieht, daß die Werte von $Z$ und $w_0$ mit mehr als $90\%$ Wahrscheinlichkeit weniger als $1/20$ voneinander abweichen. Dadurch wird natürlich aus $Z$ eine sehr gute Schätzung für $w_0$; nur muß man natürlich für diesen Vorteil auch die relativ hohe Versuchszahl in Kauf nehmen. Es wird aber aus diesem Beispiel ersichtlich, daß bei unbegrenzt steigender Versuchszahl die Werte $Z$ und $w_0$ mit immer wachsender Wahrscheinlichkeit beliebig nah zusammenrücken. Dies ist der Inhalt von Satz 6.2.

**Beispiel 6.3.** Wir drehen das Glücksrad in Fig. 6.6 40mal und schreiben die Folge der erhaltenen Ziffern auf. Eine Versuchsfolge könnte lauten:

$$10111 \quad 00001 \quad 01011 \quad 00100 \quad 00100 \quad 10000 \quad 01000 \quad 11100,$$

wobei die Ziffern 0 und 1 als Werte der Zufallsvariablen

B

$$X_i = \begin{cases} 1 & \text{für Zahl 1} \\ 0 & \text{für Zahl 0} \end{cases}$$

aufzufassen sind. Wir berechnen zunächst

$$Z_{40} = \frac{1}{40} \cdot \sum_{i=1}^{40} X_i = \frac{1}{40} \cdot 15 = \frac{15}{40}$$

und würden also sagen, daß w (1) = 15/40 als Schätzung genommen werden soll.

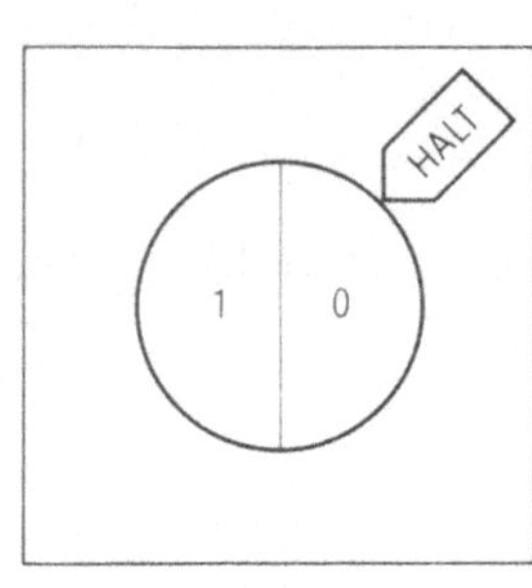

Fig. 6.6

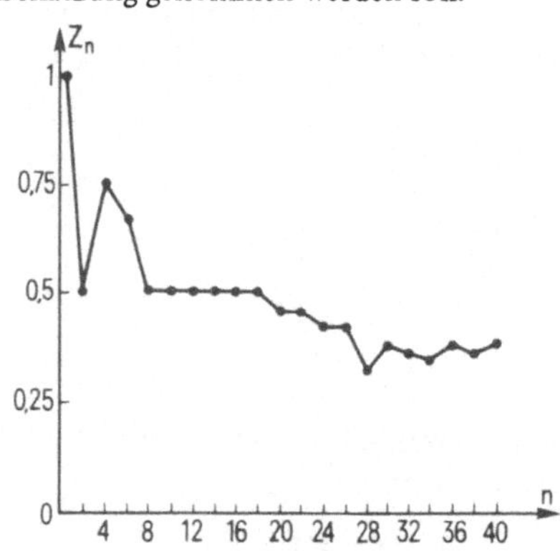
Fig. 6.7

Wir zeichnen nun in Fig. 6.7 noch den Wert $Z_n = 1/n \cdot \sum_{i=1}^{n} X_i$ als Funktion von n, d. h. als Funktion der Anzahl der Versuche.

Man sieht, daß die Schwankungen für $Z_n$ immer kleiner werden, d. h., die Werte pendeln sich sukzessive auf einen bestimmten Wert ein, der sich mit immer größer werdender Wahrscheinlichkeit mehr und mehr der wirklichen Wahrscheinlichkeit w (1) der Ziffer 1 nähert (gemäß Satz 6.2).

Man sagt auch, daß die relative Häufigkeit $Z_n$ mit wachsendem n s t a b i l e r wird.

Erstmals hat J a k o b   B e r n o u l l i das schwache Gesetz der großen Zahlen richtig erkannt.


C  **6.3. Didaktische Hinweise**


**6.3.1. Gesetz der großen Zahlen**


Die Kinder sollen am Experiment erleben, daß die relative Häufigkeit immer kleinere Schwankungen aufweist, je größer die Zahl der Versuche ist (s. Fig. 6.7), d. h., daß sie immer stabiler wird.

Dazu läßt man in der 5. und 6. Klasse weitere Grafiken analog derjenigen von Fig. 6.7 aufstellen.

**Beispiel 6.4.** a) Wieviele Kinder sind in Eurer Familie?

**C**

Man stellt die Anzahl Familien (der befragten Klasse) in Abhängigkeit zur Kinderzahl dar.

b) Analog stellt man die Anzahl Kinder (in der Klasse) in Abhängigkeit zu Ihrer Körpergröße dar.

Bei allen Beispielen stellt man zuerst die absoluten Häufigkeiten dar und geht dann zu den relativen Häufigkeiten über. Die Stabilität der relativen Häufigkeit zeigt sich mit steigender Anzahl von Messungen.

**6.3.2. Möglicher Stoffplan eines Kurses Wahrscheinlichkeitsrechnung für die Grund- und Mittelstufe**

---

**2. und 3. Klasse**

1. Erkennen der Eigenschaften von Resultaten an Hand einfacher Versuche

2. Darstellung der Resultate durch Symbole

3. Begriffe (s. Abschn. 1.3.2.)
Klassenbildung für mögliche Resultate (Stichprobenraum, Ereignisse)

4. Zuordnung von Eintrittschancen zu Ereignissen
im Sinne von Abschn. 1.3.3.

---

**4. Klasse**

**Kombinatorik**

5. Mächtigkeit der Klassen (Ereignisse) an Hand von Bäumen bestimmen (s. Abschnitt 2.3)

6. Darstellung von Ereignissen als Mengen

---

**5. und 6. Klasse**

7. Die relative Häufigkeit als Wahrscheinlichkeitsmaß für Ereignisse gemäß Abschn. 3.3, 4.3 unter Verwendung von Satz 6.2.

---

# Anhang

## 1. Binomialverteilung $b\,(n, i, w_0) = \binom{n}{i} \cdot w_0^i\,(1 - w_0)^{n-i}$ [*]

| n | i | .05 | .10 | .15 | .20 | .25 | $w_0$ .30 | .35 | .40 | .45 | .50 |
|---|---|-----|-----|-----|-----|-----|-----|-----|-----|-----|-----|
| 1 | 0 | .9500 | .9000 | .8500 | .8000 | .7500 | .7000 | .6500 | .6000 | .5500 | .5000 |
|   | 1 | .0500 | .1000 | .1500 | .2000 | .2500 | .3000 | .3500 | .4000 | .4500 | .5000 |
| 2 | 0 | .9025 | .8100 | .7225 | .6400 | .5625 | .4900 | .4225 | .3600 | .3025 | .2500 |
|   | 1 | .0950 | .1800 | .2550 | .3200 | .3750 | .4200 | .4550 | .4800 | .4950 | .5000 |
|   | 2 | .0025 | .0100 | .0225 | .0400 | .0625 | .0900 | .1225 | .1600 | .2025 | .2500 |
| 3 | 0 | .8574 | .7290 | .6141 | .5120 | .4219 | .3430 | .2746 | .2160 | .1664 | .1250 |
|   | 1 | .1354 | .2430 | .3251 | .3840 | .4219 | .4410 | .4436 | .4320 | .4084 | .3750 |
|   | 2 | .0071 | .0270 | .0574 | .0960 | .1406 | .1890 | .2389 | .2880 | .3341 | .3750 |
|   | 3 | .0001 | .0010 | .0034 | .0080 | .0156 | .0270 | .0429 | .0640 | .0911 | .1250 |
| 4 | 0 | .8145 | .6561 | .5220 | .4096 | .3164 | .2401 | .1785 | .1296 | .0915 | .0625 |
|   | 1 | .1715 | .2916 | .3685 | .4096 | .4219 | .4116 | .3845 | .3456 | .2995 | .2500 |
|   | 2 | .0135 | .0486 | .0975 | .1536 | .2109 | .2646 | .3105 | .3456 | .3675 | .3750 |
|   | 3 | .0005 | .0036 | .0115 | .0256 | .0469 | .0756 | .1115 | .1536 | .2005 | .2500 |
|   | 4 | .0000 | .0001 | .0005 | .0016 | .0039 | .0081 | .0150 | .0256 | .0410 | .0625 |
| 5 | 0 | .7738 | .5905 | .4437 | .3277 | .2373 | .1681 | .1160 | .0778 | .0503 | .0312 |
|   | 1 | .2036 | .3281 | .3915 | .4096 | .3955 | .3602 | .3124 | .2592 | .2059 | .1563 |
|   | 2 | .0214 | .0729 | .1382 | .2048 | .2637 | .3087 | .3364 | .3456 | .3369 | .3125 |
|   | 3 | .0011 | .0081 | .0244 | .0512 | .0879 | .1323 | .1811 | .2304 | .2757 | .3125 |
|   | 4 | .0000 | .0005 | .0022 | .0064 | .0146 | .0283 | .0488 | .0768 | .1128 | .1563 |
|   | 5 | .0000 | .0000 | .0001 | .0003 | .0010 | .0024 | .0053 | .0102 | .0185 | .0312 |
| 6 | 0 | .7351 | .5314 | .3771 | .2621 | .1780 | .1176 | .0754 | .0467 | .0277 | .0156 |
|   | 1 | .2321 | .3543 | .3993 | .3932 | .3560 | .3025 | .2437 | .1866 | .1359 | .0938 |
|   | 2 | .0305 | .0984 | .1762 | .2458 | .2966 | .3241 | .3280 | .3110 | .2780 | .2344 |
|   | 3 | .0021 | .0146 | .0415 | .0819 | .1318 | .1852 | .2355 | .2765 | .3032 | .3125 |
|   | 4 | .0001 | .0012 | .0055 | .0154 | .0330 | .0595 | .0951 | .1382 | .1861 | .2344 |
|   | 5 | .0000 | .0001 | .0004 | .0015 | .0044 | .0102 | .0205 | .0369 | .0609 | .0938 |
|   | 6 | .0000 | .0000 | .0000 | .0001 | .0002 | .0007 | .0018 | .0041 | .0083 | .0156 |
| 7 | 0 | .6983 | .4783 | .3206 | .2097 | .1335 | .0824 | .0490 | .0280 | .0152 | .0078 |
|   | 1 | .2573 | .3720 | .3960 | .3670 | .3115 | .2471 | .1848 | .1306 | .0872 | .0547 |
|   | 2 | .0406 | .1240 | .2097 | .2753 | .3115 | .3177 | .2985 | .2613 | .2140 | .1641 |
|   | 3 | .0036 | .0230 | .0617 | .1147 | .1730 | .2269 | .2679 | .2903 | .2918 | .2734 |
|   | 4 | .0002 | .0026 | .0109 | .0287 | .0577 | .0972 | .1442 | .1935 | .2388 | .2734 |
|   | 5 | .0000 | .0002 | .0012 | .0043 | .0115 | .0250 | .0466 | .0774 | .1172 | .1641 |
|   | 6 | .0000 | .0000 | .0001 | .0004 | .0013 | .0036 | .0084 | .0172 | .0320 | .0547 |
|   | 7 | .0000 | .0000 | .0000 | .0000 | .0001 | .0002 | .0006 | .0016 | .0037 | .0078 |

[*] Die Tabellenwerte wurden mit freundlicher Genehmigung des Verlages Walter de Gruyter auszugsweise übernommen aus: W e t z e l / J ö h n k / N a e v e: Statistische Tabellen. Berlin 1967, S. 49–63.

| n | i | .05 | .10 | .15 | .20 | .25 | $w_0$ .30 | .35 | .40 | .45 | .50 |
|---|---|-----|-----|-----|-----|-----|-----|-----|-----|-----|-----|
| 8 | 0 | .6634 | .4305 | .2725 | .1678 | .1001 | .0576 | .0319 | .0168 | .0084 | .0039 |
|   | 1 | .2793 | .3826 | .3847 | .3355 | .2670 | .1977 | .1373 | .0896 | .0548 | .0312 |
|   | 2 | .0515 | .1488 | .2376 | .2936 | .3115 | .2965 | .2587 | .2090 | .1569 | .1094 |
|   | 3 | .0054 | .0331 | .0839 | .1468 | .2076 | .2541 | .2786 | .2787 | .2568 | .2188 |
|   | 4 | .0004 | .0046 | .0185 | .0459 | .0865 | .1361 | .1875 | .2322 | .2627 | .2734 |
|   | 5 | .0000 | .0004 | .0026 | .0092 | .0231 | .0467 | .0808 | .1239 | .1719 | .2188 |
|   | 6 | .0000 | .0000 | .0002 | .0011 | .0038 | .0100 | .0217 | .0413 | .0703 | .1094 |
|   | 7 | .0000 | .0000 | .0000 | .0001 | .0004 | .0012 | .0033 | .0079 | .0164 | .0312 |
|   | 8 | .0000 | .0000 | .0000 | .0000 | .0000 | .0001 | .0002 | .0007 | .0017 | .0039 |
| 9 | 0 | .6302 | .3874 | .2316 | .1342 | .0751 | .0404 | .0207 | .0101 | .0046 | .0020 |
|   | 1 | .2985 | .3874 | .3679 | .3020 | .2253 | .1556 | .1004 | .0605 | .0339 | .0176 |
|   | 2 | .0629 | .1722 | .2597 | .3020 | .3003 | .2668 | .2162 | .1612 | .1110 | .0703 |
|   | 3 | .0077 | .0446 | .1069 | .1762 | .2336 | .2668 | .2716 | .2508 | .2119 | .1641 |
|   | 4 | .0006 | .0074 | .0283 | .0661 | .1168 | .1715 | .2194 | .2508 | .2600 | .2461 |
|   | 5 | .0000 | .0008 | .0050 | .0165 | .0389 | .0735 | .1181 | .1672 | .2128 | .2461 |
|   | 6 | .0000 | .0001 | .0006 | .0028 | .0087 | .0210 | .0424 | .0743 | .1160 | .1641 |
|   | 7 | .0000 | .0000 | .0000 | .0003 | .0012 | .0039 | .0098 | .0212 | .0407 | .0703 |
|   | 8 | .0000 | .0000 | .0000 | .0000 | .0001 | .0004 | .0013 | .0035 | .0083 | .0176 |
|   | 9 | .0000 | .0000 | .0000 | .0000 | .0000 | .0000 | .0001 | .0003 | .0008 | .0020 |
| 10 | 0 | .5987 | .3487 | .1969 | .1074 | .0563 | .0282 | .0135 | .0060 | .0025 | .0010 |
|   | 1 | .3151 | .3874 | .3474 | .2684 | .1877 | .1211 | .0725 | .0403 | .0207 | .0098 |
|   | 2 | .0746 | .1937 | .2759 | .3020 | .2816 | .2335 | .1757 | .1209 | .0763 | .0439 |
|   | 3 | .0105 | .0574 | .1298 | .2013 | .2503 | .2668 | .2522 | .2150 | .1665 | .1172 |
|   | 4 | .0010 | .0112 | .0401 | .0881 | .1460 | .2001 | .2377 | .2508 | .2384 | .2051 |
|   | 5 | .0001 | .0015 | .0085 | .0264 | .0584 | .1029 | .1536 | .2007 | .2340 | .2461 |
|   | 6 | .0000 | .0001 | .0012 | .0055 | .0162 | .0368 | .0689 | .1115 | .1596 | .2051 |
|   | 7 | .0000 | .0000 | .0001 | .0008 | .0031 | .0090 | .0212 | .0425 | .0746 | .1172 |
|   | 8 | .0000 | .0000 | .0000 | .0001 | .0004 | .0014 | .0043 | .0106 | .0229 | .0439 |
|   | 9 | .0000 | .0000 | .0000 | .0000 | .0000 | .0001 | .0005 | .0016 | .0042 | .0098 |
|   | 10 | .0000 | .0000 | .0000 | .0000 | .0000 | .0000 | .0000 | .0001 | .0003 | .0010 |
| 11 | 0 | .5688 | .3138 | .1673 | .0859 | .0422 | .0198 | .0088 | .0036 | .0014 | .0005 |
|   | 1 | .3293 | .3835 | .3248 | .2362 | .1549 | .0932 | .0518 | .0266 | .0125 | .0054 |
|   | 2 | .0867 | .2131 | .2866 | .2953 | .2581 | .1998 | .1395 | .0887 | .0513 | .0269 |
|   | 3 | .0137 | .0710 | .1517 | .2215 | .2581 | .2568 | .2254 | .1774 | .1259 | .0806 |
|   | 4 | .0014 | .0158 | .0536 | .1107 | .1721 | .2201 | .2428 | .2365 | .2060 | .1611 |
|   | 5 | .0001 | .0025 | .0132 | .0388 | .0803 | .1321 | .1830 | .2207 | .2360 | .2256 |
|   | 6 | .0000 | .0003 | .0023 | .0097 | .0268 | .0566 | .0985 | .1471 | .1931 | .2256 |
|   | 7 | .0000 | .0000 | .0003 | .0017 | .0064 | .0173 | .0379 | .0701 | .1128 | .1611 |
|   | 8 | .0000 | .0000 | .0000 | .0002 | .0011 | .0037 | .0102 | .0234 | .0462 | .0806 |
|   | 9 | .0000 | .0000 | .0000 | .0000 | .0001 | .0005 | .0018 | .0052 | .0126 | .0269 |
|   | 10 | .0000 | .0000 | .0000 | .0000 | .0000 | .0000 | .0002 | .0007 | .0021 | .0054 |
|   | 11 | .0000 | .0000 | .0000 | .0000 | .0000 | .0000 | .0000 | .0000 | .0002 | .0005 |
| 12 | 0 | .5404 | .2824 | .1422 | .0687 | .0317 | .0138 | .0057 | .0022 | .0008 | .0002 |
|   | 1 | .3413 | .3766 | .3012 | .2062 | .1267 | .0712 | .0368 | .0174 | .0075 | .0029 |
|   | 2 | .0988 | .2301 | .2924 | .2835 | .2323 | .1678 | .1088 | .0639 | .0339 | .0161 |
|   | 3 | .0173 | .0852 | .1720 | .2362 | .2581 | .2397 | .1954 | .1419 | .0923 | .0537 |
|   | 4 | .0021 | .0213 | .0683 | .1329 | .1936 | .2311 | .2367 | .2128 | .1700 | .1208 |

| n | i | .05 | .10 | .15 | .20 | .25 | $w_0$ .30 | .35 | .40 | .45 | .50 |
|---|---|-----|-----|-----|-----|-----|-----|-----|-----|-----|-----|
|    | 5  | .0002 | .0038 | .0193 | .0532 | .1032 | .1585 | .2039 | .2270 | .2225 | .1934 |
|    | 6  | .0000 | .0005 | .0040 | .0155 | .0401 | .0792 | .1281 | .1766 | .2124 | .2256 |
|    | 7  | .0000 | .0000 | .0006 | .0033 | .0115 | .0291 | .0591 | .1009 | .1489 | .1934 |
|    | 8  | .0000 | .0000 | .0001 | .0005 | .0024 | .0078 | .0199 | .0420 | .0762 | .1208 |
|    | 9  | .0000 | .0000 | .0000 | .0001 | .0004 | .0015 | .0048 | .0125 | .0277 | .0537 |
|    | 10 | .0000 | .0000 | .0000 | .0000 | .0000 | .0002 | .0008 | .0025 | .0068 | .0161 |
|    | 11 | .0000 | .0000 | .0000 | .0000 | .0000 | .0000 | .0001 | .0003 | .0010 | .0029 |
|    | 12 | .0000 | .0000 | .0000 | .0000 | .0000 | .0000 | .0000 | .0000 | .0001 | .0002 |
| 13 | 0  | .5133 | .2542 | .1209 | .0550 | .0238 | .0097 | .0037 | .0013 | .0004 | .0001 |
|    | 1  | .3512 | .3672 | .2774 | .1787 | .1029 | .0540 | .0259 | .0113 | .0045 | .0016 |
|    | 2  | .1109 | .2448 | .2937 | .2680 | .2059 | .1388 | .0836 | .0453 | .0220 | .0095 |
|    | 3  | .0214 | .0997 | .1900 | .2457 | .2517 | .2181 | .1651 | .1107 | .0660 | .0349 |
|    | 4  | .0028 | .0277 | .0838 | .1535 | .2097 | .2337 | .2222 | .1845 | .1350 | .0873 |
|    | 5  | .0003 | .0055 | .0266 | .0691 | .1258 | .1803 | .2154 | .2214 | .1989 | .1571 |
|    | 6  | .0000 | .0008 | .0063 | .0230 | .0559 | .1030 | .1546 | .1968 | .2169 | .2095 |
|    | 7  | .0000 | .0001 | .0011 | .0058 | .0186 | .0442 | .0833 | .1312 | .1775 | .2095 |
|    | 8  | .0000 | .0000 | .0001 | .0011 | .0047 | .0142 | .0336 | .0656 | .1089 | .1571 |
|    | 9  | .0000 | .0000 | .0000 | .0001 | .0009 | .0034 | .0101 | .0243 | .0495 | .0873 |
|    | 10 | .0000 | .0000 | .0000 | .0000 | .0001 | .0006 | .0022 | .0065 | .0162 | .0349 |
|    | 11 | .0000 | .0000 | .0000 | .0000 | .0000 | .0001 | .0003 | .0012 | .0036 | .0095 |
|    | 12 | .0000 | .0000 | .0000 | .0000 | .0000 | .0000 | .0000 | .0001 | .0005 | .0016 |
|    | 13 | .0000 | .0000 | .0000 | .0000 | .0000 | .0000 | .0000 | .0000 | .0000 | .0001 |
| 14 | 0  | .4877 | .2288 | .1028 | .0440 | .0178 | .0068 | .0024 | .0008 | .0002 | .0001 |
|    | 1  | .3593 | .3559 | .2539 | .1539 | .0832 | .0407 | .0181 | .0073 | .0027 | .0009 |
|    | 2  | .1229 | .2570 | .2912 | .2501 | .1802 | .1134 | .0634 | .0317 | .0141 | .0056 |
|    | 3  | .0259 | .1142 | .2056 | .2501 | .2402 | .1943 | .1366 | .0845 | .0462 | .0222 |
|    | 4  | .0037 | .0349 | .0998 | .1720 | .2202 | .2290 | .2022 | .1549 | .1040 | .0611 |
|    | 5  | .0004 | .0078 | .0352 | .0860 | .1468 | .1963 | .2178 | .2066 | .1701 | .1222 |
|    | 6  | .0000 | .0013 | .0093 | .0322 | .0734 | .1262 | .1759 | .2066 | .2088 | .1833 |
|    | 7  | .0000 | .0002 | .0019 | .0092 | .0280 | .0618 | .1082 | .1574 | .1952 | .2095 |
|    | 8  | .0000 | .0000 | .0003 | .0020 | .0082 | .0232 | .0510 | .0918 | .1398 | .1833 |
|    | 9  | .0000 | .0000 | .0000 | .0003 | .0018 | .0066 | .0183 | .0408 | .0762 | .1222 |
|    | 10 | .0000 | .0000 | .0000 | .0000 | .0003 | .0014 | .0049 | .0136 | .0312 | .0611 |
|    | 11 | .0000 | .0000 | .0000 | .0000 | .0000 | .0002 | .0010 | .0033 | .0093 | .0222 |
|    | 12 | .0000 | .0000 | .0000 | .0000 | .0000 | .0000 | .0001 | .0005 | .0019 | .0056 |
|    | 13 | .0000 | .0000 | .0000 | .0000 | .0000 | .0000 | .0000 | .0001 | .0002 | .0009 |
|    | 14 | .0000 | .0000 | .0000 | .0000 | .0000 | .0000 | .0000 | .0000 | .0000 | .0001 |
| 15 | 0  | .4633 | .2059 | .0874 | .0352 | .0134 | .0047 | .0016 | .0005 | .0001 | .0000 |
|    | 1  | .3658 | .3432 | .2312 | .1319 | .0668 | .0305 | .0126 | .0047 | .0016 | .0005 |
|    | 2  | .1348 | .2669 | .2856 | .2309 | .1559 | .0916 | .0476 | .0219 | .0090 | .0032 |
|    | 3  | .0307 | .1285 | .2184 | .2501 | .2252 | .1700 | .1110 | .0634 | .0318 | .0139 |
|    | 4  | .0049 | .0428 | .1156 | .1876 | .2252 | .2186 | .1792 | .1268 | .0780 | .0417 |
|    | 5  | .0006 | .0105 | .0449 | .1032 | .1651 | .2061 | .2123 | .1859 | .1404 | .0916 |
|    | 6  | .0000 | .0019 | .0132 | .0430 | .0917 | .1472 | .1906 | .2066 | .1914 | .1527 |
|    | 7  | .0000 | .0003 | .0030 | .0138 | .0393 | .0811 | .1319 | .1771 | .2013 | .1964 |
|    | 8  | .0000 | .0000 | .0005 | .0035 | .0131 | .0348 | .0710 | .1181 | .1647 | .1964 |
|    | 9  | .0000 | .0000 | .0001 | .0007 | .0034 | .0116 | .0298 | .0612 | .1048 | .1527 |

| n | i | .05 | .10 | .15 | .20 | .25 | $w_0$ .30 | .35 | .40 | .45 | .50 |
|---|---|-----|-----|-----|-----|-----|-----|-----|-----|-----|-----|
|    | 10 | .0000 | .0000 | .0000 | .0001 | .0007 | .0030 | .0096 | .0245 | .0515 | .0916 |
|    | 11 | .0000 | .0000 | .0000 | .0000 | .0001 | .0006 | .0024 | .0074 | .0191 | .0417 |
|    | 12 | .0000 | .0000 | .0000 | .0000 | .0000 | .0001 | .0004 | .0016 | .0052 | .0139 |
|    | 13 | .0000 | .0000 | .0000 | .0000 | .0000 | .0000 | .0001 | .0003 | .0010 | .0032 |
|    | 14 | .0000 | .0000 | .0000 | .0000 | .0000 | .0000 | .0000 | .0000 | .0001 | .0005 |
| 16 | 0 | .4401 | .1853 | .0743 | .0281 | .0100 | .0033 | .0010 | .0003 | .0001 | .0000 |
|    | 1 | .3706 | .3294 | .2097 | .1126 | .0535 | .0228 | .0087 | .0030 | .0009 | .0002 |
|    | 2 | .1463 | .2745 | .2775 | .2111 | .1336 | .0732 | .0353 | .0150 | .0056 | .0018 |
|    | 3 | .0359 | .1423 | .2285 | .2463 | .2079 | .1465 | .0888 | .0468 | .0215 | .0085 |
|    | 4 | .0061 | .0514 | .1311 | .2001 | .2252 | .2040 | .1553 | .1014 | .0572 | .0278 |
|    | 5 | .0008 | .0137 | .0555 | .1201 | .1802 | .2099 | .2008 | .1623 | .1123 | .0667 |
|    | 6 | .0001 | .0028 | .0180 | .0550 | .1101 | .1649 | .1982 | .1983 | .1684 | .1222 |
|    | 7 | .0000 | .0004 | .0045 | .0197 | .0524 | .1010 | .1524 | .1889 | .1969 | .1746 |
|    | 8 | .0000 | .0001 | .0009 | .0055 | .0197 | .0487 | .0923 | .1417 | .1812 | .1964 |
|    | 9 | .0000 | .0000 | .0001 | .0012 | .0058 | .0185 | .0442 | .0840 | .1318 | .1746 |
|    | 10 | .0000 | .0000 | .0000 | .0002 | .0014 | .0056 | .0167 | .0392 | .0755 | .1222 |
|    | 11 | .0000 | .0000 | .0000 | .0000 | .0002 | .0013 | .0049 | .0142 | .0337 | .0667 |
|    | 12 | .0000 | .0000 | .0000 | .0000 | .0000 | .0002 | .0011 | .0040 | .0115 | .0278 |
|    | 13 | .0000 | .0000 | .0000 | .0000 | .0000 | .0000 | .0002 | .0008 | .0029 | .0085 |
|    | 14 | .0000 | .0000 | .0000 | .0000 | .0000 | .0000 | .0000 | .0001 | .0005 | .0018 |
|    | 15 | .0000 | .0000 | .0000 | .0000 | .0000 | .0000 | .0000 | .0000 | .0001 | .0002 |
| 17 | 0 | .4181 | .1668 | .0631 | .0225 | .0075 | .0023 | .0007 | .0002 | .0000 | .0000 |
|    | 1 | .3741 | .3150 | .1893 | .0957 | .0426 | .0169 | .0060 | .0019 | .0005 | .0001 |
|    | 2 | .1575 | .2800 | .2673 | .1914 | .1136 | .0581 | .0260 | .0102 | .0035 | .0010 |
|    | 3 | .0415 | .1556 | .2359 | .2393 | .1893 | .1245 | .0701 | .0341 | .0144 | .0052 |
|    | 4 | .0076 | .0605 | .1457 | .2093 | .2209 | .1868 | .1320 | .0796 | .0411 | .0182 |
|    | 5 | .0010 | .0175 | .0668 | .1361 | .1914 | .2081 | .1849 | .1379 | .0875 | .0472 |
|    | 6 | .0001 | .0039 | .0236 | .0680 | .1276 | .1784 | .1991 | .1839 | .1432 | .0944 |
|    | 7 | .0000 | .0007 | .0065 | .0267 | .0668 | .1201 | .1685 | .1927 | .1841 | .1484 |
|    | 8 | .0000 | .0001 | .0014 | .0084 | .0279 | .0644 | .1134 | .1606 | .1883 | .1855 |
|    | 9 | .0000 | .0000 | .0003 | .0021 | .0093 | .0276 | .0611 | .1070 | .1540 | .1855 |
|    | 10 | .0000 | .0000 | .0000 | .0004 | .0025 | .0095 | .0263 | .0571 | .1008 | .1484 |
|    | 11 | .0000 | .0000 | .0000 | .0001 | .0005 | .0026 | .0090 | .0242 | .0525 | .0944 |
|    | 12 | .0000 | .0000 | .0000 | .0000 | .0001 | .0006 | .0024 | .0081 | .0215 | .0472 |
|    | 13 | .0000 | .0000 | .0000 | .0000 | .0000 | .0001 | .0005 | .0021 | .0068 | .0182 |
|    | 14 | .0000 | .0000 | .0000 | .0000 | .0000 | .0000 | .0001 | .0004 | .0016 | .0052 |
|    | 15 | .0000 | .0000 | .0000 | .0000 | .0000 | .0000 | .0000 | .0001 | .0003 | .0010 |
|    | 16 | .0000 | .0000 | .0000 | .0000 | .0000 | .0000 | .0000 | .0000 | .0000 | .0001 |
| 18 | 0 | .3972 | .1501 | .0536 | .0180 | .0056 | .0016 | .0004 | .0001 | .0000 | .0000 |
|    | 1 | .3763 | .3002 | .1704 | .0811 | .0338 | .0126 | .0042 | .0012 | .0003 | .0001 |
|    | 2 | .1683 | .2835 | .2556 | .1723 | .0958 | .0458 | .0190 | .0069 | .0022 | .0006 |
|    | 3 | .0473 | .1680 | .2406 | .2297 | .1704 | .1046 | .0547 | .0246 | .0095 | .0031 |
|    | 4 | .0093 | .0700 | .1592 | .2153 | .2130 | .1681 | .1104 | .0614 | .0291 | .0117 |
|    | 5 | .0014 | .0218 | .0787 | .1507 | .1988 | .2017 | .1664 | .1146 | .0666 | .0327 |
|    | 6 | .0002 | .0052 | .0301 | .0816 | .1436 | .1873 | .1941 | .1655 | .1181 | .0708 |
|    | 7 | .0000 | .0010 | .0091 | .0350 | .0820 | .1376 | .1792 | .1892 | .1657 | .1214 |

| n | i | .05 | .10 | .15 | .20 | .25 | $w_0$ .30 | .35 | .40 | .45 | .50 |
|---|---|-----|-----|-----|-----|-----|-----|-----|-----|-----|-----|
| | 8 | .0000 | .0002 | .0022 | .0120 | .0376 | .0811 | .1327 | .1734 | .1864 | .1669 |
| | 9 | .0000 | .0000 | .0004 | .0033 | .0139 | .0386 | .0794 | .1284 | .1694 | .1855 |
| 18 | 10 | .0000 | .0000 | .0001 | .0008 | .0042 | .0149 | .0385 | .0771 | .1248 | .1669 |
| | 11 | .0000 | .0000 | .0000 | .0001 | .0010 | .0046 | .0151 | .0374 | .0742 | .1214 |
| | 12 | .0000 | .0000 | .0000 | .0000 | .0002 | .0012 | .0047 | .0145 | .0354 | .0708 |
| | 13 | .0000 | .0000 | .0000 | .0000 | .0000 | .0002 | .0012 | .0045 | .0134 | .0327 |
| | 14 | .0000 | .0000 | .0000 | .0000 | .0000 | .0000 | .0002 | .0011 | .0039 | .0117 |
| | 15 | .0000 | .0000 | .0000 | .0000 | .0000 | .0000 | .0000 | .0002 | .0009 | .0031 |
| | 16 | .0000 | .0000 | .0000 | .0000 | .0000 | .0000 | .0000 | .0000 | .0001 | .0006 |
| 19 | 0 | .3774 | .1351 | .0456 | .0144 | .0042 | .0011 | .0003 | .0001 | .0000 | .0000 |
| | 1 | .3774 | .2852 | .1529 | .0685 | .0268 | .0093 | .0029 | .0008 | .0002 | .0000 |
| | 2 | .1787 | .2852 | .2428 | .1540 | .0803 | .0358 | .0138 | .0046 | .0013 | .0003 |
| | 3 | .0533 | .1796 | .2428 | .2182 | .1517 | .0869 | .0422 | .0175 | .0062 | .0018 |
| | 4 | .0112 | .0798 | .1714 | .2182 | .2023 | .1491 | .0909 | .0467 | .0203 | .0074 |
| | 5 | .0018 | .0266 | .0907 | .1636 | .2023 | .1916 | .1468 | .0933 | .0497 | .0222 |
| | 6 | .0002 | .0069 | .0374 | .0955 | .1574 | .1916 | .1844 | .1451 | .0949 | .0518 |
| | 7 | .0000 | .0014 | .0122 | .0443 | .0974 | .1525 | .1844 | .1797 | .1443 | .0961 |
| | 8 | .0000 | .0002 | .0032 | .0166 | .0487 | .0981 | .1489 | .1797 | .1771 | .1442 |
| | 9 | .0000 | .0000 | .0007 | .0051 | .0198 | .0514 | .0980 | .1464 | .1771 | .1762 |
| | 10 | .0000 | .0000 | .0001 | .0013 | .0066 | .0220 | .0528 | .0976 | .1449 | .1762 |
| | 11 | .0000 | .0000 | .0000 | .0003 | .0018 | .0077 | .0233 | .0532 | .0970 | .1442 |
| | 12 | .0000 | .0000 | .0000 | .0000 | .0004 | .0022 | .0083 | .0237 | .0529 | .0961 |
| | 13 | .0000 | .0000 | .0000 | .0000 | .0001 | .0005 | .0024 | .0085 | .0233 | .0518 |
| | 14 | .0000 | .0000 | .0000 | .0000 | .0000 | .0001 | .0006 | .0024 | .0082 | .0222 |
| | 15 | .0000 | .0000 | .0000 | .0000 | .0000 | .0000 | .0001 | .0005 | .0022 | .0074 |
| | 16 | .0000 | .0000 | .0000 | .0000 | .0000 | .0000 | .0000 | .0001 | .0005 | .0018 |
| | 17 | .0000 | .0000 | .0000 | .0000 | .0000 | .0000 | .0000 | .0000 | .0001 | .0003 |
| 20 | 0 | .3585 | .1216 | .0388 | .0115 | .0032 | .0008 | .0002 | .0000 | .0000 | .0000 |
| | 1 | .3774 | .2702 | .1368 | .0576 | .0211 | .0068 | .0020 | .0005 | .0001 | .0000 |
| | 2 | .1887 | .2852 | .2293 | .1369 | .0669 | .0278 | .0100 | .0031 | .0008 | .0002 |
| | 3 | .0596 | .1901 | .2428 | .2054 | .1339 | .0716 | .0323 | .0123 | .0040 | .0011 |
| | 4 | .0133 | .0898 | .1821 | .2182 | .1897 | .1304 | .0738 | .0350 | .0139 | .0046 |
| | 5 | .0022 | .0319 | .1028 | .1746 | .2023 | .1789 | .1272 | .0746 | .0365 | .0148 |
| | 6 | .0003 | .0089 | .0454 | .1091 | .1686 | .1916 | .1712 | .1244 | .0746 | .0370 |
| | 7 | .0000 | .0020 | .0160 | .0545 | .1124 | .1643 | .1844 | .1659 | .1221 | .0739 |
| | 8 | .0000 | .0004 | .0046 | .0222 | .0609 | .1144 | .1614 | .1797 | .1623 | .1201 |
| | 9 | .0000 | .0001 | .0011 | .0074 | .0271 | .0654 | .1158 | .1597 | .1771 | .1602 |
| | 10 | .0000 | .0000 | .0002 | .0020 | .0099 | .0308 | .0686 | .1171 | .1593 | .1762 |
| | 11 | .0000 | .0000 | .0000 | .0005 | .0030 | .0120 | .0336 | .0710 | .1185 | .1602 |
| | 12 | .0000 | .0000 | .0000 | .0001 | .0008 | .0039 | .0136 | .0355 | .0727 | .1201 |
| | 13 | .0000 | .0000 | .0000 | .0000 | .0002 | .0010 | .0045 | .0146 | .0366 | .0739 |
| | 14 | .0000 | .0000 | .0000 | .0000 | .0000 | .0002 | .0012 | .0049 | .0150 | .0370 |
| | 15 | .0000 | .0000 | .0000 | .0000 | .0000 | .0000 | .0003 | .0013 | .0049 | .0148 |
| | 16 | .0000 | .0000 | .0000 | .0000 | .0000 | .0000 | .0000 | .0003 | .0013 | .0046 |
| | 17 | .0000 | .0000 | .0000 | .0000 | .0000 | .0000 | .0000 | .0000 | .0002 | .0011 |
| | 18 | .0000 | .0000 | .0000 | .0000 | .0000 | .0000 | .0000 | .0000 | .0000 | .0002 |

## 2. Lösungen zu ausgewählten Aufgaben

**1.2.** a) „$e_2$ (x, y) ist wahr" tritt öfter ein,
b) „$e_3$ (x, y) ist wahr" tritt öfter ein,
c) „$e_1$ (x, y) ist wahr" tritt öfter ein,
d) „$e_5$ (x, y) ist wahr" tritt öfter ein,
e) „$e_8$ (x, y) ist wahr" tritt öfter ein.

**1.3.** a) Ereignis $E_1 = \{$(WWZ), (WZW), (ZWW), (WZZ), (ZWZ), (ZZW), (ZZZ)$\}$
b) Ereignis $E_2 = \{$ (ZWW), (WZW), (WWZ) $\}$
c) Ereignis $E_3 = \{$ (ZZW), (ZWZ), (WZZ), (ZWW), (WZW), (WWZ)$\}$

**1.4.** a) „$e_1$ (x, y, z) ist wahr" tritt häufiger ein.
b) „$e_3$ (x, y, z) ist wahr" tritt häufiger ein.

**1.5.** a) Ereignis $E_1 = \{$ (⊗○, ⊗⊗○); (⊗○, ⊗○⊗); (⊗○, ○⊗⊗); (⊗○, ⊗⊗⊗)$\}$

b) Ereignis $E_2 = \begin{cases} (⊗○, ⊗⊗○); (⊗○, ⊗○⊗); (⊗○, ○⊗⊗) \\ (⊗⊗, ⊗○○); (⊗⊗, ○⊗○); (⊗⊗, ○○⊗) \end{cases}$

**1.7.** $\{$(W, W)$\}$ tritt öfter ein, weil es 5 weiße Kugeln und nur 2 schwarze in der Urne gibt. Man zieht viel häufiger eine weiße Kugel aus der Urne als eine schwarze.

**1.9.** $\{$(GGGG)$\}$ ist häufiger als $\{$ (RRRR)$\}$, weil das Resultat G beim Drehen häufiger auftritt als R. (Der zugehörige Sektor von „grün" ist größer.) Aus dem gleichen Grunde ist $\{$ (GGGR)$\}$ häufiger als $\{$ (RRRR)$\}$.

**1.10.** a) $E_1$ enthält 60 Resultate.
b) $E_2$ enthält $59 \cdot 60 = 3540$ Resultate.

**1.11.** $E_2$ von Aufgabe 1.10 tritt öfter ein, weil das Ereignis $E_2$ mehr Resultate enthält als $E_1$.

**1.12.**

a) $E_1 = \begin{cases} \text{(AAF), (AAZ), (AFF), (AZZ), (FAF), (FFF), (FFZ), (FZF), (FZZ), (FSF),} \\ \text{(ZAZ), (ZFF), (ZFZ), (ZZF), (ZZZ), (ZSZ)} \end{cases}$

b) $E_2 = \{$ (AFZ), (AZF), (ASF), (ASZ), (FAZ), (FSZ), (ZAF), (ZSF)$\}$

c) $E_3 = \begin{cases} \text{(AAF), (AFZ), (AZF), (ASF), (FAZ), (FZZ), (FSZ), (ZAF), (ZFZ), (ZZF),} \\ \text{(ZSF)} \end{cases}$

**1.13.** Die Eintrittschance von $E_1 >$ Eintrittschance von $E_3 >$ Eintrittschance von $E_2$.

**1.15.** Die Eintrittschancen von $E_2$ und $E_3$ sind gleich, diejenige von $E_1$ ist größer.

**1.16.**

a) $E_1 = \left\{\begin{array}{l} \text{(F, F, F, F, F, F, F, F); (N, F, F, F, F, F, F, F); (F, N, F, F, F, F, F, F);} \\ \text{(F, F, N, F, F, F, F, F); (F, F, F, N, F, F, F, F); (F, F, F, F, N, F, F, F);} \\ \text{(F, F, F, F, F, N, F, F); (F, F, F, F, F, F, N, F); (F, F, F, F, F, F, F, N);} \\ \text{(N, N, F, F, F, F, F, F); (N, F, N, F, F, F, F, F) usw.} \\ \text{Hier folgen die weiteren 26 Resultate, bei denen an 2 Stellen ein „N" und} \\ \text{an 6 Stellen ein „F" steht.} \end{array}\right.$

$E_1$ enthält insgesamt 37 Resultate. Der gesamte Stichprobenraum von Beispiel 1.9a enthält 256 Resultate.

b) $E_2 = \left\{\begin{array}{l} \text{(F, F, F, F, F, F); (N, F, F, F, F, F); (F, N, F, F, F, F);} \\ \text{(F, F, N, F, F, F); (F, F, F, N, F, F); (F, F, F, F, N, F);} \\ \text{(F, F, F, F, F, N); (N, N, F, F, F, F); (N, F, N, F, F, F) usw.} \\ \text{Hier folgen die weiteren 13 Resultate, bei denen an 4 Stellen} \\ \text{ein „F" und an 2 Stellen ein „N" steht.} \end{array}\right.$

$E_2$ enthält insgesamt 22 Resultate. Der gesamte Stichprobenraum von Beispiel 1.9b enthält 64 Resultate.

c) $E_3 = \left\{\begin{array}{l} \text{(F, F, F, F); (N, F, F, F); (F, N, F, F); (F, F, N, F); (F, F, F, N); (N, N, F, F);} \\ \text{(N, F, N, F); (N, F, F, N); (F, N, N, F); (F, N, F, N); (F, F, N, N)} \end{array}\right.$

$E_3$ enthält 11 Resultate. Der gesamte Stichprobenraum von Beispiel 1.9c enthält 16 Resultate.

**1.17.** Beim Achtzylindermotor ist die Eintrittschance für Pannen wegen eines Zylinderdefektes am größen, da nach Aufgabe 1.16 gilt:

$$\frac{\text{(Anzahl von Resultaten in } E_1\text{, die Pannen ergeben)}}{\text{(Anzahl von Resultaten im gesamten Stichprobenraum)}} = \frac{219}{256} \approx 0{,}8554.$$

Diese Zahl charakterisiert die gewünschte Pannenauffälligkeit. Berechnet man für die anderen Motoren den gleichen Quotienten, so erhält man beim Sechszylindermotor 0,6563 und beim Vierzylindermotor sogar 0,3125. Somit ist die Pannenauffälligkeit des Achtzylindermotors am größten.

**1.20.**

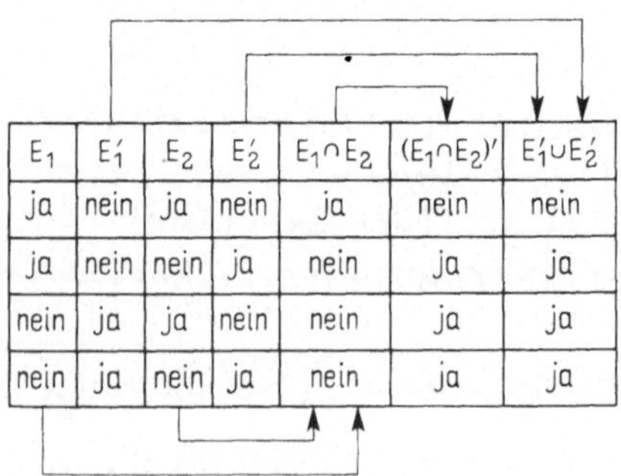

| $E_1$ | $E_1'$ | $E_2$ | $E_2'$ | $E_1 \cap E_2$ | $(E_1 \cap E_2)'$ | $E_1' \cup E_2'$ |
|---|---|---|---|---|---|---|
| ja | nein | ja | nein | ja | nein | nein |
| ja | nein | nein | ja | nein | ja | ja |
| nein | ja | ja | nein | nein | ja | ja |
| nein | ja | nein | ja | nein | ja | ja |

Die beiden letzten Kolonnen stimmen überein, also stimmt die Gleichung $(E_1 \cap E_2)' = E_1' \cup E_2'$.

**1.21.** a)

| $E_1$ | $E_2$ | $E_3$ | $E_2 \cup E_3$ | $E_1 \cap E_2$ | $E_1 \cap E_3$ | $E_1 \cap (E_2 \cup E_3)$ | $(E_1 \cap E_2) \cup (E_1 \cap E_3)$ |
|---|---|---|---|---|---|---|---|
| ja | ja | ja | ja | ja | ja | ja | ja |
| ja | ja | nein | ja | ja | nein | ja | ja |
| ja | nein | ja | ja | nein | ja | ja | ja |
| ja | nein | nein | nein | nein | nein | nein | nein |
| nein | ja | ja | ja | nein | nein | nein | nein |
| nein | ja | nein | ja | nein | nein | nein | nein |
| nein | nein | ja | ja | nein | nein | nein | nein |
| nein | nein | nein | nein | nein | nein | nein | nein |

Die beiden letzten Kolonnen stimmen überein, also stimmt die Gleichung in Satz 1.9a.

b)

| $E_1$ | $E_2$ | $E_3$ | $E_2 \cap E_3$ | $E_1 \cup E_2$ | $E_1 \cup E_3$ | $E_1 \cup (E_2 \cap E_3)$ | $(E_1 \cup E_2) \cap (E_1 \cup E_3)$ |
|---|---|---|---|---|---|---|---|
| ja | ja | ja | ja | ja | ja | ja | ja |
| ja | ja | nein | nein | ja | ja | ja | ja |
| ja | nein | ja | nein | ja | ja | ja | ja |
| ja | nein | nein | nein | ja | ja | ja | ja |
| nein | ja | ja | ja | ja | ja | ja | ja |
| nein | ja | nein | nein | ja | nein | nein | nein |
| nein | nein | ja | nein | nein | ja | nein | nein |
| nein | nein | nein | nein | nein | nein | nein | nein |

Die beiden letzten Kolonnen stimmen überein, also stimmt die Gleichung in Satz 1.9b.

**1.24.** Aus Aufgabe 1.12 kennen wir $E_1$ und $E_2$. Dann wird $E_1 \backslash E_2 = E_1$ und $E_2 \backslash E_1 = E_2$, da $E_1 \cap E_2 = \emptyset$.

$$E_2 \backslash E_3 = \{ (ASZ) \}, \quad E_3 \backslash E_2 = \{ (AAF), (FZZ), (ZFZ), (ZZF) \}$$
$$E_2 \triangle E_3 = \{ (ASZ), (AAF), (FZZ), (ZFZ), (ZZF) \}$$

**1.26.**

$$S = \{1, 2, 3, 4, 5, 6, 7, 8\}, \qquad E_1 = \{2, 3, 5, 7\}, \qquad E_3 = \{1, 3, 5, 7\}$$
$$(E_1 \cup E_3)' = \{4, 6, 8\}, \qquad (E_1 \backslash E_3) = \{2\}, \qquad (E_3 \backslash E_1) = \{1\},$$
$$(E_1 \cap E_3) = \{3, 5, 7\}$$

**1.28.** Vollständige Systeme

1. $\{\{x_1\} \cup \{x_2\} \cup \{x_3\} \cup \{x_4\}\}$

2. $\{\{x_1\}, \{x_2\} \cup \{x_3\} \cup \{x_4\}\}$

3. $\{\{x_2\}, \{x_1\} \cup \{x_3\} \cup \{x_4\}\}$

4. $\{\{x_3\}, \{x_1\} \cup \{x_2\} \cup \{x_4\}\}$

5. $\{\{x_4\}, \{x_1\} \cup \{x_2\} \cup \{x_3\}\}$

6. $\{\{x_1\} \cup \{x_2\}, \{x_3\} \cup \{x_4\}\}$

7. $\{\{x_1\} \cup \{x_3\}, \{x_2\} \cup \{x_4\}\}$

8. $\{\{x_1\} \cup \{x_4\}, \{x_2\} \cup \{x_3\}\}$

9. $\{\{x_1\}, \{x_2\} \cup \{x_3\}, \{x_4\}\}$

10. $\{\{x_1\} \cup \{x_2\}, \{x_3\}, \{x_4\}\}$

11. $\{\{x_1\} \cup \{x_3\}, \{x_2\}, \{x_4\}\}$

12. $\{\{x_1\} \cup \{x_4\}, \{x_2\}, \{x_3\}\}$

13. $\{\{x_2\} \cup \{x_4\}, \{x_1\}, \{x_3\}\}$

14. $\{\{x_3\} \cup \{x_4\}, \{x_1\}, \{x_2\}\}$

15. $\{\{x_1\}, \{x_2\}, \{x_3\}, \{x_4\}\}$

**2.1.** Anzahl $= 10 \cdot 9 \cdot 8 \cdot 7 \cdot 6 = 30\,240$. Das Beispiel ist analog zu Beispiel 2.4.

**2.2.** Aus 25 Buchstaben sollen 2 ausgewählt werden, wobei auch zwei gleiche vorkommen dürfen.

Analog Beispiel 2.3 ergeben sich $25^2 = 625$ Möglichkeiten. Mit jeder dieser Buchstabenanordnung kann man noch eine beliebige der möglichen 3stelligen Zahlen paaren. Die Anzahl der 3stelligen Zahlen ist $9 \cdot 10 \cdot 10 = 900$, denn für die erste Stelle stehen 9 Ziffern zur Verfügung, weil die Null ausgeschlossen wird. Für die weiteren Stellen stehen je 10 Ziffern zur Wahl.

Im ganzen gibt es $625 \cdot 900 = 562\,500$ solcher Autonummern.

**2.3.** Beispiel 1.1: Anzahl (gemäß Beispiel 2.3) $= 6^2 = 36$.

Beispiel 1.2: Anzahl (gemäß Beispiel 2.3) $= 2^3 = 8$.

Beispiel 1.3: Anzahl (gemäß Beispiel 2.3) $= 2^4 = 16$ (s. Fig. 1.4).

**2.4.** a) Die gleichen 5 Farben wie in Beispiel 2.3. Es gibt insgesamt $5^3 = 125$ Türme, davon sind

3farbige Türme: $5 \cdot 4 \cdot 3 = 60$.

2farbige Türme: $5 \cdot [1 \cdot 4 + 4 \cdot 2] = 60$.

1farbige Türme: 5.

b) $E_1$: card $(E_1) = 1 \cdot 2 \cdot 2 \cdot 4 + 2 \cdot 1 \cdot 1 \cdot 2 \cdot 4 = 32$. $E_2$: card $(E_2) = 3 \cdot 2 \cdot 2 \cdot 2 = 24$. $E_3$: Es gehören zu $E_3$ alle Blöcke außer denjenigen, die gelb und kreisförmig sind. Es ist: card $(E_3) = 48 - (1 \cdot 1 \cdot 2 \cdot 2) = 44$.

**2.5.** a) $7^4 = 2401$ Wörter.

b) $7 \cdot 6 \cdot 5 \cdot 4 = 840$ Wörter.

c) $2 \cdot [1 \cdot [6 \cdot 1 + 1 \cdot 7] + 1 \cdot 7 \cdot 7 + 5 \cdot [6 \cdot 1 + 1 \cdot 7]] = 2 \cdot [62 + 65] = 2 \cdot 127 = 254$ Wörter.

d) Wir berechnen zuerst mit Hilfe der Baumdarstellung, wieviele verschiedene Buchstabenpaare aus 7 Buchstaben gebildet werden können. Es gibt $7 \cdot 6 = 42$ verschiedene Buchstabenpaare. Für jedes Paar erhält man x Wörter, z. B. für das Paar A, B:

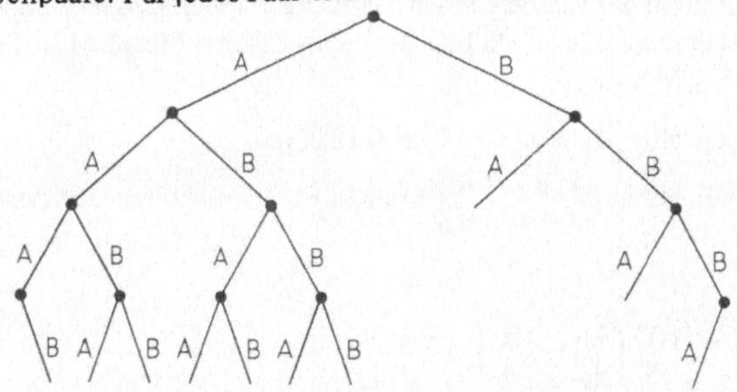

$x = 2 \cdot 2 \cdot 2 \cdot 2 - 2 = 14$ Wörter. Somit gibt es insgesamt $42 \cdot 14 = 588$ Wörter.

e) Wir berechnen zuerst mit Hilfe der Baumdarstellung, wieviele verschiedene Buchstabentripel aus 7 Buchstaben gebildet werden können. Es gibt $7 \cdot 6 \cdot 5 = 210$ Buchstabentripel. Für jedes Tripel erhält man y Wörter, z. B. für das Tripel A, B, C:

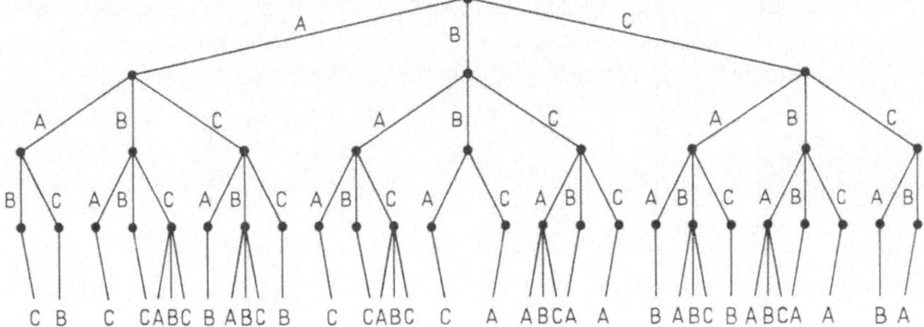

Es gibt insgesamt 36 Wörter.

**2.7.** a) Es gibt $6!/4!2! = 15$.

b) Es gibt $6!/3!3!2 = 10$.

c) x bedeutet: gehört zur ersten der drei Teilmengen, y bedeutet: gehört zur zweiten der drei Teilmengen, z bedeutet: gehört zur dritten der drei Teilmengen.

Sei die Menge M mit 6 Elementen $M = \{A, B, C, D, E, F\}$, dann erhält man auf 6 Arten ein und dieselbe Zerlegung in Teilmengen zu 2 Elementen:

$$xxyyzz \mapsto \{A, B\}\{C, D\}\{E, F\} \qquad yyzzxx \mapsto \{E, F\}\{A, B\}\{C, D\}$$
$$xxzzyy \mapsto \{A, B\}\{E, F\}\{C, D\} \qquad zzxxyy \mapsto \{C, D\}\{E, F\}\{A, B\}$$
$$yyxxzz \mapsto \{C, D\}\{A, B\}\{E, F\} \qquad zzyyxx \mapsto \{E, F\}\{C, D\}\{A, B\}$$

Somit beträgt die Anzahl der verschiedenen Zerlegungen

$$\frac{1}{6} \cdot (6!/2!2!2!) = \frac{1}{6} \cdot 90 = 15.$$

d)      $6!/3!2! = 60.$

e)      $2^6 = 64$ (s. auch Satz 2.9).

Man beachte: Die Gesamtzahl der verschiedenen Teilmengen einer Menge M ist natürlich verschieden von der Gesamtzahl der möglichen Zerlegungen einer Menge M in Teilmengen (in der Art von Aufgabe 2.7a bis d).

**2.12.** Minimale Studentenzahl $= 2 \cdot 8 \cdot 11 \cdot 15 \cdot 5 = 13\,200.$

**2.19.** Die 12 Personen können auf $\binom{12}{4} \cdot \binom{8}{4}$ Arten auf 3 Vierbettzimmer verteilt werden.

Im zweiten Fall gibt es

$$2 \cdot \left[ \binom{10}{3}\binom{7}{3} + \binom{10}{3}\binom{7}{4} + \binom{10}{4} \cdot \binom{6}{3} \right]$$

Verteilungsmöglichkeiten. Man erhält diese Anzahl, indem man die Summen- und Produktregel zusammen mit Satz 2.6 anwendet. Die beiden Personen, die nicht im gleichen Zimmer schlafen wollen, werden in nachfolgender Weise auf die Zimmer verteilt:

| | 1. Zimmer | 2. Zimmer | 3. Zimmer | Anzahl der versch. Möglichkeiten |
|---|---|---|---|---|
| 1. Art | A | B | | $\rightarrow \binom{10}{3} \cdot \binom{7}{3}$ |
| 2. Art | B | A | | $\rightarrow \binom{10}{3} \cdot \binom{7}{3}$ |
| 3. Art | | A | B | $\rightarrow \binom{10}{4} \cdot \binom{6}{3}$ |
| 4. Art | | B | A | $\rightarrow \binom{10}{4} \cdot \binom{6}{3}$ |
| 5. Art | A | | B | $\rightarrow \binom{10}{3} \cdot \binom{7}{4}$ |
| 6. Art | B | | A | $\rightarrow \binom{10}{3} \cdot \binom{7}{4}$ |

**2.20.** Es gibt $\binom{8}{6} = \dfrac{8!}{6!2!} = 28$ Kombinationen.

**2.21.** Es gibt $\binom{49}{6} = 13\,983\,816$ Möglichkeiten.

**2.22.** Es gibt $\dfrac{12!}{6!4!2!}$ Möglichkeiten für dieses Resultat.

**2.23.** Es gibt $\dfrac{24!}{12!\,8!\,4!}$ Möglichkeiten.

**3.1.** Ereignisse aus Aufgabe 1.1:

$$w\,(E_1) = \frac{15}{36}; \qquad w\,(E_2) = \frac{5}{36}; \qquad w\,(E_3) = \frac{11}{36}; \qquad w\,(E_4) = \frac{18}{36};$$

$$w\,(E_5) = \frac{21}{36}; \qquad w\,(E_6) = \frac{6}{36}; \qquad w\,(E_7) = \frac{15}{36}; \qquad w\,(E_8) = \frac{27}{36}$$

Ereignisse aus Aufgabe 1.3:

$$w\,(E_1) = \frac{7}{8}; \quad w\,(E_2) = \frac{3}{8}; \quad w\,(E_3) = \frac{6}{8}$$

**3.2. a)** 1. Da er in seinen 10 Karten keinen Buben hat, nehmen wir als Stichprobenraum S für diese Fragestellung die Paare, die aus $32 - 10 = 22$ Karten gebildet werden können: $|\,S\,| = 22 \cdot 21$. E wird beschrieben durch: „2 Buben im Skat".

$$|\,E\,| = 4 \cdot 3; \qquad w\,(E) = \frac{4 \cdot 3}{22 \cdot 21} = \frac{2}{77}\,.$$

Man beachte, daß hier die Information benutzt wurde, daß die 4 Buben mit Sicherheit unter den restlichen 22 Karten zu finden sind.
2. F ist beschrieben durch: „Mindestens ein Bube im Skat". $w\,(F) = \dfrac{26}{77}$ unter der Voraussetzung, daß der Spieler in seinen Karten keinen Buben hat.
**b)** Analoges Vorgehen wie bei 3.2 a).

**3.3.** Gemäß Beispiel 2.3 ist $|\,S\,| = 5^4 = 625$.

**a)** $w\,(\text{„einfarbig"}) = \dfrac{5}{625}$      **c)** $w\,(\text{„dreifarbig"}) = \dfrac{360}{625}$

**b)** $w\,(\text{„zweifarbig"}) = \dfrac{140}{625}$      **d)** $w\,(\text{„vierfarbig"}) = \dfrac{120}{625}$

**3.4.** Voraussetzung: $w\,(E) = e,\, w\,(F) = f,\, w\,(E \cap F) = 0$
Folgerungen:

$w\,(S) = 1; \qquad\qquad w\,(\emptyset) = 0$
$w\,(E') = 1 - e; \qquad\quad w\,(F') = 1 - f; \qquad\qquad w\,(E' \cup F') = 1$
$w\,(E \cap F') = e; \qquad\quad w\,(E' \cap F) = f; \qquad\qquad w\,(E \cup F) = e + f$
$w\,(E' \cup F) = 1 - e; \quad\; w\,(E \cup F') = 1 - f.$

**3.5.** Es ist $F \subset E$, also gilt $E \cap F = F$.

$w\,(E) = 1; \qquad\qquad\quad w\,(F) = w\,(E \cap F) = f$
$w\,(E \cup F) = 1; \qquad\quad w\,(E' \cap F) = 0; \qquad w\,(E \cap F') = 1 - f;$
$w\,(E' \cup F) = f; \qquad\quad w\,(E \cup F') = 1$

**3.6.** $w\,(E_b/E_f) = \dfrac{2}{25}; \qquad w\,(E_f/E_b) = \dfrac{2}{7}; \qquad w\,(E_m/E_b) = \dfrac{5}{7}$

**3.13.** a) Die Bedingungen 3.1 und 3.2 ergeben sich sofort aus der Voraussetzung, daß $\{E_i\}$, $i \in I_n$ ein vollständiges System von Elementarereignissen ist (s. Definition 1.7 und 1.8). Die Bedingung 3.3 erhält man so:

$$w(S) = w\left(\bigcup_{i=1}^{n} E_i\right) = \sum_{i=1}^{n} w(E_i) = \sum_{i=1}^{n-1} \left(\frac{1}{2}\right)^i + \left(\frac{1}{2}\right)^{n-1}$$

$$= \left[\frac{1}{2} + \left(\frac{1}{2}\right)^2 + \left(\frac{1}{2}\right)^3 + \ldots + \left(\frac{1}{2}\right)^{n-1}\right] + \left(\frac{1}{2}\right)^{n-1}$$

$$= \frac{1}{2} \cdot \left[1 + \frac{1}{2} + \left(\frac{1}{2}\right)^2 + \ldots + \left(\frac{1}{2}\right)^{n-2}\right] + \left(\frac{1}{2}\right)^{n-1}$$

$$= \frac{1}{2} \cdot \frac{\left(1 - \left(\frac{1}{2}\right)^{n-1}\right)}{\left(1 - \left(\frac{1}{2}\right)\right)} + \left(\frac{1}{2}\right)^{n-1} = 1 - \left(\frac{1}{2}\right)^{n-1} + \left(\frac{1}{2}\right)^{n-1} = 1$$

b)
$$w(F) = \sum_{i=1}^{m} \left(\frac{1}{2}\right)^i = \frac{1}{2} \cdot \frac{1 - \left(\frac{1}{2}\right)^m}{1 - \left(\frac{1}{2}\right)} = 1 - \left(\frac{1}{2}\right)^m$$

$$w(F') = 1 - \left[1 - \left(\frac{1}{2}\right)^m\right] = \left(\frac{1}{2}\right)^m$$

$$w\left(\bigcup_{i=1}^{m} E_i'\right) : E_1' = \bigcup_{i=2}^{n} E_i$$

$$E_2' = E_1 \cup \left[\bigcup_{i=3}^{n} E_i\right]$$

$$E_3' = E_1 \cup E_2 \cup \left[\bigcup_{i=4}^{n} E_i\right]$$

$$\vdots$$

$$E_m' = \left[\bigcup_{i=1}^{m-1} E_i\right] \cup \left[\bigcup_{j=m+1}^{n} E_j\right]$$

$$w\left(\bigcup_{i=1}^{m} E_i'\right) = w(S) = 1$$

Man hätte dies auch leichter erhalten können, nämlich so:

$$w\left(\bigcup_{i=1}^{m} E_i'\right) = w\left[\left(\bigcap_{i=1}^{m} E_i\right)'\right] = w\left[(\emptyset)'\right] = w(S) = 1$$

$$w\left(\bigcap_{i=1}^{m} E_i'\right) = w\left[\left(\bigcup_{i=1}^{m} E_i\right)'\right] = w(F') = \left(\frac{1}{2}\right)^m$$

$$w\left[\left(\bigcup_{i=1}^{k} E_i\right) \setminus \left(\bigcup_{i=k-5}^{n} E_i\right)\right] = w\left[\bigcup_{i=1}^{k-6} E_i\right] = \sum_{i=1}^{k-6} w(E_i) = 1 - \left(\frac{1}{2}\right)^{k-6}$$

**3.15.** (Anwendungsbeispiel für Satz 3.9)

$$w(E/S) = \sum_{i \in I_n} w(E_i/S) \cdot w(E/E_i)$$

Dann ist $w(M/S) = \sum_{i=1}^{4} w(D_i/S) \cdot w(M/D_i)$

$$= (0{,}3) \cdot (0{,}35) + (0{,}20) \cdot (0{,}85) + (0{,}4) \cdot (0{,}45) + (0{,}1) \cdot (0{,}15) = 0{,}47$$

**3.16.** (Anwendungsbeispiel für Satz 3.9a)

$$w(L/S) = \sum_{i=1}^{3} \sum_{j=1}^{2} w(Q_i/S) \cdot w(E_j/Q_i) \cdot w(L/Q_i \cap E_j)$$

$$= (0{,}9) \cdot (0{,}95) \cdot (0{,}65) + (0{,}9) \cdot (0{,}05) \cdot (0{,}35) +$$
$$+ (0{,}08) \cdot (0{,}95) \cdot (0{,}6) + (0{,}08) \cdot (0{,}05) \cdot (0{,}2) +$$
$$+ (0{,}02) \cdot (0{,}95) \cdot (0{,}05) + (0{,}02) \cdot (0{,}05) \cdot (0{,}01) \approx 0{,}62$$

**3.17.** (Anwendungsbeispiel für Satz 3.10). Wir beschreiben $F_i$ mit: „Das betrachtete fabrizierte Stück stammt von der Maschine $M_i$". Das Ereignis A ist: „Das betrachtete Stück ist ein Ausschußstück". Wir berechnen zuerst $w(F_i/S)$.

$$w(F_1/S) = \frac{2000}{2000 + 2400 + 3600 + 4000 + 4500} = \frac{2000}{16\,500} = 0{,}121$$

$$w(F_2/S) = \frac{2400}{16\,500} \approx 0{,}146$$

$$w(F_3/S) = \frac{3600}{16\,500} \approx 0{,}219$$

$$w(F_4/S) = \frac{4000}{16\,500} \approx 0{,}242$$

$$w(F_5/S) = \frac{4500}{16\,500} \approx 0{,}272$$

Der folgende Baum zeigt die Verhältnisse.

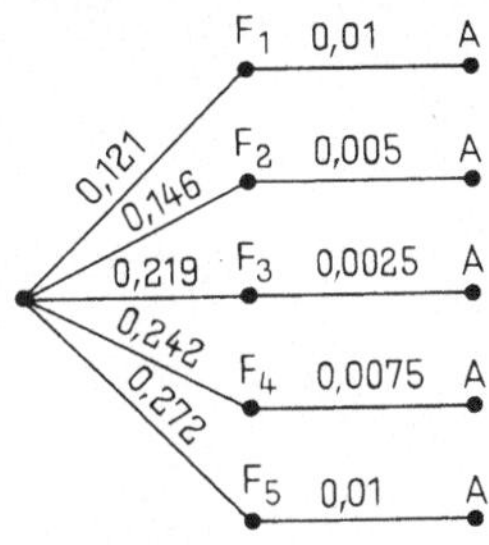


Da wir die $w(A/F_i)$ aus den Prozentzahlen des Ausschusses kennen, können wir jetzt direkt nach der Formel von Bayes vorgehen.

$$w\,(F_4/A) = \frac{w\,(F_4/S)\cdot w\,(A/F_4)}{\sum\limits_{j=1}^{5} w\,(F_j/S)\cdot w\,(A/F_j)}$$

$$= (0{,}242)\cdot(0{,}0075) : [\,(0{,}272)\cdot(0{,}01) + (0{,}121)\cdot(0{,}01) + (0{,}146)\cdot(0{,}005) +$$
$$+ (0{,}219)\cdot(0{,}0025) + (0{,}242)\cdot(0{,}0075)\,]$$

$$= \frac{182}{693} \approx 0{,}27$$

**4.1.** a) Sei $F \in \mathfrak{E}$ gegeben und $w\,(F/S) = 0$. $E \in \mathfrak{E}$ ist ein beliebiges Ereignis.

Es ist zu zeigen, daß $w\,(E \cap F/S) = w\,(E/S)\cdot w\,(F/S)$. Da $E \cap F \subset F$, folgt $w\,(E \cap F/S) = 0$ nach Satz 3.3c. Nun gilt aber $w\,(E/S)\cdot w\,(F/S) = 0$, da $w\,(F/S) = 0$ ist, ganz unabhängig von $w\,(E/S)$. Damit gilt $w\,(E \cap F/S) = w\,(E/S)\cdot w\,(F/S)$ immer, wenn $w\,(F/S) = 0$.

b) Sei $E \in \mathfrak{E}$ ein beliebiges Ereignis.

Es ist zu zeigen, daß $w\,(E \cap S/S) = w\,(E/S)\cdot w\,(S/S)$. Da $E \subset S$ ist $E \cap S = E$, wird also $w\,(E \cap S/S) = w\,(E/S)$. Es ist aber $w\,(S/S) = 1$, und somit ist die Gültigkeit von $w\,(E \cap S/S) = w\,(E/S)\cdot w\,(S/S)$ gezeigt.

**4.2.** Von F abhängige Ereignisse sind
$\{1\}, \{2\}, \{3\}, \{4\}, F, \{3,4\}, \{1,2,3\}, \{1,2,4\}, \{2,3,4\}, \{1,3,4\}$
Von F unabhängige Ereignisse sind
$\{1,3\}, \{1,4\}, \{2,3\}, \{2,4\}, \{1,2,3,4\}, \varnothing$

**4.4.** a) B e d i n g u n g  3.1. Sei $E = E_1 \times E_2$ und $F = F_1 \times F_2$ mit $E_1, F_1 \in \mathfrak{P}(S_1)$ und $E_2, F_2 \in \mathfrak{P}(S_2)$, wobei $E \cap F = \varnothing$.
Sei

$$S_1 = \{k\,|\,k = 0, 1, 2, 3\} \text{ und } S_2 = \{j\,|\,j = 0, 1, 2\}$$
$$E = \left\{(i,j)\,|\,i \in E_1,\, E_1 \subset \{0,1,2,3\} \text{ und } j \in E_2,\, E_2 \subset \{0,1,2\}\right\}$$
$$F = \left\{(i,j)\,|\,i \in F_1,\, F_1 \subset \{0,1,2,3\} \text{ und } j \in F_2,\, F_2 \subset \{0,1,2\}\right\}$$
$$w^S\,(E \cup F) = \sum_{(i,j)\in E \cup F} w^S\,(i,j) = \sum_{(i,j)\in E} w^S\,(i,j) + \sum_{(i,j)\in F} w^S\,(i,j) =$$
$$w^S\,(E) + w^S\,(F).$$

Das zweite Gleichheitszeichen gilt, da $E \cap F = \varnothing$ ist.

B e d i n g u n g  3.2. $w^S\,(i,j) \geqslant 0$ für alle $(i,j) \in S$, da $w^S\,(i,j) = m_i \cdot \ell_j$ und $m_i, \ell_j \geqslant 0$ für alle $i = 0, 1, 2, 3$ und $j = 0, 1, 2$.

B e d i n g u n g  3.3.

$$w\,(S) = w\,(S_1 \times S_2) = \sum_{(i,j)\in S} w^S\,(i,j) = \sum_{i=0}^{3}\sum_{j=0}^{2} m_i \cdot \ell_j$$
$$= \left(\sum_{i=0}^{3} m_j\right)\cdot\left(\sum_{j=0}^{2} \ell_j\right) = 1\cdot 1 = 1$$

b) B e d i n g u n g  3.1. Seien $E_1, F_1 \in \mathfrak{P}(S_1)$ mit $E_1 \cap F_1 = \varnothing$.

$$w^S\left[(E_1 \cup F_1) \times S_2\right] = \sum_{(i,j)\,\in\,(E_1\,\cup\,F_1)\times S_2} w^S(i,j) = \sum_{(i,j)\,\in\,E_1\times S_2} w^S(i,j) + \sum_{(i,j)\,\in\,F_1\times S_2} w^S(i,j)$$

$$= \left(\sum_{i\in E_1} m_i\right)\cdot\left(\underbrace{\sum_{j\in S_2}\ell_j}_{1}\right) + \left(\sum_{i\in F_1} m_i\right)\cdot\left(\underbrace{\sum_{j\in S_2}\ell_j}_{1}\right)$$

$$= w^{S_1}(E_1) + w^{S_1}(F_1).$$

Bedingungen 3.2 und 3.3 ergeben sich sofort aus der Voraussetzung, daß $w^{S_1}(i) = m_i$, $i = 0, 1, 2, 3$ eine Wahrscheinlichkeitsfunktion auf $S_1$ ist.

c) Analoges Vorgehen wie in b).

**4.13.** a)

$$E = (E_1 \times S_2 \times S_3 \times \ldots \times S_n) \cap (S_1 \times E_2 \times S_3 \times \ldots \times S_n) \cap \ldots \cap (S_1 \times S_2 \times \ldots \times E_n)$$

Also ist

$$E' = (E_1' \times S_2 \times S_3 \times \ldots \times S_n) \cup (S_1 \times E_2' \times S_3 \times \ldots \times S_n) \cup \ldots \cup (S_1 \times S_2 \times \ldots \times E_n')$$

Ebenso erhält man für

$$F' = (F_1' \times S_2 \times \ldots \times S_n) \cup (S_1 \times F_2' \times S_3 \times \ldots \times S_n) \cup \ldots \cup (S_1 \times S_2 \times \ldots \times F_n')$$

b) $E \cap F = [(E_1 \cap F_1) \times S_2 \times \ldots \times S_n] \cap [S_1 \times (E_2 \cap F_2) \times S_3 \times \ldots \times S_n] \cap \ldots$

$\cap [S_1 \times S_2 \times \ldots \times (E_n \cap F_n)]$

c) $E \cup F = [(E_1 \times S_2 \times \ldots \times S_n) \cap (S_1 \times E_2 \times S_3 \times \ldots \times S_n) \cap \ldots$

$\cap (S_1 \times S_2 \times \ldots \times E_n)] \cup [(F_1 \times S_2 \times \ldots \times S_n) \cap$

$(S_1 \times F_2 \times S_3 \times \ldots \times S_n) \cap \ldots \cap (S_1 \times S_2 \times \ldots \times F_n)]$

$\neq [(E_1 \cup F_1) \times S_2 \times \ldots \times S_n] \cap [S_1 \times (E_2 \cup F_2) \times \ldots \times S_n] \cap \ldots$

$\cap [S_1 \times S_2 \times \ldots \times (E_n \cup F_n)]$

Beachten Sie das Ungleichheitszeichen!

d) $E \cap F = \emptyset \Rightarrow E_i \cap F_i = \emptyset$ für mindestens ein $i \in I_n$.

**4.15.**

$$w(E_1) = 2 \cdot \frac{5}{7} \cdot \frac{2}{7} + \frac{2}{7} \cdot \frac{2}{7} = \frac{24}{49}; \qquad w(E_3) = 2 \cdot \frac{5\cdot 2}{7\cdot 7} = \frac{20}{49};$$

$$w(E_2) = \frac{2\cdot 2}{7\cdot 7} + \frac{5\cdot 5}{7\cdot 7} = \frac{29}{49}; \qquad w(E_4) = 0.$$

# Literaturverzeichnis


[1]  V a r g a, T.;  D u m o n t, M.: Combinatoire, Statistiques et probabilités de 6 à 14 ans. Paris 1973

[2]  E n g e l, A.;  V a r g a, T.;  W a l s e r, W.: Zufall oder Strategie. Stuttgart 1974

[3]  W a l s e r, W.: Le comportement des enfants face aux situation aléatoires, fonction de la fréquence des événements. J. Structural Learning 1 (1972)

[4]  G l a y m a n n, M.;  V a r g a, T.: Les probabilités à l'école. Collection Formation des Maîtres en Mathématique CEDIC. Paris 1973

[5]  P a n k n i n, M.: Kombinatorik, Wahrscheinlichkeit und Statistik für die Klassen 1 bis 6. Bochum 1972

[6]  E x n e r, R. M.;  K a u f m a n n, B. A.;  L e n n a r t, R.;  E n g e l, A.: Comprehensive School Mathematics Programm: Book 0: Intuitive Background; Book 8: An Introduction to Probability; Book 9: Finite Probability Spaces; Book 12: Topics in Probability and Statistics. CEMREL 1971, St. Ann, Missouri/USA

[7]  G i l i s, D.;  H e r a u d, B.: Introduction des probabilités a l'élémentaire. La Mathématique à l'école élémentaire. Paris 1972

[8]  Contemporary School Mathematics: An Introduction to Probability and Statistics. London 1964

[9]  E n g e l, A.: Wahrscheinlichkeitsrechnung und Statistik. Stuttgart 1973

[10]  F e l l e r, W.: An Introduction to Probability. Theory and its Applications. New York 1968

[11]  R é n y i, A.: Wahrscheinlichkeitsrechnung. Berlin 1962

[12]  G n e d e n k o, B. W.: Lehrbuch der Wahrscheinlichkeitsrechnung. Berlin 1962

# Sachverzeichnis

# Teubner Studienbücher

## Mathematik

Böhmer: **Spline-Funktionen**
Theorie und Anwendungen. 340 Seiten. DM 24,80

Clegg: **Variationsrechnung**
138 Seiten. DM 14,80

Collatz: **Differentialgleichungen**
Eine Einführung unter besonderer Berücksichtigung der Anwendungen
5. Aufl. 226 Seiten. DM 18,80 (LAMM)

Collatz/Krabs: **Approximationstheorie**
Tschebyscheffsche Approximation mit Anwendungen. 208 Seiten. DM 26,80

Constantinescu: **Distributionen und ihre Anwendung in der Physik**
144 Seiten. DM 16,80

Fischer/Sacher: **Einführung in die Algebra**
238 Seiten. DM 15,80

Grigorieff: **Numerik gewöhnlicher Differentialgleichungen**
Band 1: Einschrittverfahren. 202 Seiten. DM 13,80
Band 2: Mehrschrittverfahren

Hainzl: **Mathematik für Naturwissenschaftler**
311 Seiten. DM 29,— (LAMM)

Hilbert: **Grundlagen der Geometrie**
11. Aufl. VII, 271 Seiten. DM 18,80

Jaeger/Wenke: **Lineare Wirtschaftsalgebra**
Eine Einführung
Band 1: XVI, 174 Seiten. DM 17,80 (LAMM)
Band 2: IV, 160 Seiten. DM 17,80 (LAMM)

Kochendörffer: **Determinanten und Matrizen**
IV, 148 Seiten. DM 14,80

Stiefel: **Einführung in die numerische Mathematik**
Eine Darstellung unter Betonung des algorithmischen Standpunktes
4. Aufl. 257 Seiten. DM 18,80 (LAMM)

Stummel/Hainer: **Praktische Mathematik**
299 Seiten. DM 26,80

Topsøe: **Informationstheorie**
Eine Einführung. 88 Seiten. DM 11,80

Witting: **Mathematische Statistik**
Eine Einführung in Theorie und Methoden. 2. Aufl. 223 Seiten. DM 24,— (LAMM)

Preisänderungen vorbehalten